设 计 基 础

高等学校动画与数字媒体专业
「全媒体」创意创新系列教材

U0225578

郑思露　　汤晓颖
郑秀惠　　夏天生
安　易　　宋文芳
范秀娟
梁文俊　　Ｘ
吴清华
李珊珊　　编　著
刘雨彤
曾忆红
贾鹏江

Ｘ

参编

人因工程概论

Introduction to the
New Human Factors

电子工业出版社
Publishing House of Electronics Industry
北京 · BEIJING

内 容 简 介

本书以人因工程在设计类专业领域的原理和应用为主要内容，共 8 章。第 1 章主要介绍人因工程的科学缘起，让读者对人因工程的概念、内涵、外延、历史沿革等有一个清晰的认识；第 2~7 章从人体、知觉、心理、人机交互等角度介绍在工业设计、产品设计、数字媒体艺术设计、服装设计、环境设计等领域人因工程的原理与应用；第 8 章是人因工程应用的设计专题，包括视觉信息设计、智能装备设计、功能服装设计、游戏交互叙事设计、数字化文博展示设计等新兴设计方向的应用研究。

本书可作为高等学校工业设计、产品设计、数字媒体艺术、服装设计、环境设计等专业人因工程课程的教材，也可供设计学类、工程类相关领域的学者、研究者、爱好者参考使用。

图书在版编目（CIP）数据

人因工程概论 / 汤晓颖，夏天生，宋文芳编著. — 北京：电子工业出版社，2023.3

ISBN 978-7-121-45203-1

Ⅰ. ①人… Ⅱ. ①汤… ②夏… ③宋… Ⅲ. ①人因工程 Ⅳ. ①TB18

中国国家版本馆 CIP 数据核字（2023）第 043940 号

责任编辑：张　鑫
印　　刷：北京七彩京通数码快印有限公司
装　　订：北京七彩京通数码快印有限公司
出版发行：电子工业出版社
　　　　　北京市海淀区万寿路 173 信箱　　邮编：100036
开　　本：789×1092　1/16　印张：17.5　字数：437 千字
版　　次：2023 年 3 月第 1 版
印　　次：2025 年 1 月第 3 次印刷
定　　价：62.00 元

凡所购买电子工业出版社图书有缺损问题，请向购买书店调换。若书店售缺，请与本社发行部联系，联系及邮购电话：(010)88254888，88258888。

质量投诉请发邮件至 zlts@phei.com.cn，盗版侵权举报请发邮件至 dbqq@phei.com.cn。

本书咨询联系方式：zhangxinbook@126.com。

前　　言 ‹‹‹

　　人因工程是以人的生理特性、心理特性为依据，应用系统工程的观点，分析研究人与机器、人与环境、机器与环境之间的相互作用，为设计操作简便、省力、安全、舒适，人-机器-环境的配合达到最佳状态的工程系统提供理论和方法的科学。因此，人因工程可定义为：按照人的特性设计和改善人-机器-环境系统的科学。设计学是一门理、工、文相结合，融机电工程、艺术学、人机工效学和计算机辅助设计于一体的科技与艺术相融合的新型交叉学科。设计创造和引导人类健康工作与生活，促进社会的变革与发展，在充分满足产品使用功能和人的个体体验需求的前提下，实现人-机器-环境的和谐统一。设计的研究强调工程与艺术的结合，在设计实践的过程中人因工程的科学理论的指导必不可少。

　　我国设计教育的路径从 20 世纪 80 年代初期开始探索，国内很多院校已经开展了全面、广泛的设计教育实践，人们对设计的定义和理解不断发展，发展至今，设计已经成为典型的艺、工、文结合的交叉学科。2022 年，新版学科目录颁布，"设计学"在交叉学科门类中的设立说明"设计学"在国家发展中的地位日益重要，该目录是对设计新概念、新面貌的重新定位。"新工科"推广以"继承创新、交叉融合、协调共享"为目标培养形式，"新文科"强调学科的交叉融合，从提供适应性服务过渡到主动引导社会发展，人文关怀对工程教育的启示也越来越明显。

　　以人因工程、人机工程等为主题的相关研究已经发展多年，但大多成果还是为工科专业服务的，或者针对具体的某个设计领域，常见的有服装设计和环境设计。现今，不仅设计学已经处于工学、艺术、文学的交叉位置，而且设计学内部的各个方向，其边界其实逐渐变得模糊，大设计的融合思想越来越占主导地位。

　　本书的定位是为设计类专业提供一本能够指导设计实践的人因工程原理教材，围绕设计类专业涉及的领域，梳理人因科学原理，分析设计案例，指导设计实践。人因工程在设计相关领域应用广泛，涉及工业设计、服装设计、环境设计、视觉与媒体设计等多个专业方向，内容庞杂且日新月异。要做到全面梳理有一定难度，因此，本书有选择地做了一些努力，希望在设计学科走向设计科学的道路上尽一点微薄之力。

　　本书从设计领域涉及的人因工程原理展开，一方面利用科学原理梳理设计中的人因工程原理，另一方面利用设计案例解析人因工程的实际应用。本书适用于高等学校设计类相关专业一、二年级的专业基础课程，同时也适用于设计通识类的课程。建议学时为 32 ~ 48学时，除理论讲授外，还需要配合课堂讨论与实践练习。

　　本书集合了人因工程及设计类多个学科的知识体系，很多内容得益于前人的研究成果；

同时，也是我们教学团队一年多来共同努力的成果，在此一并表示敬意与致谢。本书由汤晓颖、夏天生、宋文芳编著，郑思露、郑秀惠、安易、范秀娟、梁文俊、吴清华、李珊珊、刘雨彤、曾忆红、贾鹏江参与了本书部分内容的编写。

由于作者水平有限，加之编写时间仓促，错误之处在所难免，敬请读者批评指正。

人因工程是"新设计学"的重要属性之一，随着时代的发展，人因工程所体现的以人为本的思想会更加鲜明，用设计提升生活品质，为人民日益增长的美好生活需要而努力，正是我们前行的动力！

作　者

2022 年 12 月

目 录 <<<

第 1 章

科学的缘起：人因工程概述 «<

1.1 人因工程学科的命名与定义

1.1.1 学科命名的起源与发展

《考工记》中记载："轮已崇，则人不能登也。轮已庳，则于马终古登驰也。加轸与幞焉，四尺也；人长八尺，登下以为节。"古代战车的展示图（如图 1-1-1 所示），不仅绘制出战车尺寸与人体身高尺寸相匹配的合理性，而且将拉车马的力量描绘得淋漓尽致。这是人因工程学的相关思想在古代设计中的成功运用，体现了当时的战车设计对人体尺寸及活动因素等的适当考虑，突破了原始设计对人因工程知识的迷糊认识。

图 1-1-1 古代战车

人因工程科学是一门交叉性应用学科，主要研究人类、机器及工作环境三者之间的相互关系。它对研究人和机器的有效配合具有重要意义，极大地提高了人的工作效率和效能。该学科在自身发展的过程中，不断打破不同学科之间的界限，并有机融合了多门相关学科理论，逐步完善自身的理论体系。

由于该学科的内容涉及广泛、研究侧重点不同，其学科命名具有多样化的特点，如人因工程学、人机-环境系统工程、人体工程学、人类工效学、人类工程学、工程心理学、宜人学、人的因素学。不同的名称其研究侧重点也有所不同。而本书着重介绍在设计中人的因素，因此沿用人因工程学这一学科名称，以突出人的因素的应用。

在日常生活中便具有许多应用人因工程学理论的设计，例如，高低洗手台的设计（如图 1-1-2 所示），充分考虑不一样身高群体需求，其中要特别考虑儿童洗手的方便；适合单人使用的桌子（如图 1-1-3 所示），在快餐店、图书馆常常设有单人使用环境，这些面向墙或者窗外的桌子适合单人使用，照顾了单人顾客的心理需要。

图 1-1-2　高低洗手台

图 1-1-3　适合单人使用的桌子

思考题

古代还有哪些运用了人因工程学思想的设计？

1.1.2　人因工程的定义与范畴

祝琳、王婷在《人因工程在校车内设施环境中的应用》一文中，对校车内的色彩做了分析和改善。目前国内小学生专用校车内部色彩设计存在一些问题（如图 1-1-4 所示），即未考虑车内色彩设计。因此，作者根据儿童的生理和心理等特点，用人因工程理论对小学生专用校车内部色彩搭配等相关方面进行优化（如图 1-1-5 所示）。利用色彩增加空间的层次感，保留蓝色调的同时辅助其他颜色以丰富车内色彩的趣味性。

图 1-1-4　改善前校车内色彩示意图

图 1-1-5　改善后校车内色彩示意图

人因工程学研究人类、机器及工作环境三者之间的相互关系，研究在某种工作环境中影响人类的相关因素，包括生理学和心理学；研究人类在工作、生活及休息时如何提高效率，为人创造一个舒适、安全健康的工作环境。另外，由于该学科的应用范围极为广泛，相关领域的专家学者可以根据自己所研究的方向和立场对该学科进行定义，因此世界各国对该学科的命名不同，研究的重点也不统一。

人因工程学研究存在循序渐进的发展规律（如图 1-1-6 所示），首先，常常从人体测量等方面着手研究，随着相关问题的逐步解决，才转到感官知觉等方面的研究；然后，进一步转到操纵、显示设计等方面的研究；最后，进入人因工程学前沿的相关领域，如人机关系等方面的研究。

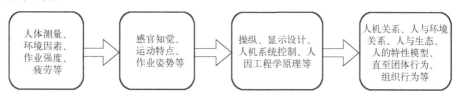

图 1-1-6　人因工程学研究发展规律

目前人因工程学已与多学科融合发展，其目的是让人类、机器及环境三者的关系达到最佳状态，以增进人的工作及其他行为的效能和效率、提高人的价值。因此，人因工程学的主要研究内容包括如下几个方面。

1. 人体因素研究

在设计办公座椅时，由于人在工作时会长时间保持坐姿不变且手部需要一定的活动空间，因此需要考虑座椅给人带来的舒适性。2019 年红点设计大奖作品 SILQ 办公椅的设计（如图 1-1-7 所示），便符合人因工程对办公椅的要求，其靠背能支撑腰椎，有利于长时间维持人体脊柱的正常生理曲度，增加坐姿稳定性，而且靠背的高和宽不妨碍手臂的操作活动，方便办公时上肢的活动。

图 1-1-7　SILQ 办公椅设计（来源于红点设计大奖网站）

人体因素研究是指对人的生理、心理特征的各项因素进行的系统研究。在工业设计中可以理解为与人有关的问题的研究，如人的工作负荷与效能、疲劳。

2．环境控制与人身安全装置设计研究

人因工程学所研究的效率，不仅指能在短期内高效完成工作，还包含长期对人的身体健康有害的影响，避免人因失误出现危险，确保人处于安全、健康的工作生活条件下。因而在设计阶段，安全防护装置应该被视为机器中的重要部分，以预防不安全因素。此外，还应考虑在使用前对操作者进行必要的安全培训，以提高他们的安全意识和减少操作失误，重视使用过程中操作者的个体防护。例如，医用电器如果设计得不合理就会造成在实际使用过程中发生短路、漏电、失火等危险情况，所以要对其进行接地保护与防漏电设计，保障器械和使用者人身的安全。

3．人机系统整体设计研究

随着信息技术的发展，人们需要面对大量的信息数据，这就要求操作时保证精确度、准确度和速度。目前，人类和机器都进入了新阶段，人们还需要在整体上使机器和人相适应，充分考虑人机关系、系统效益和工作环境，并结合人类和机器的特点，合理分配人机功能以高效传递信息。

4．人机信息传递装置与作业环境研究

前文提到的国内小学生专用校车改进设计的案例中，在缓解驾驶员疲劳方面也进行了优化（如图 1-1-8 和图 1-1-9 所示）。因为绿色系色彩可以有效缓解司机的紧张和疲劳，所以车内驾驶台的色彩应尽量采用绿色。

图 1-1-8　改善前驾驶台色彩示意图　　　图 1-1-9　改善后驾驶台色彩示意图

只有充分研究在特定工作场所中人的各项因素并运用到作业场所设计上，使作业场所适合人的特点，才能保证人能以无害于健康的姿势或在安全、合理的范围内从事劳动，确保人高效舒适地完成工作。

📝 **思考题**

1．讨论人因工程学中人体因素研究的意义。

2．人因工程学给生活带来了什么改变呢？

总结：人因工程学科是一门交叉性应用学科，其主要研究人类、机器及工作环境三者之间的相互关系，应用范围广泛，其相关思想在古代的战车设计中便有所体现。研究内容主要有人体因素研究、环境控制与人身安全装置设计研究、人机系统整体设计研究、人机信息传递装置与作业环境研究。

1.2　人因工程的起源与发展

1.2.1　人因问题的历史进程：从工具时代进入信息时代

　　人因工程学的形成与人类早期的实践活动息息相关。在石器时代，人类为了在残酷的自然界生存，学会了制造工具、使用工具。例如，用石块制成可供砍、砸、刮、割的各种石器，为了让石器边缘更光滑，会通过打磨让石器适合人的手掌，并避免刺伤人手。虽然当时还没有形成人因工程学方面的知识体系，但这样的方法就是我们现在所说的人因设计。

　　早期人类为了适应大自然生活制造出石器（如图 1-2-1 所示）。随着科技的发展，已出现了能实现虚拟人机交互的激光投影动画（如图 1-2-2 所示），游客能够直接与这些激光投影动画进行虚拟交互。根据游客的手势，激光投影动画能够做出翻转、前进、后退等动作，为游客提供沉浸式体验。随着时代变迁与科技的发展，人们使用的工具发生了巨大的改变，这离不开人因工程的产生与发展。

图 1-2-1　石器

图 1-2-2　激光投影互动动画

　　人类在不断的社会实践积累中，对各种工具的实用性、舒适性、安全性的要求越来越高，并且随着社会的发展、科技的进步，出现了各种创造发明，人类不断地研究制造各种工具、用具、用品、机器、设备等，并努力使这些产品与人相适应。

　　人因工程学也随着科技的发展经历了产生、发展的过程，按照人类活动的历史，人因工程学的发展大致经历了工具时代、机器时代、动力时代和信息时代等阶段，如表 1-2-1 所示。

1. 工具时代

　　从用石块制造工具和器皿开始，人类就在不自觉地考虑人的因素，使工具、器皿与人的身心特点更匹配。随着金属材料的使用，

表 1-2-1　人因工程学的发展阶段

活动时间	发展阶段	
距今5000—2000年前	工具时代：研究领域	农耕工具 狩猎武器
1765—1870年	机器时代：研究领域	蒸汽机 纺织机
1871—1945年	动力时代：研究领域	军事装备 建筑设施 生活用品 机械设备
1946年至今	信息时代：研究领域	航空航天 电子信息 数字媒体

工具和器皿的制作更加精良，更适合人使用。

在我国的战国时期，人们已经开始合理设计农耕工具和枪、矛等各种冷兵器，如越王勾践的冷兵器（如图 1-2-3 所示）。其握柄的截面形状为圆形或椭圆形，利于控制方向。在弓箭设计上，甚至考虑到根据使用者的性情和使用条件制作不同性能的弓箭，以达到人与弓箭的完美统一，如《武备志》中记录的弓箭（如图 1-2-4 所示）。人类早期制造和使用的工具相对简单，人-机-环境之间的问题不是很突出，但在其发展过程中，人们不自觉地协调着人与其使用工具和器皿之间的尺度、形态等关系。

图 1-2-3　越王勾践的冷兵器

图 1-2-4　《武备志》中记录的弓箭

2．机器时代

第一次工业革命（1765—1870 年）时期，人类的劳动开始进入机器时代。机器设备在人们的劳动工作中投入使用，如蒸汽机（如图 1-2-5 所示）和珍妮纺织机（如图 1-2-6 所示）等各种机器设备的广泛应用。手工劳作被机器生产所取代，人的劳动作业在复杂程度上及负荷量上发生了很大的变化，人和机器、人和环境的关系也变得更复杂。在这一阶段，功能主义与实用主义的趋向愈加明显，人因工程学的研究方向也逐渐集中到如何能最大效率地使用机器上，推动了人因工程学的发展。

图 1-2-5　蒸汽机

图 1-2-6　珍妮纺纱机

3．动力时代

第二次工业革命（1871—1945 年）时期，生产技术进入电气时代，其中内燃机和电动机的广泛使用是重要的转折。人们开始系统研究人和机器的关系，采用一些科学的方法解决人机问题。在这一时期，工厂规模扩大（如图 1-2-7 所示），随着生产技术日渐先进和复杂，大量机器投入生产，市场竞争更为激烈，企业管理水平与工厂生产效率需要随之提高。19 世纪末，美国学者泰勒（F. W. Taylor）通过对铁锹进行研究（如图 1-2-8 所示），找到了铁锹的最佳设计，试验出每次铲煤或铁矿石的最适重量，并为工人制定了最省力高效的操作方法和相应的工时定额，提高了工作效率。泰勒的铁锹试验研究中的方法和理论涉及动作时间研究、工作流程与工作分析法、工具设计等，即人和机、人和环境的关系问题的研究，为人因工程学作为独立学科的产生和发展奠定了基础。在这一阶段，减轻疲劳也成为相关领域学者的关注目标。

图 1-2-7　第二次工业革命时期的工厂

图 1-2-8　铁锹试验

第二次世界大战期间，学者更加注重研究军事和产业中的人机关系，是战争时期人因工程学发展的主要特点。这一时期出现了多种新式武器和装备，武器装备变得复杂，但因在设计中忽略了人的因素而造成操作失误，甚至发生意外事故，例如，90% 的飞机事故是操作不当等人为因素造成的。人们从失败的经验里逐渐认识到武器装备的设计不仅仅满足工程设计，更需要设计师在设计时考虑人的因素，使其符合人的生理、心理特性和能力限度，符合人体测量和生物力学等相关学科的要求。在这一阶段，人因工程学的研究更加系统、全面、科学，人机关系的研究从人适机转向机适人。战争结束后，军事领域的研究成果应用在飞机、汽车、机械设备、建筑设施和生活用品的设计中，渗透到人们生活的各个方面。

4．信息时代

第三次产业革命期间，科学技术发展迅猛，电子计算机应用普及，使电子技术在生产生活中得到广泛应用。在这一时期，工程系统更为复杂，自动化程度不断提高，促进了宇航事业的快速发展，一系列新的学科产生并发展，为人因工程学注入新鲜血液，如新的研究理论、方法和手段。关于人因工程学新的研究课题也被学者提出，如核电站等重要系统的可靠性问题、宇航系统的设计问题等，从而扩展了人因工程学的研究领域。

信息技术的发展，新的显示、控制技术的出现，促使了人因工程领域的新课题的出现。在数字媒体领域，计算机的人机界面设计的人因研究也备受关注，人因工程学的研究也越来越多地与其他学科交叉发展。

左文明等人在所著的《基于人因角度的商务网站用户体验研究》一文中，对基于人因工程的商务网站用户体验内容和调查结果进行了分析（如表 1-2-2 所示）。文中对网站流程设计、功能设计等方面进行调查与研究，得出了在网站流程设计中，用户在注册时希望在保证账户安全的前提下只填写基本信息，简化注册和购物流程；在网站功能设计中，用户希望能缩短页面跳转时间，同时系统也要设计纠错的提示窗口和自动计算价格功能的结论。人因工程在信息时代的融合发展和广泛应用在此文中被充分体现。

表 1-2-2　基于人因工程的商务网站用户体验内容和结果分析

范畴	题项内容	分析
网站流程设计	注册的必要信息	用户在注册时更偏向于填写基本信息，即简化的注册流程
	注册后发确认邮件到邮箱	注册流程同时需要考虑用户对账户安全的要求
	理想的购物流程	用户希望购物过程可以相对简单，但是购物车、配送及支付方式、完成订单并支付这三个步骤缺一不可
网站功能设计	页面跳转时间	用户在购物时页面跳转越快，用户感觉越好
	提示窗口和文字	在网站操作过程中，根据提示内容的重要性，相应设计提示窗口或者文字是非常必要的，能及时纠错
	自动计算价格	当用户进行商品数量修改或商品移除时，系统会对商品的运费、总价等信息自动计算并更新，减少用户计算负荷

 思考题

概括人因工程学不同发展阶段的特点。

1.2.2　人因工程学科体系的沿革：人体科学的渗透交叉

迈克尔·格雷夫斯（Michael Graves）在 1985 年设计的水壶 9093 kettle（又称阿莱西水壶，如图 1-2-9 所示），是意大利厨卫品牌 Alessi 的产品。这款水壶的壶嘴形象是一个初出茅庐的小鸟，当壶里的水烧开时，小鸟会发出口哨般的声音，这个声音是水烧开的信号。同时，水壶手柄上的蓝色拱形垫料可以避免人烫伤。格雷夫斯为这个水壶设计了一个较宽的底部，使水可以快速烧开，上面的壶口也较宽，便于清洗。这款实用美观的水壶充分考虑了人的因素符合人因工程学的原理，体现出人体科学的渗透交叉。

图 1-2-9　阿莱西水壶

人的因素是人机系统的基础，人机关系需要适宜人在各个方面的规律和特性。因此，在研究人因工程学时，了解可能影响人机关系的人的因素是非常必要的。生理、认知、心理、情感、社会、文化等多个层面组成人这个复杂的系统，由此产生解剖学、生理学、心理学、人体测量学、人体力学、社会学、系统工程学等多个学科。这些学科与人因工程学都有密切的联系。人因工程学正是与这些学科相互渗透、相互联系而形成的独立基础学科。

虽然人因工程学的发展时间较短，但是已经发展为一门综合性的应用学科，由于人因工程学的交叉性，其自身的理论体系在发展过程中不断地从其他学科吸取相关知识和研究手段。从其研究目的来看，该学科实际是人体科学、环境科学不断向工程科学渗透和交叉的产物。20 世纪 60 年代早期，人因工程学家通常仅在生理学或心理学方面接受过正式的教育。人因工程学的正式学位授予课程于 1962 年在拉夫堡大学开始讲授，随后的课程在伦敦大学、布鲁内尔大学、伯明翰大学、阿斯顿大学和萨里大学开设。

早期人因工程学研究的目的在于了解工作对人的生理、心理和环境的影响（如图 1-2-10 所示）。随着工作性质从沉重的身体负荷转变为轻度的负荷和久坐，以及在工作场所引入自动化和机械化，这种情况发生了变化。因此，目前的主要研究领域是认知和自动化、人类技能和错误及培训方法。

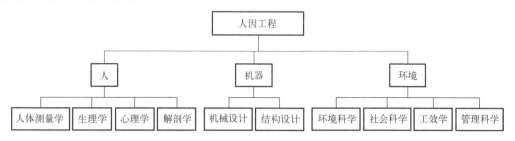

图 1-2-10　人因工程学与其他学科的交叉渗透

1.2.3　人因工程的未来：智能、生态、大数据

近年来，人因工程发展迅速，总体看有以下四个趋势。

一是研究领域不断扩大。在人因工程学发展的早期，探究的主题主要是传统人机关系，直到现在其研究的课题有了很大的扩展，新的研究课题不断被提出，例如，如何使人与工程设施、生产制造、技术工艺、方法标准、生活服务等要素的关系达到最优。

二是应用范围越来越广泛。人因工程学的应用涉及人们生活的各个方面，从航空航天、复杂的工业系统扩展到办公用品、手工工具、建筑、交通工具等，让衣、食、住、行、学习及工作等各种日常能接触到的设施用具达到科学化、宜人化的设计目的。用心观察生活中的一些设计，便会发现人因工程其实已渗透到我们生活的方方面面（如图1-2-11所示）。在信息时代，互联网技术和产品中与人因工程息息相关的人机界面、人机交互设计对产品的用户体验也变得尤为重要。

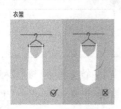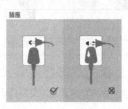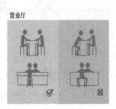

图1-2-11　人因工程设计示意图

三是与认知科学结合得越来越紧密。人因工程研究的核心是人，因此需要与认知科学融合发展。认知科学中，关于人的意识与思维的认识的研究结论为人因工程提供了重要的理论依据和科学基础。近年兴起的神经人因学得到了关注和发展，它便是人因工程与认知科学紧密结合的表现。

四是新技术的涌现给人因工程学带来新的挑战和方向。信息时代下，随着大规模数字化、无人驾驶、虚拟现实、增强现实、人工智能等领域的兴起，人机关系的变化促使人因工程学新的研究方向不断涌现，如先进人机交互技术、人-智能机器人协作等。

智能化乘客交互站牌的半封闭式候车亭，以钢结构和钢化玻璃结合为主体，除了满足候车亭为乘客提供休息场所的基本要求，还实现了候车亭的智能化（如图1-2-12所示）。候车亭在外观上使用钢化玻璃材质，达到了通透明亮的效果，并把智能投屏系统植入，可随时显示乘客关注的信息及广告，乘客可以方便快捷地观望车辆实时情况。候车亭顶部的玻璃电子恒温雾化系统可根据随气温和光线的变化改变玻璃颜色，避免阳光直射起到遮阴的效果，从而与环境相适应。结合人体工程的研究对候车亭进行概念化设计，实现乘客与候车亭的交互及候车亭的智能化。

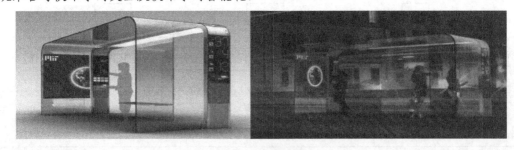

图1-2-12　候车亭的智能化设计

在可持续发展的推动下，绿色生活理念逐渐深入人心，生态友好型设计、绿色设计随之渗透到多领域的设计中，也为人因工程的研究在绿色生活领域提供了新的挑战和方向。

　　基于人因工程原理的家用植物生长箱设计（如图 1-2-13 和图 1-2-14 所示），与传统精度高、价格昂贵的植物生长箱不同，这是基于传统植物生长箱的科学原理研发的适用于家居环境新产品。该产品基于人因工程的科学原理，从社会、心理、技术、生理和艺术角度，在结构、色彩、造型、材料等方面进行设计，使得产品易于操作、安全、经济，满足了人们对物质生活与精神生活的双重追求。

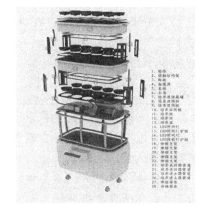

图 1-2-13　家用植物生长箱场景效果　　　图 1-2-14　家用植物生长箱结构图

　　随着时代的发展，在这个自动化时代和未来智能化时代，人因研究已扩展到解决日益复杂的人与自动化、智能化、生态、大数据等关系的问题，在人的能力提升上，也经历了从体力解放发展到效率提升，再到如今智能增强的过程。工业革命为人因工程发展提供了时代潮流和历史背景；反之，人因工程也推动了工业革命的发展和进步，尤其提升了工业产品和系统与人相互协调的水平。

　　总而言之，人因工程学科具有很大的发展前景，但也存在一些问题。一是人们（尤其是管理层、工程师、用户）普遍没能充分认识到人因工程的潜在价值。二是目前的人因工程技术和方法的研究尚不够完善，不足以支撑日益复杂的应用需求。三是人因工程学与工程学、心理学等经典学科相比，其体系还不够庞大，仍处于发展阶段，特别需要形成自身的理论基础。四是由于其具有与多学科交叉的背景，研究方向及应用范围极为宽泛，在学界交流时有时难以明确和厘清。因此，学者还需要对人因工程学科进行更深入的研究，从而更好地解决问题。

思考题

　　讨论人因工程未来在智能、生态、大数据方向还可能运用到哪些设计上。

　　总结：自人类开展社会实践活动，人类就已经开始考虑人的因素。人因工程产生与发展的过程中，大致经历了工具时代、机器时代、动力时代、信息时代阶段。人因问题与人体科学相互联系、相互渗透，同时又与其他不同领域的学科相互联系、相互渗透。人因工程学发展迅速，未来可应用在多个领域，如智能、生态、大数据。人因工程学的发展将为人类带来更舒适、更安全的生活。

1.3 人因工程的研究内容与方法

1.3.1 以人为中心的多学科交叉融合

以"人"为中心的设计即以人为本的设计理念。为了提高人的工作效率和质量，确保人的健康与安全，给人带来舒适和方便，在设计制造时不仅要满足人的相关需求，还要充分考虑"人的相关因素"。因此，在设计以人为本的视野下，人因工程学为设计如何"以人为中心"的理论提供了以下支持。

1. 产品的形式应适合人的特性

应使产品适合人，方便并满足人的需求。例如，一款便携式水杯的设计，结合人因工程的相关数据及曲线拟合分析设计了全新杯体，更适合人体生理特点，科学地调整了杯身方便人携带及使用，如图 1-3-1 所示，由此得出比较符合人体需要的杯子尺寸的基本数据。它是一种更舒适、更省力、更方便、更轻巧的便携式水杯，使人与杯体达到一种完美的使用效果，充分体现了设计的人性化。

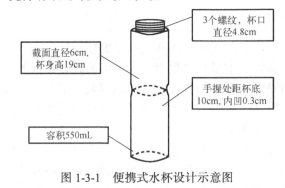

3个螺纹，杯口
直径4.8cm

截面直径6cm，
杯身高19cm

手握处距杯底
10cm，内凹0.3cm

容积550mL

图 1-3-1 便携式水杯设计示意图

2. 设计人性化的表达

设计在满足人类高级的精神需要和平衡情感等方面具有重要作用，其目的在于满足人自身的生理和心理需要，这成为人类设计的原动力。设计师充分考虑了设计形式和功能的人性化因素等方面，使设计的工作系统及机器、环境能更好地适应人的生理和心理，为人提供高效安全的工作条件。总之，设计人性化的表达方式是通过如造型、色彩、材料等设计形式要素的变化而实现的。

（1）造型要素

设计的本质和特性必须通过一定的造型而得以明确化、具体化和实体化。之前人们称工业设计为"工业造型"，就充分说明造型在设计中的重要性。

国美 MAXREAL 86 英寸智能语音电视遥控器（如图 1-3-2 所示)，造型简约，功能友好，椭圆形的截面形状力求给用户提供舒适的抓握感。其弧面造型设计，也是为了让用户从桌面上抓取时更加方便。

图 1-3-2　国美 MAXREAL 86 英寸智能语音电视遥控器

（2）色彩要素

色彩具有极强的感情表现，是设计人性化表达的重要影响因素。现代设计多以黑、白、灰等中性色彩为表达语言，充分秉承了包豪斯的现代主义设计传统，体现出冷静、理性的产品特性，深受消费者喜爱。

意大利品牌 ALF DAFRÈ 的 Aileron 座椅（如图 1-3-3 所示），整体色系采用温柔而高级的莫兰迪色系，桌腿也采用同样的色彩，具有同一性，给人舒适的视觉体验。

图 1-3-3　Aileron 座椅

（3）材料要素

材料作为产品实现的物质载体，是体现和提高产品人性化程度的关键一环。在工业设计中，对自然材料的采用和加工，能增加自然情调，使人产生强烈的情感共鸣。不同的材质会给人不同的联想，如木头、树皮等材料会使人联想起一些古典的物品、一种朴实的东西。通常人们会以直观的感觉来判定材料的好坏，即先通过视觉印象来判断材料的质量，再通过触觉来感受材质的细腻与光滑程度。

这把名为 N-S 的凳子是中国台湾设计师沈余澔将胶合板与磁铁结合在一起的产物（如图 1-3-4 所示）。该凳子由三张 L 形的胶合板组成，他在薄木片之间加入了磁铁，使它们能够彼此交错固定成一个三角形的座位，也便于组装与移动。设计的核心是人，设计师只有用心去关注人、关注人性，才能真正做到"以人为中心"的设计。

图 1-3-4　N-S 凳子

3. 人因工程学的相关学科

如图 1-3-5 所示为人因工程学的相关学科图例，人因工程学以人体科学中的人体解剖学等学科为"一肢"；以环境科学中的环境保护学等学科为"另一肢"；而以工程科学中的工业设计等学科为"躯干"，三者形象地构成该学科的体系。

（1）人因工程学与人体科学的关系

人体科学领域的人体测量学、解剖学和心理学等是人因工程的重要基础学科，为人因工程学的研究打下了坚实的理论基础，使得人因工程有理可依。其中，心理学与人因工程学的关系更为密切。

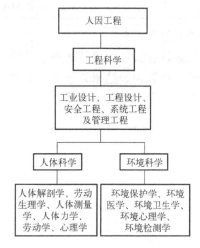

图 1-3-5　人因工程学的相关学科图例

例如，罗技 MX Vertical 鼠标设计（如图 1-3-6 所示），设计师通过人体测量学充分考虑人体的各种尺寸、移动范围等，利用解剖学及生物力学分析肌肉力量强度、能量消耗、基础代谢、肌肉疲劳和易受损伤性等，将这些数据用于设计中，设计了一款符合人体工程学的鼠标 MX Vertical。这款鼠标颠覆了以往鼠标的造型，自然握姿可降低肌肉拉伸力度。

图 1-3-6　罗技 MX Vertical 鼠标

（2）人因工程学与工程科学的关系

工程科学包括工业设计等学科。人因工程学的研究目的体现了该学科是人体科学和环境科学不断向工程科学渗透和交叉的产物。其在工程科学研究中应用广泛，并需要工程科学知识作为理论基础。

例如，研究航空人因工程学问题，应具有一定的航空工程学和航空飞行的知识。我国人因工程在航天领域的发展尤为引人瞩目，其中航天员交会对接操作的认知决策过程如图 1-3-7 所示。

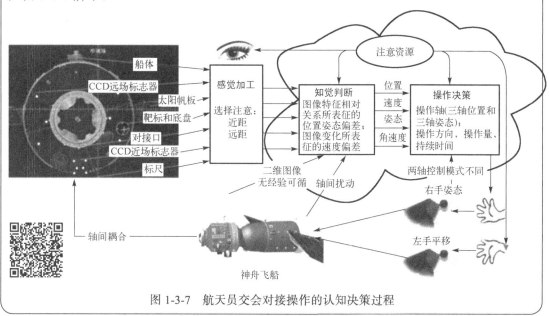

图 1-3-7　航天员交会对接操作的认知决策过程

（3）人因工程学与环境科学的关系

环境科学包括环境保护学等学科。这些学科主要研究环境指标及环境对人的生理与心理的影响等。在人因工程学中，人与环境的优化是重要研究内容。

例如，伊斯贝格图书馆及剧院在设计时都考虑到了人体工程学。图书馆空间，局部采用高侧窗采光（如图 1-3-8 所示），既能够获取充足的光源，在美观的同时还减少了耗电量。剧院的墙体由混凝土打造，很大程度改善了声学效果（如图 1-3-9 所示）。

图 1-3-8　伊斯贝格图书馆

图 1-3-9　伊斯贝格剧院

上述学科的研究内容为人因工程学提供了理论方法和标准。除上述学科外，人因工程学还需要社会学和统计学等多门学科的有关理论与方法。注意，在应用时以人因工程学的理论方法为主体，融合其他学科知识来解决实际问题。

思考题

1. 人因工程学如何"以人为中心"进行设计？
2. 设计人性化的表达体现在哪些方面？
3. 列举人因工程学与多学科交叉融合的具体应用。

1.3.2　人因工程的研究方法

具有多学科交叉性、边缘性特点的人因工程学，其研究方法也是多样的。其广泛采用了人体科学和统计学等相关学科的研究方法及手段，也采取了生物力学和计算机仿真等相关学科的研究方法，同时本书还建立了一些特殊的新方法。目前常用的研究方法归纳如下。

1．观察法

观察法是调查者在一定理论的指导下，借助一定的观察仪器和观察技术进行观察，然后进行分析研究的方法。其技巧在于避免对研究对象的干扰，有效保证研究结果的自然性和真实性。有时也可借助计时器、摄像机等工具，有效观察作业的时间消耗，如智能分拣设备（如图 1-3-10 所示）的流水线生产节奏的合理性、工作日的时间利用情况等。

图 1-3-10　智能分拣设备

2．实测法

借助于仪器设备进行测量的方法称为实测法，如人体尺寸的测量（如图 1-3-11、图 1-3-12 所示）、人体生理参数的测量（如能量代谢、呼吸、脉搏、血压等）。

3．实验法

实验法一般在实验室里进行，但也可在作业现场，主要为了引起研究对象相应变化来进行因果推论和变化的预测，它是系统地改变一定变量因素，在人为控制的条件下的一种研究方法。

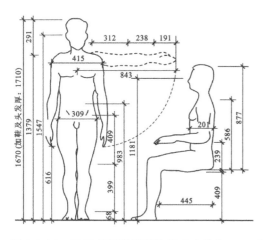

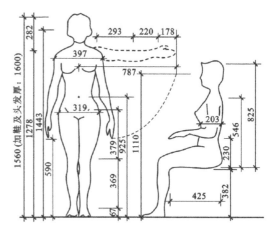

图 1-3-11　我国成年男子平均尺寸（单位：mm）　　图 1-3-12　我国成年女子平均尺寸（单位：mm）

4．模拟和模型实验法

在人机系统研究时常采用模拟和模型实验法。它是运用各种技术和装置的模拟，对某些操作系统进行逼真的试验，来得到符合实际数据的一种方法。

5．计算机数值仿真法

数值仿真是指在计算机上利用系统的数学模型进行仿真性实验研究。

 **思考题**

人因工程学的研究方法有哪些？

1.3.3　人因工程的应用领域：产业–管理–设计

人因工程在不同产业部门的应用领域十分广泛（如表 1-3-1 所示）。为防止人的差错而设计的安全保障系统；提高产品的操作性能、舒适性及安全性，都是应该开展研究的课题。

表 1-3-1　人因工程的应用领域

范围	对象举例	例子
产品和工具的设计及改进	机电设备	机电、计算机、农业机械
	交通工具	飞机、汽车、自行车
	城市规划	城市规划、工业设施、工业与民用建筑
	宇航系统	火箭、人造卫星、宇宙飞船
	工作服装	劳保服、安全帽、劳保鞋
作业的设计与改进	作业姿势、方法，作业量及工具选用和配置等	工厂生产作业、监视作业、车辆驾驶作业、物品搬运作业、办公室作业等
环境的设计与改进	声、光、热、色彩、振动、尘埃、气味等	工厂、车间、控制中心、计算机房、办公室、驾驶台、生活用房等

 **思考题**

列举人因工程的应用领域及具体案例。

总结：人因工程学以人为中心，呈现多学科交叉融合的趋势。人因工程学要求产品的形式适合人的特性，设计还需要通过造型要素、色彩要素和材料要素进行人性化的表达。人因工程学与很多学科相关，如人体科学、工程科学、环境科学等，这些学科的研究内容都能为人因工程学的学科研究和实践应用提供方法与标准。人因工程学常用的研究方法有观察法、实测法、实验法、模拟和模型实验法、计算机数值仿真法。其在不同产业部门的应用领域非常广泛，如工具、作业和环境的设计与改进。

1.4　人因工程与设计的关系：有源的设计

1.4.1　现代设计方法的科学源起

人因工程学与人们生活密切相关，它的研究内容对设计起着至关重要的作用，概括为以下几个方面。

1. 为设计师了解人的因素提供参数基础

由于设计师所设计出来的成果是被人使用的，这就需要设计师在设计过程中对与人有关的数据或因素进行深入了解，并运用到设计上。人因工程学的研究重点在于人体的结构和机能特征，结合相关学科，得出的人的身体各部位重量、尺寸、比例、重心及这些部位之间在不同运动状态下的相互关系和能达到的范围限度等与人体有关的结构特征科学参数。同时，还能在机能特征上提供人的身体各部位的科学参数，如动作的速度和频率、运动习惯、重心变化情况等。此外，还分析人的各种感官通道的反应时间（如图 1-4-1 所示）、感知时间等机能特征；分析人在处于劳动和工作的状态下，心理和生理方面的变化及影响因素、能量消耗情况、疲劳程度、对劳动负荷的适应情况等。

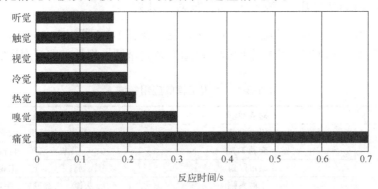

图 1-4-1　人的感官通道及其反应时间

2. 为设计师更关注物与人的联系提供准则

我们时常能接触到的汽车仪表盘设计（如图 1-4-2 所示）便遵循了人的视觉特征与物的联系，总体呈现横向分布，且刻度方向呈顺时针设计。这考虑了人眼的生理特点，横向分布的仪表盘让人在看仪表盘时以水平方向移动为主，这与眼球沿垂直方向运动相比较，能运动得更快且不易疲劳。人眼读取顺时针的刻度也更符合日常习惯。

图 1-4-2 汽车仪表盘设计

为避免物的使用者出现人因失误，即疏忽或在完成已有明确行为准则规定任务时出现允许范围之外的偏差，就尤其需要结合人因工程学的原理和方法，关注物与人的联系，优化物的设计。例如，有一些需要人为直接操作和使用的机器或物品，如控制室、操纵装置等，其功能键布置、外观设计都需要基于人因工程学的相关参数进行设计。

3. 为设计师实现环境因素对人产生正面影响提供依据

设计师 Tomi Ungerer 在德国设计了一个猫形幼儿园（如图 1-4-3 所示），他在设计时运用了人因工程学的原理，使得环境因素对人产生了正面影响。人们可以从猫的嘴巴进出建筑；窗户设计成圆圆大大的猫眼形状，让室内保持充足的光照；在建筑的背后，有一条具有滑梯功能的猫尾巴，让小朋友玩耍，增加童趣感。整体建筑外部采用特殊钢材制造，在阳光下不会发出刺眼的光，以柔和之美给小朋友留下唯美的童年回忆。

图 1-4-3 猫形幼儿园外部

人与环境之间具有密不可分的联系，其中一方发生变化时，往往会对另一方产生相应的影响。人因工程学为人在生产生活中所面临的外部环境设计提供科学参考，研究人体对环境各类因素的反应情况和适应能力，以及生产生活环境中的声音、颜色、光照、气味等不同因素对人的心理、生理和作业情况及效率的影响情况，从而确定能让人感到舒适的范围和安全的界限。其目的是让人与环境之间能够相互产生正面影响，让人在良好的外在环境下，提高作业效率，保证自身的安全和健康。

4. 为设计师达到人-机-环境协调的目的提供参考

人因工程学的研究内容是人-机-环境系统之间的相互作用，它并不是把这个系统中的要素割裂开来评判的，而是将这三个要素作为一个整体系统进行研究。该系统的总体性能如何，是由这三个要素之间的相互关系决定的。

要达到人-机-环境相互协调的目的，需要在明确系统设计的目的和要求后，就这三个要素对系统的整体性能影响情况做深入分析，并对各自应该具有的功能、人机相互关系进行研究，如人机功能分配方法、环境适应人的途径、机器如何影响环境等问题。在这个过程中需要不断地完善和优化三个要素之间的结构方式，达到实现三者组合成最优系统的目的。研究过程始终都与人的因素息息相关，人因工程学为设计的人-机-环境协调提供科学的参考依据。

5. 为设计师从人的角度出发考虑问题提供科学依据

1996 年，日本马自达汽车公司为残障人士设计出了能方便他们使用的汽车（如图 1-4-4 所示），为乘坐轮椅的群体提供了方便。在心理层面，这款汽车的外观与普通汽车一致，让使用者感到亲切，更容易接受；在生理层面，这款汽车设计有宽敞的空间和轮椅入口，能方便轮椅出入，汽车内部设计也结合乘坐轮椅群体的特点进行了调整。这款汽车充分体现了设计师从乘坐轮椅群体的角度出发，遵循人因工程学理论对汽车进行有针对性的设计。

图 1-4-4 为乘坐轮椅群体设计的汽车

好的设计是人、环境、技术、经济、文化等因素之间达到平衡、协调状态的产物。为此，设计师就需要能够在面对各类制约因素的情况下，找到一个最佳平衡点，此时，人因工程学理论便能为设计师达到这个目的提供科学依据。人因工程设计的主要研究内容是人的因素，设计师需要考虑人在使用机器时如何能达到最佳效率，从人的角度出发思考问题并分析出结论，将人因工程学理论贯穿设计的全过程。

人因工程学理论要求设计师在设计过程的始终，都应当充分遵循人因工程学理论，考虑目标人群的心理需求和生理需求，开发出真正适合目标人群的产品，在保证产品使用功能得以充分发挥的同时，使设计真正成为人类文明的象征。

◀◀ **讨论题**

1. 人因工程学在设计领域发挥了什么作用？
2. 人因工程学如何运用到设计中？

1.4.2　现代社会的工作与生活：衣食住行的设计

人的一生最主要的是 4 件事：衣、食、住、行。这 4 个要素以点带面地涵盖了社会生活的主要内容，成为人类生存文化的一个缩影。这 4 种社会活动是现代人类工作和生活的写照，也需要通过相应的器物或人工设施来实现。

1. 衣

2021 年 7 月 4 日，神舟十二号航天员刘伯明、汤洪波成功出舱，他们身上的"飞天"舱外航天服是我国专门研究设计的。新一代"飞天"舱外航天服（如图 1-4-5 所示）只有一个型号，不分男女，不限尺寸，能根据不同穿着人员的不同体型进行自由调节，服装经调节后能适应 1.6 米到 1.8 米身高的人员，还能根据航天员的体型进行调整。其重量有 130 千克，但穿脱都很便利。在外部装饰上看，采用红蓝色调的同时结合了我国古代常用的飞天、祥云纹样，保留特色的同时又颇具辨识度。

图 1-4-5　我国"飞天"舱外航天服

人因工程应用到服装设计上，就产生了服装人因工程学，这门学科关注人体的基本特征，以及人体和服装的彼此联系，在人-服装-环境这个系统中进行研究，使所设计的服装能满足人体的生理、心理需求，达到舒适卫生的条件，整合服装的安全、健康、舒服、功能、好看、个性六项功能。在进行服装设计时借鉴人因工程学原理，能有效避免因考虑不足和主观意识太强而引起的设计失误。

2. 食

Sassy 所设计的一款弯柄训练勺（如图 1-4-6 所示），是一款"弯腰"餐具，手柄的形状设计贴合宝宝的手形特点和抓握行为，能让宝宝顺利地把食物送进嘴里，更快掌握独自吃饭的能力。勺面上设计有小孔，能增加摩擦，让食物不易从中掉出。

图 1-4-6　弯柄训练勺

人因工程已深入我们的日常生活中，在"吃"这一方面也不例外。我国有句古话："民以食为天。"随着人们生活质量的提高，人们不仅关注"吃得饱"，还关注"吃得好"，在食物上讲究，在器具上也讲究。结合人因工程学原理设计出来的餐具、厨具等，应具有使用方便、安全、美观等特点。

3. 住

在房屋装修时，要考虑空间的尺寸（如图 1-4-7 所示），各个部分的尺寸都需要让人感到舒适。家是心灵的栖息地，客厅就是中心，而占据客厅核心位置的沙发座谈休息功能设计的舒适与否会直接影响到日常生活。不论何种尺寸的沙发始终都要围绕人体的身体结构及生活方式而展开设计，如图 1-4-8 所示的沙发尺寸就是符合人体结构设计的尺寸。

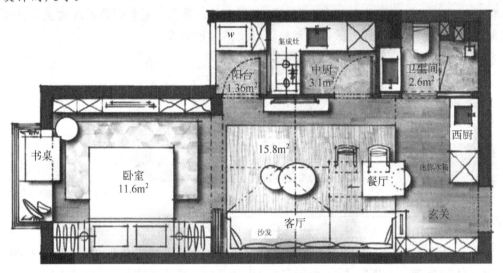

图 1-4-7　室内设计空间尺寸

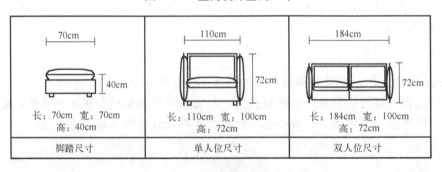

图 1-4-8　沙发尺寸

随着生活环境的改善，人们对居住环境的要求也日渐提高，居住环境在满足基本的遮风避雨功能外，更加追求环境舒适、材料健康环保、提高效率、风格符合个人审美等。因此，在房屋装修等一些室内设计中要尽可能多地考虑人的因素，人体不同状态下的运动规律和活动性质是现代家居设计原理的出发点。

4．行

成都地铁 6 号线的设计上应用了人因工程学原理，极大地提高了地铁乘车环境的舒适度。在座椅方面设计了波浪形座位（如图 1-4-9 所示），座椅表面圆滑平整并向上倾斜，便于清洁的同时减缓滑动情况，还能让人的臀部和大腿更贴合座位，增大受力面积，提高舒适度。车厢内配备了国内尺寸最大的动态地图显示屏，让乘客看路线、信息更清楚、更安心。在外观方面（如图 1-4-10 所示），列车采用"复古棕"作为主色调，车厢连接处也采用了深棕色的木质花纹，并加入了巴蜀元素，体现了成都传统文化和现代科技结合的美感。

图 1-4-9　成都地铁 6 号线波浪形座椅　　　　图 1-4-10　成都地铁 6 号线外观

现代社会节奏日益加快，通勤耗时是人们生活品质的重要影响因素。《2020 年度全国主要城市通勤监测报告》显示，北京的单程平均上下班耗时为 47 分钟。目前，人们对出行工具提出了更高要求，不再满足于只符合简单出行需求，还希望交通工具能速度更快、设施设备更安全、环境更舒适。因此，在设计交通工具时要加入人因工程学角度的设计理念和考虑，增添人文关怀，让人们的出行更便捷、舒适、安全。

思考题

1．人因工程学与我们的日常生活有哪些联系？
2．分别在衣、食、住、行四个方面列举一些与人因工程学有关的设计例子。

1.4.3　新传媒生态下的用户体验与设计

好的用户体验设计能让用户在使用产品时没有障碍，提高用户使用网站的满意度，留住旧用户，发展新用户，降低用户的使用难度和产品研发成本，让用户对产品的忠诚度更高，保证用户黏性。

好的 Loading 页面设计应能提供进度或情况回馈，让用户明白大概还需等待多久和即将发生什么情形，从而缓解用户的焦虑感。Slack 的动态 Loading 页面设计（图 1-4-11 所示）中，告知了用户当前状态，并且加入了简单的小动画，小动画能够将用户的注意力从单纯的等待吸引到动画演示上，让用户感到等待时间并没有实际上那么漫长。

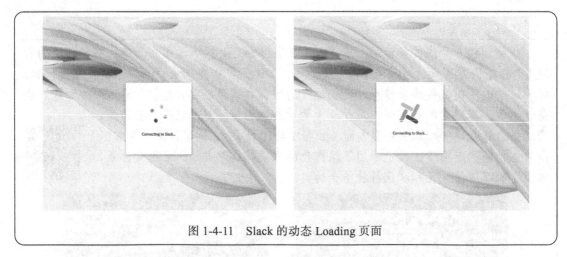

图 1-4-11　Slack 的动态 Loading 页面

1．用户体验概念

体验是指主体的内在感受在外界环境的刺激下所产生的反应或变化，由于这需要主体的亲身参与和经历，因此具有个体差异性、主观性和不确定性的特点。首先，面对同一客体，不同主体往往会获得不同的体验感受。因为体验到的东西是每个主体个性化参与到事件中并留下深刻印象的，任何一种体验其实都与该主体所特有的心智状态息息相关。同时，若同一主体所处的时空环境不同，对同一客体所产生的体验情感也有差异。这是因为同一客体在不同时空会让主体对应地产生不一样的视知觉、情绪、思维、关联、行动等变化，这些差异性会给主体带来不同的体验。

用户体验（User Experience，UE）的概念最早在 1995 年由美国认知心理学家唐纳德·诺曼（Donald Norman）提出，它指的是用户在使用产品或服务时产生的个人主观感受，包含情感、信仰、喜好、认知印象、生理和心理反应、行为和成就等方面。用户的体验如何是不确定的，主要会受到系统、用户和使用环境等因素的影响。我们有时会很自然地与身边人表达自己消费或使用产品的感受，"这家餐厅的食物性价比好高，服务员态度也不错。""这个软件界面的设计不太合理，让我总是容易点错地方。"这些用户在使用物品或体验服务后所产生的不同直接感觉都是用户体验。

随着科技尤其是数字技术的发展，用户体验具有越来越丰富的内涵，涉及的领域也更为广泛，如人机交互、心理学、营销学和可用性设计等。

例如，福特企业设计的汽车过赛道 H5 游戏"挑战福克斯湾"（如图 1-4-12 所示），以游戏的形式提升用户的参与感，使他们觉得参与其中有意义、有价值。在这个小游戏中，用户可以通过界面中的方向按钮控制汽车行驶方向，使其能顺利通过各个弯道，还设有计时和排行榜功能。它充分考虑用户体验，结合趣味游戏让广告内容更容易被大众接受并乐于传播，通过游戏形式与用户互动的同时增强其体验感，展现产品特性并让其了解。

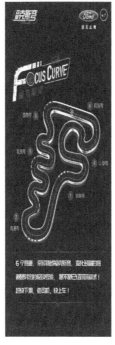

图 1-4-12　"挑战福克斯湾"游戏

Patrick Jordan 对用户在使用产品和体验服务时的心理愉悦因素进行研究，并对用户产生正负面体验的因素进行分析总结。其中，让用户有积极、正面体验的因素有安全、信任、自豪、高兴、满意、有趣、随意和怀旧；而让用户产生消极、负面体验的因素有侵犯性、感觉被欺骗、被强制服从、挫折、轻视、焦虑和让人懊恼。

用户体验以用户产生的主观感受为重点关注的目标，学者贝恩特·施密特根据"人脑分析模块"和社会心理学说，把整个用户体验系统分成五个体验体系，它们分别是感官、思考、创新、行为和关联。

2．用户体验设计

用户体验设计（User Experience Design，UXD），顾名思义，是指以用户体验为中心展开的设计（User-Centered Design，UCD）。在我国，用户体验设计最先运用在交互设计领域，如人机界面设计，后来拓展到其他设计领域，随着其研究不断深入与实践应用发展，用户体验设计在设计领域的应用越来越受到重视，并逐渐成为设计领域的重要部分。唐纳德·诺曼在他的《设计心理学》中曾阐明："用户是没有错的，如果用户在使用某物品的时候遇到麻烦，那是因为设计出了问题。"

用户体验设计的核心思想是在开发产品的始终都把用户纳入思考范围，通常关注的因素有可用性、用户特征、使用场景、用户任务和用户流程。用户体验设计在设计的每一阶段都提供相应的问题解决方案流程，这就要求设计师不仅要充分分析和假设用户将如何根据自身的身心特点使用该产品，还要在真实的使用场景下，通过用户测试得出用户反馈和相应结论，再不断地对产品进行修正和优化。

用户体验设计的目标可以分为五个。其中，首要目标是满足用户对产品基本功能的需求。使用产品时，用户最直接的要求是通过使用该产品，让其为自己提供需要的东西和服务，即达到基本使用目标。因此，产品必须首先让其满足用户的功能需求，包含他们的显性需求和隐性需求。这就要求设计师对其进行充分的调研，挖掘他们的显性需求和隐性需求，在用户测试、使用产品的过程中积极收集用户反馈，充分运用相关用户资料，对用户在使用过程中的行为进行跟踪。

第二个目标是让用户能够以最简单快捷的方式完成操作或得到他们想要的结果。这就要求设计师要充分了解产品的使用场景，了解用户心理和原有的操作习惯，以简化操作流程，提高操作效率。在产品界面设计上，要保证界面传达信息的高效性，让产品易懂、易用。

第三个目标是让用户能够在使用产品时获得愉悦的感受，享受这个使用过程。也就是说，需要在合适的时机给用户合适的东西，把握好产品的"节奏感"。这就要求设计师能够充分考虑用户心理，了解能让他们产生愉悦的点，收集分析用户需求和反馈并运用到产品上。

第四个目标是具有相当的吸引力让用户愿意长期使用，用户对产品建立一定的黏度和忠诚度。

第五个目标是能够调动用户的力量，让用户愿意主动宣传产品。

失败的用户体验设计会让用户在使用产品时存在困难、感受不好，从而对产品产生负面印象，连带对品牌造成负面影响。加拿大 Flair 航空公司的订票页面设计（如图 1-4-13 所示），它的失败之处在于电话号码一栏必须输入 10 个数字，这意味着若乘客生活在一个电话号码不是十位数的国家，他必须输入假的电话号码才能享受这家航空公司的服务，而这样迫使用户输入错误信息，也会带来更多问题。当今时代，精准的用户数据对企业发展尤为重要，一个失败的用户体验设计迫使用户输入假的数据，这是令人头疼的。

图 1-4-13　加拿大 Flair 航空公司的订票页面设计

3. 我国用户体验设计在新媒体生态下的发展

新媒体又称交互媒体，是一种新型媒体方式，是在传统媒体的传承与更新的基础上发展出来的。新媒体以数字技术为基础，以网络为载体进行信息传播，包括电子书、电子杂志、平板电脑、智能手机、网站等。随着新媒体迅速发展，用户服务呈现出新的特征，具有互动性、差异性、主动性、易用性、动态性和泛在化的特点。

　　用户体验设计在我国最早应用于交互设计领域，我国目前在该理论的研究最深、成果最多的也是交互设计领域。用户的需求不断变化，科学技术不断发展，用户体验设计在每个时期都会有不同的趋势。

　　我国用户体验设计在 21 世纪初至 2013 年年底开始逐渐发展，这个阶段更多的是对用户体验设计的基本概念进行研究。例如，欧阳波和贺赞把产品或服务本身及用户体验的整个环节都纳入用户体验设计的过程中；谢麒提出了围绕用户体验展开的"设计思维"观念等。在理论的应用和实践上，集中于与互联网相关的网页、界面、终端等的交互设计领域。这个阶段的用户体验设计重点围绕交互设计而展开，同时吸收国外的相关理论和方法，为国内的用户体验设计的理论、技术和实践的蓬勃发展做好准备。

　　我国用户体验设计体系构建阶段始于 2013 年年底启动的国内 4G 网络全覆盖工程，直至 2017 年。这个时期，移动终端蓬勃发展，人们的生活方式不断重构，此时国内的用户体验设计面临着用户的更高要求和新的挑战。对我国的用户体验设计发展而言，这是重点阶段。在技术层面，用户体验设计慢慢朝着技术方法体系、模型框架结构、企业价值与发展战略等范畴拓展，且逐步与国内当时的产业发展特性、传统文化优势、市场背景相融合；在应用实践层面，用户体验设计在互联网技术、移动通信、电商等方面呈现良好发展势头，更重视以用户为中心。

　　2018 年至今，我国用户体验设计处于创新发展阶段。我国用户体验设计的研究范围和应用领域不断拓展，在数字经济时代下，用户体验设计与人工智能等新兴领域创新性地融合。这一阶段的研究更具创新性，注重智能设计，强调技术和人文、产品和服务、设计和智能之间的融合发展，在理论、技术和实践应用方面都有了创新突破，在应用上朝着智能设计方向不断靠近。IXDC2019 设计工作坊（如图 1-4-14 所示）中，国内一些互联网龙头企业结合用户体验设计进行了相关介绍和经验分享，如阿里巴巴在"智能语音多模态体验设计"的案例中分享了视觉呈现如何在不同场景下增强语音功能，以及打造自然交互的智能产品设计的经验。

图 1-4-14　IXDC2019 设计工作坊

　　用户体验设计呈现良好发展势头的同时也存在一些问题。其一，在理论上缺乏创新。该研究在我国更侧重于总结应用的过程、方式、技术等，积累了不少实践成效，但原创理论少，技术延续性不强。其二，也表现我国用户体验设计发展不均衡。行业上呈现不平衡的分布情况，目前主要应用在互联网、电商、广告行业，但在生产制造领域极少涉及；还面临着用户体验设计在企业类别、人员结构和地域上分布不均衡的问题。其三，我国相关制度机制不健全，缺乏具体明确的行业规范和技术标准，主要依赖对市场、潮流、趋势的把握，企业中专业的用户体验部门也较少。

 **思考题**

    1. 讨论身边遇到的用户体验不佳的设计案例，并分析其中的原因。

    2. 用户体验设计的五个目标是什么？

    总结：人因工程为设计提供科学的方法和依据，并应用在人们的衣、食、住、行等方面。用户体验设计需要以用户为中心，其目标有五个，分别是满足用户功能上的要求；让用户能够以最简单快捷的方式完成操作或得到他们想要的结果；让用户在使用产品的过程中感到愉悦，享受使用产品的过程；有足够的吸引力让用户愿意长期使用，提高用户对产品的忠诚度。在新媒体生态下，我国用户体验设计的发展迅速，用户体验设计的研究范围和应用领域不断拓展，用户体验设计与人工智能等新兴领域进行了创新性融合。但是发展的同时也存在一些问题，需要我们继续研究和解决。

第 2 章

人体测量学与设计 ⋘

2.1　人体测量学基础知识

2.1.1　人体测量学概述

工业和工程设计需要基于人体尺寸进行，以满足人体生理和心理需求，使人体处于舒适、健康、安全的状态和适宜的环境中。例如，办公室座椅高度要依据人体小腿加足高，鼠标设计要依据手部尺寸，服装设计则基于人体多个部位的尺寸。为了让设计满足人们需求，就要掌握人体测量学的知识。

人体测量学的研究内容主要包括人体形态特征、生物力学特征和人体生理特征，如下所述。

1. 人体形态特征

人体形态特征主要包含人体尺寸、重量和表面积等，其中，人体尺寸包括静态人体尺寸和动态人体尺寸，这也是本章要介绍的重点部分。

人体静态尺寸（也称构造尺寸）是指人体在静止姿势下的人体尺寸，其中静止姿势包括站姿、坐姿、蹲姿和跪姿四种，例如，人体身高、臀宽、肘高、头围和坐高等都属于静态尺寸。静态尺寸为与人体直接相关的产品或空间设计提供数据基础，例如，座椅宽度的设计要以人的臀宽为依据，厨房案台高度要参考人的肘高，头盔的设计要以人的头围数据为依据（如图 2-1-1 所示）。

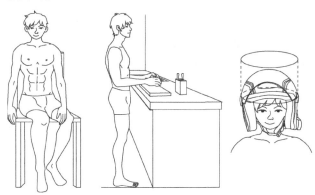

图 2-1-1　人体静态尺寸与产品尺寸的对应关系（作者自制）

　　动态人体尺寸（也称功能尺寸）是指人体在运动状态下的肢体动作范围，包括肢体活动角度及肢体达到的距离范围。动态人体尺寸可用于空间设计，例如，人所能通过的最小通道宽度并不等于肩宽，因为人在向前运动时必须依赖肢体的运动，如图 2-1-2（a）所示。另外，使用动态人体尺寸时需注意，人体各部分不是独立工作而是协调进行的，例如，有一种翻墙的军事训练，墙体高达 2m，人很难从地面上直接翻过去，但是如果借助于助跑和跳跃就可以做到，如图 2-1-2（b）所示。

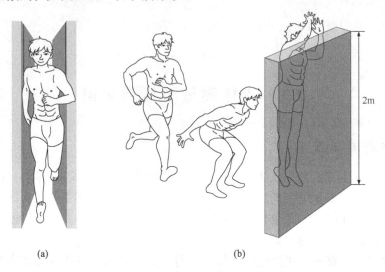

(a)　　　　　　　　　　　　　　　(b)

图 2-1-2　人体动态尺寸与产品尺寸的对应关系（作者自制）

2．生物力学特征

　　生物力学特征主要指人体各部分出力大小，主要参数有拉力、推力和握力等。例如，很多控制器的操纵需要施加力的作用，明确人施加力的大小和方向才能科学地指导产品的设计，如图 2-1-3 所示。

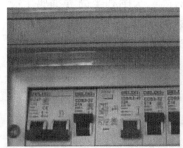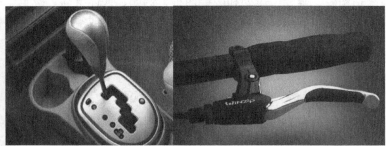

图 2-1-3　需要施加力的作用的控制器

3．人体生理特征

　　2017 年，联想推出了一款 SmartVest 智能心电衣，获得红点设计大奖（如图 2-1-4 所示）。SmartVest 将 10 个柔性电极编织在心电衣中，可以感应到人体心率和心率变异度，并将数据传输至手机 App 中。运动爱好者不仅可以查看自己运动过程中的实时生理数据，还可以随时掌握自己的运动强度。如果运动强度过大，一旦心率达到个人能承受的最大值，心电衣就会实时报警，提示运动风险。

图 2-1-4　联想推出的 SmartVest 智能心电衣

人体生理特征的参数主要是指人体的主要生理指标，包括心率、体温、耗氧量、血压、肌电、眼球运动和脑电等。

思考题

举例说明基于静态人体尺寸和动态人体尺寸的产品设计。

2.1.2　人体测量基本术语

GB/T 5703—2010《用于技术设计的人体测量基础项目》规定了人体测量基本术语。该标准与国际标准 ISO 7250—1996 *Basic Human Body Measurements for Technological Design* 制定的方法严格一致。

1．被试者姿势

（1）立姿

被试者挺胸直立，头部以眼耳平面定位，眼睛平视前方，肩部放松，上肢自然下垂，手伸直，手掌朝向体侧，手指轻贴大腿侧面自然伸直，左、右足后跟并拢，前端分开，使两足大致呈 45°，体重均匀分布于两足，足后跟、臀部和后背处于同一铅锤面，如图 2-1-5（a）所示。

（2）坐姿

被试者挺胸坐在被调节到腓骨头高度的平面上，头部以眼耳平面定位，眼睛平视前方，左右大腿大致平行，膝弯曲大致成直角，足平放在地面上，手轻放在大腿上，臀部和后背处于同一铅锤面，如图 2-1-5（b）所示。

2．人体测量基准面

人体测量基准面是由三个垂直的坐标轴（横轴、纵轴和垂直轴）决定的，如图 2-1-6 所示。

（1）矢状面

矢状面是指通过纵轴和垂直轴的平面及与其平行的所有平面。正中矢状面是指通过纵轴和垂直轴的平面，把人体分为左右两部分。

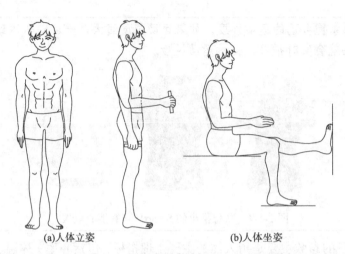

(a)人体立姿   (b)人体坐姿

图 2-1-5　GB/T 5703—2010 标准规定的人体立姿和坐姿（作者自制）

（2）冠状面

冠状面是指通过横轴和垂直轴的平面及与其平行的所有平面。正中冠状面是指通过横轴和垂直轴的冠状面，将人体分为前后两部分。

（3）水平面

水平面是指通过横轴和纵轴的平面及与其平行的所有平面。正中水平面是指通过横轴和纵轴的水平面，将人体分为上下两部分。

（4）眼耳平面（也称法兰克福平面）

眼耳平面是指通过右眼眶下点及左右耳屏点的平面。

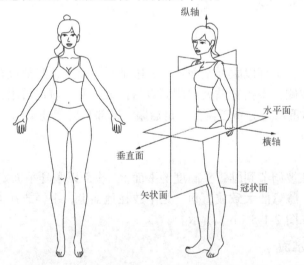

图 2-1-6　人体测量基准面示意图（作者自制）

3. 测量方向

① 在人体上下方向上，上方为头侧端，下方为足侧端。

② 在人体左右方向上，靠近正中矢状面的方向为内侧，远离正中矢状面的方向为外侧。

③ 在四肢上，靠近四肢附着部位称为近位，远离四肢附着部位称为远位。

④ 对于上肢，将桡骨侧称为桡侧，尺骨侧称为尺侧，如图 2-1-7（a）所示。

⑤ 对于下肢，将胫骨侧称为胫侧，腓骨侧称为腓侧，如图 2-1-7（b）所示。

⑥ 衣着、支撑面。

在衣着上，被试者应尽量裸体或者穿尽量少的紧身内衣（背心和短裤），且免冠赤足。立姿时的支撑面与坐姿时的椅面应该水平、稳定且不可压缩。另外，测试精度要求较高，即尺寸测量值的精度至少为 1mm，体重测量值的精度至少为 0.5kg。

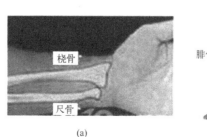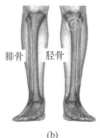

(a)　　　　　　　　　　　(b)

图 2-1-7　人体上肢与下肢骨名称

⑦ 基本测点和测量项目。

GB/T 5703—2010《用于技术设计的人体测量基础项目》规定了基本测点和测量项目，具体包括：测量项目 12 项和头部测点 16 个；躯干和四肢部位测点 22 个；测量项目共 69 项，其中立姿 40 项、坐姿 22 项、手和足部 6 项、体重 1 项。

思考题

说说人体立姿和坐姿测量时的主要注意事项。

2.1.3　人体测量的方法

1. 传统人体测量方法

我国最早开展的全国规模的人体测量工作始于 1986 年，耗时一年。中国标准化研究院在我国 16 个省市，采用传统的测量方法和仪器对 22000 多位成年人（18 至 60 岁）进行了人体测量，采集身高、臀围、腰围、体重、握力等 73 项工效学基础数据，在此基础上发布了我国成年人人体尺寸的系列国家标准，提供了我国成年人人体尺寸的基础数据。该标准已经成为家具、服装、汽车等许多领域技术标准的基础标准。

传统人体测量方法主要采用 GB/T 5704—2008《人体测量仪器》规定的仪器，主要有人体测高仪、直角规、弯角规、三脚平行规、软卷尺、医用磅秤等（如图 2-1-8 所示）。这种方法成本低，但是耗时长，容易出错，而且无法获得完整的人体数据，如头面部尺寸数据。

图 2-1-8　传统人体测量方法

2. 三维人体数据扫描方法

为精确、快捷地获得人体三维图像信息，出现了三维人体数据扫描仪。与传统测试方法相比，三维人体数据扫描方法具备以下优点：测量数据内容更加丰富，例如，以前仅能测量足部长度和宽度，现在通过三维扫描直接得到足部完整形状，为鞋靴设计提供完整的数据，使之更合理；测量精度高，完整人体扫描精度可达到 1mm 以下；测量速度快，几秒钟即可完成扫描；获取完整的人体数据库，任何部位的尺寸数据都可以随时调取。

目前常用的是非接触式三维人体数据扫描仪，主要有非接触全身式、手持式、头部和足部扫描仪等，如图 2-1-9 所示。三维人体数据扫描仪的主要原理有白光相位法、激光测量法和红外深度传感测量法。白光相位法和激光测量法是通过光照射系统将光照射在人体表面上，光的特征会根据人体表面特征的变化而变化，由视觉设备捕获，由系统软件获取人体三维数据。红外深度传感测量法则是先通过红外相机实时获取人体红外图像，再利用光学三角测算出图像深度数据，获得人体三维信息。具体详见 GB/T 23698—2009《三维扫描人体测量方法的一般要求》。

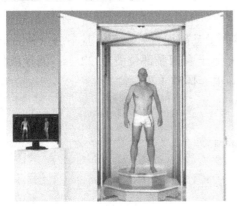 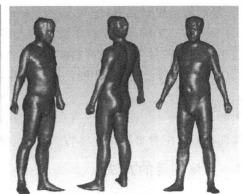

(a)三维人体扫描仪　　　　　　　　　　　(b)数字化人体

图 2-1-9　三维人体数据扫描方法

✎ **思考题**

如果再一次开展全国人体测量工作，你会如何安排这项工作？

2.1.4　常用人体尺寸数据

我国有成年人和未成年人人体尺寸数据库，分别为国家标准化委员会于 1989 年制定实施的 GB/T 10000—1988《中国成年人人体尺寸》和于 2011 年颁布的 GB/T 26158—2010《中国未成年人人体尺寸》。人体尺寸数据库可为产品设计、建筑空间和工业设备等设计等提供数据支持。

1. 中国成年人静态人体尺寸

GB/T 10000—1988 标准提供了从事工业生产的法定成年人人体尺寸基础数据（男 18～60 岁，女 18～55 岁），包含 7 类共 47 项人体数据。人体尺寸数据按照男、女性别分开，并分为三个年龄阶段：18～25 岁（男、女）；26～35 岁（男、女）；36～60 岁（男），36～55 岁（女）。同时，为使用方便，标准中给出了各项人体尺寸数值的百分位数。

（1）主要尺寸部位及数据

我国成年人人体主要尺寸部位如图 2-1-10 所示，人体主要尺寸部位数据如表 2-1-1 所示。

（2）立姿人体尺寸

我国成年人立姿人体尺寸部位如图 2-1-10 所示，对应立姿尺寸部位数据如表 2-1-2 所示。

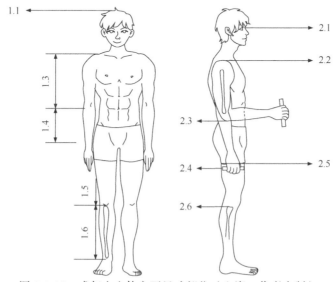

图 2-1-10　成年人人体主要尺寸部位（立姿，作者自制）

表 2-1-1　人体主要尺寸部位数据

测量项目		百分位 1	5	10	50	90	95	99
1.1　身高/mm	男	1543	1583	1604	1678	1754	1775	1814
	女	1449	1484	1503	1570	1640	1659	1697
1.2　体重/kg	男	44	48	50	59	71	75	83
	女	39	42	44	52	63	66	74
1.3　上臂长/mm	男	279	289	294	313	333	338	349
	女	252	262	267	284	303	308	319
1.4　前臂长/mm	男	206	216	220	237	253	258	268
	女	185	193	198	213	229	234	242
1.5　大腿长/mm	男	413	428	436	465	496	505	523
	女	387	402	410	438	467	476	494
1.6　小腿长/mm	男	324	338	344	369	396	403	419
	女	300	313	319	344	307	376	390

注：男性年龄范围为 16～60 岁，女性年龄范围为 18～55 岁。

表 2-1-2　人体立姿尺寸部位数据

测量项目	百分位	1	5	10	50	90	95	99
1.1　眼高/mm	男	1436	1474	1495	1568	1643	1664	1705
	女	1337	1371	1388	1484	1522	1541	1579
1.2　肩高/mm	男	1244	1281	1299	1367	1435	1455	1494
	女	1166	1195	1211	1271	1333	1350	1385
1.3　肘高/mm	男	925	954	968	1024	1079	1096	1128
	女	873	899	913	960	1009	1023	1050
1.4　手功能高/mm	男	656	680	693	741	787	801	828
	女	690	650	662	704	746	757	778
1.5　会阴高/mm	男	701	728	741	790	840	856	887
	女	648	673	686	732	779	792	819
1.6　胫骨点高/mm	男	394	409	417	444	472	481	498
	女	363	377	384	410	437	444	459

注：男性年龄范围为 16～60 岁，女性年龄范围为 18～55 岁。

（3）坐姿人体尺寸

我国成年人坐姿人体尺寸部位如图 2-1-11 所示，对应坐姿尺寸部位数据如表 2-1-3 所示。

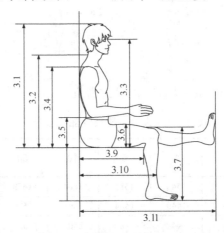

图 2-1-11　成年人坐姿人体尺寸部位（作者自制）

表 2-1-3　人体坐姿尺寸部位数据

测量项目	百分位	1	5	10	50	90	95	99
3.1　坐高/mm	男	836	858	870	908	947	958	979
	女	789	809	819	855	891	901	920
3.2　坐姿颈椎点高/mm	男	599	615	624	657	691	701	719
	女	563	579	587	617	648	657	675
3.3　坐姿眼高/mm	男	729	749	761	798	836	847	868
	女	678	695	74	739	773	783	803

测量项目	百分位		1	5	10	50	90	95	99
3.4　坐姿肩高/mm		男	539	557	566	598	631	641	659
		女	504	518	526	556	585	594	609
3.5　坐姿肘高/mm		男	214	228	235	263	291	298	321
		女	201	215	223	251	277	284	299
3.6　坐姿大腿高/mm		男	103	112	116	130	146	151	160
		女	107	113	117	130	146	151	160
3.7　坐姿膝高/mm		男	441	456	464	493	523	32	549
		女	410	424	4431	458	485	493	507
3.8　坐姿加足高/mm		男	372	383	389	413	439	448	463
		女	331	342	350	382	399	405	417
3.9　坐深/mm		男	407	421	429	457	486	494	510
		女	388	401	408	433	461	469	485
3.10　臀膝距/mm		男	499	515	524	554	585	595	613
		女	481	495	502	529	561	570	587
3.11　坐姿下肢长/mm		男	892	921	937	992	1046	1063	1096
		女	826	851	865	912	960	975	1005

注：男性年龄范围为 16～60 岁，女性年龄范围为 18～55 岁。

（4）人体水平尺寸

我国成年人人体水平尺寸部位如图 2-1-12 所示，对应水平尺寸部位数据如表 2-1-4 所示。

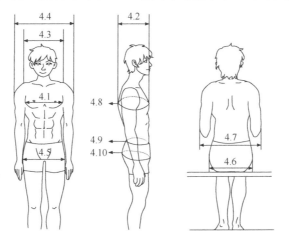

图 2-1-12　成年人人体水平尺寸部位（作者自制）

表 2-1-4　人体水平尺寸部位数据

测量项目	百分位		1	5	10	50	90	95	99
4.1　胸宽/mm		男	242	253	259	280	307	315	331
		女	219	233	239	260	289	299	319

续表

测量项目	百分位		1	5	10	50	90	95	99
4.2 胸厚/mm		男	176	186	191	212	237	245	261
		女	159	170	176	199	230	239	260
4.3 肩宽/mm		男	330	344	351	37	397	403	415
		女	304	320	328	351	371	377	387
4.4 最大肩宽/mm		男	383	398	405	431	460	469	486
		女	347	363	371	397	428	438	458
4.5 臀宽/mm		男	273	282	288	306	327	334	346
		女	275	290	296	317	340	346	360
4.6 坐姿臀宽/mm		男	284	295	300	321	347	355	369
		女	295	310	318	344	374	382	400
4.7 坐姿两肘间宽/mm		男	353	371	381	422	473	489	518
		女	326	348	360	404	460	478	509
4.8 胸围/mm		男	762	791	806	867	944	970	1018
		女	717	745	760	825	919	949	1005
4.9 腰围/mm		男	620	650	665	735	859	895	860
		女	622	659	680	772	904	950	1025
4.10 臀围/mm		男	780	805	820	875	948	970	1009
		女	795	824	840	900	975	1000	1044

注：男性年龄范围为 16～60 岁，女性年龄范围为 18～55 岁。

2．中国未成年人人体尺寸

GB/T 26158—2010《中国未成年人人体尺寸》提供了未成年人（4～17 岁）72 项人体尺寸及其涉及的 11 个百分位数。该标准适用于未成年人产品的设计与生产、相关设施的安全防护设计等。表 2-1-5 列出了部分未成年人身高数据。

表 2-1-5　部分未成年人身高数据　　　　　　　　　（单位：mm）

年龄(岁)	4～6	7～10	11～12	13～15	16～17
男	1113	1320	1466	1638	1706
女	1109	1306	1487	1573	1590

2.1.5　人体尺寸数据差异

1．人体尺寸数据的种族和地域差异

因地理环境、生活习惯和遗传等因素的不同，不同国家、地区和种族的人体尺寸数据的差异是十分显著的。表 2-1-6 所示为我国 6 个不同地域的人体身高和体重的均值与标准差（SD）。在设计时，需要考虑不同国家、地区和种族的人体尺寸数据差异。例如，人们穿着的服装版型和号型，北方和南方地区有很大的不同。

表 2-1-6　我国 6 个不同地域的人体身高和体重的均值和标准差

项目		东北华北区		西北区		东南区		华中区		华南区		西南区	
		均值	SD	均值	SD	均值	SD	均值	SD	均值	SD	均值	SD
身高 （mm）	男	1693	56.6	1684	53.7	1686	55.2	1669	56.3	1650	57.1	1647	56.7
	女	1586	51.8	1575	51.9	1575	50.8	1560	50.7	1549	49.7	1546	53.9
体重 （kg）	男	64	8.2	60	7.6	59	7.7	57	6.9	56	6.9	55	6.8
	女	55	7.7	52	7.1	51	7.2	50	6.8	49	6.5	50	6.9

注：SD 代表标准差。

2．人体尺寸数据的世代差异

随着卫生医疗和生活水平的提高及体育运动的大力发展，人类的生长和发育发生了很大变化，造成同一种族、同一地区人群的人体尺寸的世代差异。我国人体数据库是 1988 年实施的，进行一次全面人体尺寸数据统计需要耗费大量的时间、人力和物力。因此，在设计时需要在此人体尺寸数据的基础上加以修正。

3．人体尺寸数据的年龄差异

人体尺寸随着年龄的增长存在性别差异，一般来说女子人体尺寸增长到 18 岁结束，男子则到 20 岁才停止生长。无论男女，上年纪后身高均比年轻时矮，而身体的围度却比年轻时大（如图 2-1-13 所示）。年龄引起的差异应当引起设计师的重视，尤其是儿童和老年人的人体尺寸，在设计时应该充分考虑。

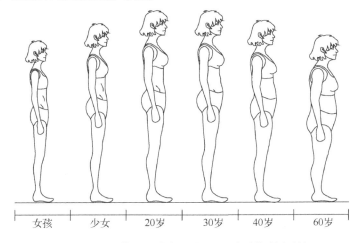

图 2-1-13　人体尺寸数据的年龄差异（作者自制）

4．人体尺寸数据的性别差异

目前，女性没有合体的医用防护服，通常穿着男性小号防护服，但是尺寸、比例完全不合体。如图 2-1-14 所示为女性医护人员穿的医用防护服，裆部几乎垂到膝盖。这是因为当初医用防护服的设计没有考虑到性别差异。

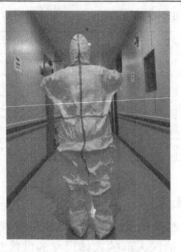

图 2-1-14　女性医用防护服

不同性别的人体尺寸、体重和比例关系存在显著差别。男女尺寸数据在 3～10 岁这一年龄阶段差异极小。两性的身体数据从 10 岁开始呈现明显差异。女性的 4 个身体尺寸，即胸厚、臀宽、臀围和腿围，比男性大，其余尺寸小于男性。在设计时，不能把女性尺寸按较矮的男性尺寸来处理，因为男女的身体比例不一样。

　思考题

列举基于老年人形态特征设计的产品。

2.1.6　我国成年人活动范围

我国成年人的活动范围分为两类：肢体活动能及的距离范围和肢体的活动角度范围。

1. 肢体活动能及的距离范围

在工作中，人体基本姿势有立、坐、跪和卧（如车辆检修作业中的仰卧）等。人体在不同姿势下活动都需要足够的空间。活动空间尺寸的设计主要与人体功能尺寸有关。人体基本姿势活动空间涉及的人体尺寸可以由 GB/T 10000—1988 标准得到。

（1）人体立姿活动空间和常用功能尺寸

如图 2-1-15 所示为人体立姿活动空间，左边的主视图中，零点位于正中矢状面上；右边的左视图中，零点位于人体背点的切线上。需要注意的是，人体立姿活动空间不仅取决于身体尺寸，还与维持身体平衡的微小动作相关。

GB/T 13547—1992《工作空间人体尺寸》规定了中国成年人人体在立、坐、跪、卧、爬等姿势下的具体工作空间尺寸。工作空间立姿人体尺寸如图 2-1-16 所示，具体的立姿人体尺寸数据如表 2-1-7 所示。

（2）人体坐姿活动空间和常用功能尺寸

如图 2-1-17（a）所示为人体坐姿活动空间，左边的主视图中，零点位于正中矢状面上；右边的左视图中，零点位于经过臀点（坐骨结节点）的垂直线上。

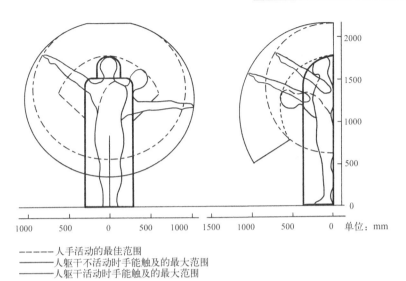

——— 人手活动的最佳范围
——— 人躯干不活动时手能触及的最大范围
——— 人躯干活动时手能触及的最大范围

图 2-1-15　人体立姿活动空间（作者自制）

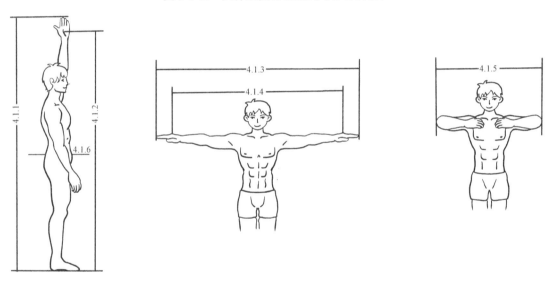

图 2-1-16　工作空间立姿人体尺寸（作者自制）

表 2-1-7　工作空间立姿人体尺寸数据

百分位 测量项目		1	5	10	50	90	95	99
4.1.1 中指指尖点上举高/mm	男	1913	1971	2002	2108	2214	2245	2309
	女	1798	1845	1870	1968	2063	2086	2143
4.1.2 双臂功能上举高/mm	男	1815	1869	1899	2003	2108	2138	2203
	女	1696	1741	1766	1860	1952	1976	2030
4.1.3 两臂展开宽/mm	男	1528	1579	1605	1691	1776	1802	1849
	女	1414	1457	1479	1559	1637	1659	1701
4.1.4 两臂功能展开宽/mm	男	1325	1374	1398	1483	1568	1593	1640
	女	1206	1248	1269	1344	1418	1438	1480

续表

测量项目	百分位		1	5	10	50	90	95	99
4.1.5 两肘展开宽/mm		男	791	816	828	875	921	936	966
		女	733	756	770	811	856	869	892
4.1.6 立姿腹厚/mm		男	149	160	166	192	227	237	262
		女	139	151	158	186	226	238	258

注：男性年龄范围为 16～60 岁，女性年龄范围为 18～55 岁。

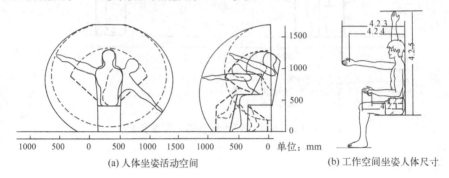

(a) 人体坐姿活动空间　　　　　(b) 工作空间坐姿人体尺寸

图 2-1-17　人体立姿活动空间和工作空间坐姿人体尺寸（作者自制）

GB/T 13547—1992 标准提供的工作空间坐姿人体尺寸如图 2-1-17（b）所示，具体的坐姿人体尺寸数据如表 2-1-8 所示。

表 2-1-8　工作空间坐姿人体尺寸数据

测量项目	百分位		1	5	10	50	90	95	99
4.2.1 前臂加手前伸长/mm		男	402	416	422	447	471	478	492
		女	368	383	390	413	435	442	454
4.2.2 前臂加手功能前伸长/mm		男	295	310	318	343	369	376	391
		女	262	277	283	306	327	333	346
4.2.3 上肢前伸长/mm		男	755	777	789	834	879	892	918
		女	690	712	724	764	805	818	841
4.2.4 上肢功能前伸长/mm		男	650	673	685	730	776	789	816
		女	586	607	619	657	696	707	729
4.2.5 坐姿中指指尖点上举高/mm		男	1210	1249	1270	1339	1407	1426	1467
		女	1142	1173	1190	1251	1311	1328	1361

注：男性年龄范围为 16～60 岁，女性年龄范围为 18～55 岁。

（3）单腿跪姿活动空间

图 2-1-18（a）所示为人体单腿跪姿活动空间，左边的主视图中，零点位于正中矢状面上；右边的左视图中，零点位在人体背点的切线上。

GB/T 13547—1992 标准提供的工作空间单腿跪姿人体尺寸如图 2-1-18（b）所示，具体的单腿跪姿人体尺寸数据如表 2-1-9 所示。

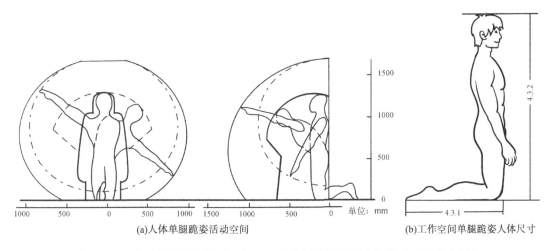

(a)人体单腿跪姿活动空间　　　　　　　(b)工作空间单腿跪姿人体尺寸

图 2-1-18　人体单腿跪姿活动空间和工作空间单腿跪姿人体尺寸（作者自制）

表 2-1-9　工作空间单腿跪姿与俯卧姿人体尺寸数据

测量项目	百分位	1	5	10	50	90	95	99
4.2.1 跪姿体长/mm	男	577	592	599	626	654	661	675
	女	544	557	564	589	615	622	636
4.2.2 跪姿体高/mm	男	1161	1190	1206	1260	1315	1330	1359
	女	1113	1137	1150	1196	1244	1258	1284
4.2.3 俯卧姿体长/mm	男	1946	2000	2028	2127	2229	2257	2310
	女	1820	1867	1892	1982	2076	2102	2153
4.2.4 俯卧姿体高/mm	男	361	364	366	372	380	383	389
	女	355	359	361	369	381	384	392

注：男性年龄范围为 16～60 岁，女性年龄范围为 18～55 岁。

（4）卧姿人体活动空间

如图 2-1-19（a）所示为人体卧姿活动空间，左边的主视图中，零点位于正中矢状面上；右边的左视图中，零点位于经头顶的垂直切线上。

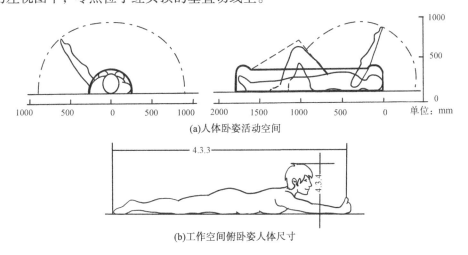

(a)人体卧姿活动空间

(b)工作空间俯卧姿人体尺寸

图 2-1-19　人体卧姿活动空间和工作空间卧姿人体尺寸（作者自制）

GB/T 13547—1992 标准提供的工作空间俯卧姿人体尺寸如图 2-1-19（b）所示，具体的俯卧姿人体尺寸数据如表 2-1-9 所示。

2. 肢体的活动角度范围

人体活动的部位有头、臂、肩胛骨、手、腿、小腿和足，其活动角度和方向如图 2-1-20 所示，活动角度范围如表 2-1-10 所示。

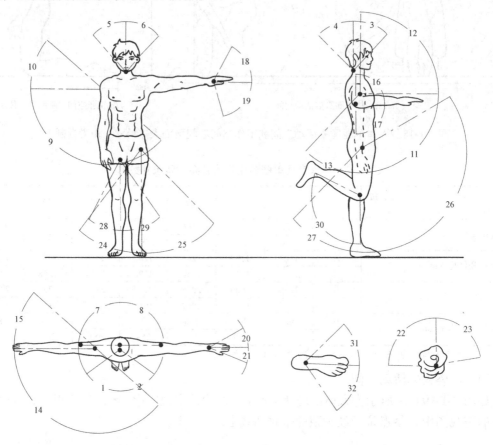

图 2-1-20　人体各个部位的活动角度和方向（作者自制）

表 2-1-10　人体各个部位的活动角度范围

身体部位	移动关节	动作方向	动作角度	
			编号	（°）
头	脊柱	向右转	1	55
		向左转	2	55
		屈曲	3	40
		极度伸展	4	50
		向一侧弯曲	5	40
		向一侧弯曲	6	40

续表

身体部位	移动关节	动作方向	动作角度	
			编号	(°)
肩胛骨	脊柱	向右转	7	40
		向左转	8	40
臂	肩关节	外展	9	90
		抬高	10	40
		屈曲	11	90
		向前抬高	12	90
		极度伸展	13	45
		内收	14	140
		极度伸展	15	40
		外展旋转		
		（外观）	16	90
		（内观）	17	90
手	腕 （抠轴关节）	背屈曲	18	65
		掌屈曲	19	75
		内收	20	30
		外展	21	15
		掌心朝上	22	90
		掌心朝下	23	80
腿	髋关节	内收	24	40
		外展	25	45
		屈曲	26	120
		极度伸展	27	45
		屈曲时回转（外观）	28	30
		屈曲时回转（内观）	29	35
小腿 足	膝关节 踝关节	屈曲	30	135
		内收	31	45
		外展	32	50

3. 基于人体活动范围的设计

以家具设计为例，除了要参考人体静态尺寸，还要考虑人体功能尺寸。例如，柜类家具的物品存放区域划分及隔板高度的设计依据就是基于手或足的活动范围及动作的难易程度的。

如图 2-1-21（a）所示为归类家具内部空间的三个区域。第一区域的上限距地面约1870 mm（考虑穿鞋修正），这主要取决于人体双臂上举高这个功能尺寸。第一区域的下限距地面约为 603 mm，这是人们不需下蹲只需略微弯腰即可取物的高度，其中又以肩高 1328 mm

附近最为方便。高度 603 mm 以下是第二区域,高度 1870~2500 mm 为第三区域,人们分别需要蹲下取物和站在凳子上或用梯子才能取物,很不方便。如图 2-1-21(b)所示为厨房案台操作区尺寸,考虑操作时人体手臂动作,操作区域宽度为 1060 mm。

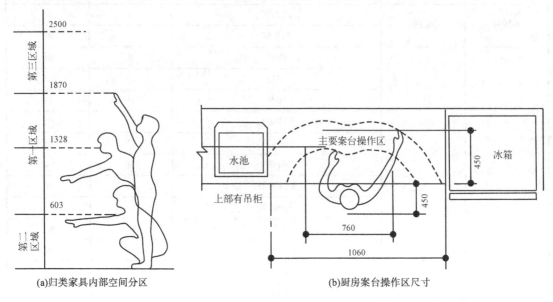

(a)归类家具内部空间分区 　　　　　　　　(b)厨房案台操作区尺寸

图 2-1-21　归类家具内部空间和厨房案台操作区设计(作者自制,单位:mm)

列举基于人体动态尺寸的设计。

> 　总结:人体测量学的研究内容主要包括人体形态特征、人体生物力学和人体生理特征,其中人体形态特征包括人体静态尺寸和人体动态尺寸。GB/T 5703—2010《用于技术设计的人体测量基础项目》规定了具体的人体测量方法和测量项目。测量仪器有传统的测量仪器和三维数字人体扫描仪。人体尺寸存在种族和地域差异、世代差异、年龄差异和性别差异。人体活动范围分为两类,即肢体活动能及的距离范围和肢体的活动角度范围。GB/T 13547—1992《工作空间人体尺寸》规定了中国成年人人体在立、坐、跪、卧、爬等姿势下的具体工作空间尺寸。

2.2　人体尺寸统计特征与应用方法

人体尺寸包含个体尺寸和群体尺寸,现代工业产品和公共设施多是为了满足群体尺寸。实际上,全面测量群体中的个体尺寸是不现实也不必要的,一般通过随机抽样的方法取得一部分人的个体尺寸,群体人体数据可以从样本观测值推断得到。

2.2.1　正态分布、均值和标准差

1. 正态分布

由于样本观察值是离散的随机变量,因此需要利用数理统计方法对数据进行处理,从

而得到群体尺寸的统计规律和特征参数。人体尺寸测量数据中有部分尺寸数据近似服从正态分布规律：拥有中等尺寸的人数最多，随着与中等尺寸偏离值的加大，人数越来越少，呈现"两头低，中间高"的钟形（如图 2-2-1 所示）。

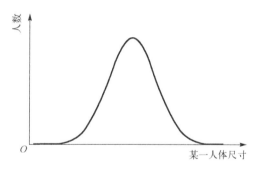

图 2-2-1　人体身高分布图（作者自制）

2. 人体尺寸数据均值和标准差

群体人体尺寸的正态分布特征可以用均值（$\overline{x}$）和标准差（S_D）来描述，计算公式为

$$\overline{x} = \frac{\sum\limits_{i=1}^{k} x_i f_i}{n}$$

$$S_D = \sqrt{\frac{1}{n}\sum_{i=1}^{k} f_i x_i^2 - \overline{x}^2}$$

其中，x_i 表示第 i 组中的人体尺寸数值；n 表示样本总量；f_i 表示第 i 组的频次。对照图 2-2-2 可见，均值表示分布的集中趋势，即测量值聚集于均值的趋势；标准差表示分布的离散程度，即标准差越大，测量值离散程度越大。

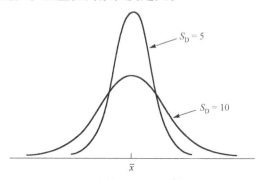

图 2-2-2　不同标准差的人体尺寸分布

2.2.2　人体尺寸数据百分位、百分位数

1. 百分位、百分位数

累计频次的百分位和百分位数可以用来描述人体测量数据分布特征（包括正态分布和非正态分布）。百分位通常用第几百分位表示，例如，第 α 百分位表示在所有的测量数据中，测量数据小于等于该测量值（X_α）的累计频次为 $\alpha\%$，该测量值称为第 α 百分位数（X_α），如图 2-2-3 所示。百分位是一种位置指标，百分位数是某一百分位对应的具体测量值。例如，人体身高分布的第 5 百分位，表示有 5% 的人身高大于等于此测量值，95% 则大于测量值，这个测量值就是第 5 百分位数。

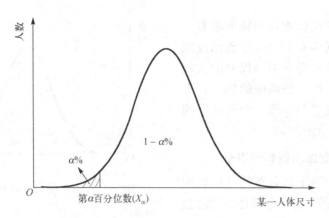

图 2-2-3　人体百分位、百分位数示意图

某一百分位数的人体测量尺寸 X_α，计算公式如下：

$$X_\alpha = \bar{x} + S_D \times K$$

其中，$\bar{x}$ 为均值；S_D 为标准差；K 为变换系数，变换系数可以通过查表 2-2-1 得到。

表 2-2-1　变换系数查询表

百分位/%	变换系数 K	百分比/%	变换系数 K	百分位/%	变换系数 K
0.5	−2.576	25	−0.674	80	0.842
1	−2.326	30	−0.524	85	1.036
2.5	−1.96	40	−0.253	90	1.282
5	−1.645	50	−0.000	95	1.645
10	−1.282	60	−0.253	97.5	1.96
15	−1.036	70	−0.524	99	2.326
20	−0.842	75	−0.674	99.5	2.576

例如，华南地区青年男性身高均值为 1.65m，标准差为 0.057m，求第 95 百分位对应的身高（X_{95}）。

答：查表得到第 95 百分位对应的变换系数为 1.645，根据公式可以得到第 95 百分位对应的身高：$X_{95} = 1.65 + 0.057 \times 1.645 = 1.74$m。

2. 适应域

产品设计应能满足大多数用户的需求，这是我们常说的一句话。对设计师来说，这个"大多数"应该是一个确定的定量化概念，如是 90% 还是 95%，这个百分比就是"适应域"。适应域的大小是由设计师根据产品特性等条件决定的。

一个设计只能取一定的人体尺寸范围，只考虑整个分布的一部分"面积"，称之为"适应域"。一般说来，适应域越宽，产品的适应面越大。一般情况下，适应域至少为 90%。

 思考题

根据华南地区的身高均值和标准差，试计算个人身高所属百分位数。

2.2.3　人体尺寸应用原则和方法

中国人类工效学标准化技术委员会编制了 GB/T 12985—1991《在产品设计中应用人体尺寸百分数的通则》，它将人体尺寸在产品中的应用方式按设置的限值分为以下几种。

1. Ⅰ型产品尺寸设计（双限值设计）

这类产品需要一个大百分位的人体尺寸和小百分位的人体尺寸作为产品设计的上、下限制依据。当不涉及使用者的健康和安全时，所选百分位数通常是第 5 到 95 百分位数；而当涉及人体安全和健康时，所选百分位数应扩大为第 1 到 99 百分位数，以保证几乎所有人都使用安全、方便。例如，汽车驾驶座椅设计前后必须可调，视力检测仪根据坐姿眼高上下可调（如图 2-2-4 所示）。

图 2-2-4　Ⅰ型产品尺寸设计

2. Ⅱ型产品尺寸设计（单限值设计）

这类产品只需一个百分位人体尺寸作为设计的上限或者下限，分为ⅡA 型和ⅡB 型产品尺寸设计。ⅡA 型产品采用大百分位数（通常是第 95 百分位数）作为设计上限，如门洞、车厢、通道、床等。ⅡB 型产品采用小百分位数（通常是第 5 百分位数）作为设计下限，如防护栏间隙、厨房上柜把手等（如图 2-2-5 所示）。

图 2-2-5　Ⅱ型产品尺寸设计

3. Ⅲ型产品尺寸设计（平均尺寸设计）

这类产品设计的目的不在于确定界限，而在于确定最佳范围，可采用人体第 50 百分位数。例如，电灯开关的高度、洗手台的高度要按均值设计，以适应大部分人的需求（如图 2-2-6 所示）。

图 2-2-6　Ⅲ型产品尺寸设计

列举Ⅰ型、Ⅱ型和Ⅲ型产品尺寸设计的例子。

2.2.4　常用人体尺寸及应用

在设计中，常用的人体尺寸主要有身高、眼睛高度、肘部高度、挺直坐高、肘部宽度、臀部宽度、肘部平放高度、大腿厚度、臀部到膝腿部长度、臀部到足尖长度、垂直手握高度、侧向手握距离（如图 2-2-7 所示）。

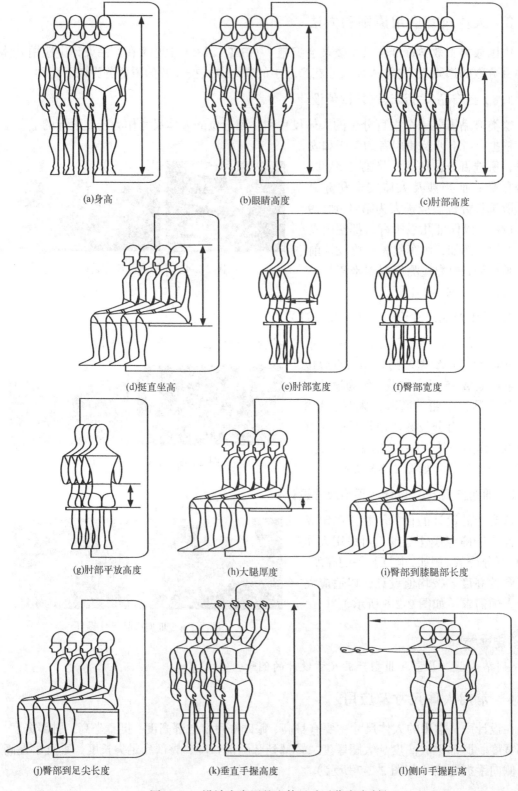

(a)身高　　　　　　　　(b)眼睛高度　　　　　　　(c)肘部高度

(d)挺直坐高　　　　　　(e)肘部宽度　　　　　　　(f)臀部宽度

(g)肘部平放高度　　　　(h)大腿厚度　　　　　　　(i)臀部到膝腿部长度

(j)臀部到足尖长度　　　(k)垂直手握高度　　　　　(l)侧向手握距离

图 2-2-7　设计中常用的人体尺寸（作者自制）

1. 身高

身高是指人身体直立、眼睛向前平视时从头顶到地面的垂直距离，如图 2-2-7（a）所示。身高数据对确定人头顶上障碍物的高度非常重要，如确定通道和门的最小高度（如图 2-2-8 所示）。显然，这里需要选用大百分位数数据（如第 95 或第 99 百分位数）。需要注意的是，按照国家标准，身高是在不穿鞋情况下测量的，故使用时应给予适当补偿。

图 2-2-8　基于人体身高的设计

2. 眼睛高度

眼睛高度是指人身体直立、眼睛向前平视时从内眼角到地面的垂直距离，如图 2-2-7（b）所示。这类数据可用于布置广告和其他展品，确定屏风和开敞式办公室内隔断的高度等（如图 2-2-9 所示）。需要注意的是，这类数据应该与脖子的旋转、弯曲及视线角度等结合使用，以确定不同头部状态下的视觉范围。同时，还应该加上鞋高修正量。

图 2-2-9　基于眼睛高度的设计

3. 肘部高度

肘部高度是指从地面到人的前臂与上臂接合处可弯曲部分的距离，如图 2-2-7（c）所示。这类数据主要用于确定厨房案台、柜台、工作台及其他站着使用的工作表面的舒适高度（如图 2-2-10 所示）。在确定上述高度时，必须考虑人体作业性质及操作面性质。

图 2-2-10　基于肘部高度的设计

4．挺直坐高

挺直坐高是指人挺直坐着时，座椅表面到头顶的垂直距离，如图 2-2-7（d）所示。这类数据主要用于确定座椅上方障碍物的允许高度，如火车座隔断、上下铺和汽车座上方高度等（如图 2-2-11 所示）。由于涉及间距问题，采用第 95 百分位数比较合理。需要注意的是，这类高度要考虑座椅软垫弹性、座椅倾斜度、衣服厚度及人站起来和坐下时的活动范围。

图 2-2-11　基于挺直坐高的设计

5．肘部宽度

肘部宽度是指两肘屈曲自然靠近身体、前臂平伸时两肘外侧面之间的水平距离，如图 2-2-7（e）所示。这类数据可用于确定报告桌、会议桌和牌桌周围座椅位置（如图 2-2-12 所示）。由于涉及间距问题，应采用第 95 百分位数。

图 2-2-12　基于肘部宽度的设计

6. 臀部宽度

臀部宽度是指臀部最宽部分的水平尺寸，也可以站着测量，此时为下半部躯干的最大宽度，如图 2-2-7(f)所示。例如，确定座椅内侧尺寸，如餐厅座椅和办公座椅等（如图 2-2-13 所示）。由于涉及间距问题，应采用第 95 百分位数。

图 2-2-13　基于臀部宽度的设计

7. 肘部平放高度

肘部平放高度是指从座椅表面到肘部尖端的垂直距离，如图 2-2-7（g）所示。这类尺寸主要用于确定座椅扶手、工作台、书桌、餐桌和其他设备的高度（如图 2-2-14 所示），一般选择第 50 百分位数。需要注意的是，要考虑座椅表面倾斜度、座椅软垫弹性和身体姿势。

图 2-2-14　基于肘部平放高度的设计

8. 大腿厚度

大腿厚度是指从座椅表面到大腿与腹部交接处的大腿端部的垂直距离，如图 2-2-7（h）所示。这类尺寸主要用于确定大腿上方有障碍物时，大腿和障碍物之间的间距，如柜台、书桌和会议桌等和大腿之间的间隙（如图 2-2-15 所示）。这类设计需要考虑座椅软垫弹性。由于涉及间距问题，应选用第 95 百分位数。

图 2-2-15　基于大腿厚度的设计

9．臀部到膝腿部长度

　　臀部到膝腿部长度是指从臀部最后侧到小腿背面的水平距离，如图 2-2-7（i）所示。这种长度适用于在座椅设计中确定腿的位置、确定长凳和靠背椅等前面的垂直面及椅面的长度（如图 2-2-16 所示）。这里应选用第 5 百分位数，既满足小长度的人群，也满足大长度的人群。

图 2-2-16　基于臀部到膝腿部长度的设计

10．臀部到足尖长度

　　臀部到足尖长度是指从臀部最后侧到膝盖骨前面与足尖相当的水平距离，如图 2-2-7（j）所示。这些数据用于确定椅背到膝盖前方的障碍物的适当距离，如飞机、礼堂、影剧院的固定排椅设计（如图 2-2-17 所示）。由于涉及间距问题，应选择第 95 百分位数。

图 2-2-17　基于臀部到足尖的长度的设计

11．垂直手握高度

垂直手握高度是指人站立、手握横杆，然后使横杆上升到使人没有感到不舒服或拉得过紧的程度为止，此时从地面到横杆顶部的垂直距离，如图 2-2-7（k）所示。这类数据主要用于确定控制器、开关、把手、书架及衣帽架等的最大高度（如图 2-2-18 所示），应选择第 5 百分位数。另外，还需要考虑鞋的高度给予修正。

图 2-2-18　基于垂直手握高度的设计

12．侧向手握距离

侧向手握距离是指人直立、手侧向平伸握住横杆，一直伸展到没有感到不舒服或拉得过紧的位置，此时从人体中线到横杆外侧面的水平距离，如图 2-2-7（1）所示。这类数据主要用于确定控制开关等装置的位置（如图 2-2-19 所示）。如果使用者坐着活动，这个尺寸可能会稍有变化。如果涉及的活动需要专门的手动装置或其他特殊设备，会加大使用者的手握距离，需要适当考虑手握距离的增加量，应选用第 5 百分位数。

图 2-2-19　基于侧向手握距离的设计

✎ 思考题

以洗手间为例，说明洗手台、马桶和淋浴器应该基于哪些人体尺寸进行设计。

总结：人体测量数据分布特征可以用百分位和百分位数来描述。百分位是一种位置指标，百分位数是某一百分位对应的具体测量值。产品的适应域是指产品设计应能满足多少用户需求，一般情况下，产品的适应域至少为 90%。GB/T 12985—1991 标准将人体尺寸在产品中的应用方式按设置的限值分为三类四种：Ⅰ型产品尺寸设计（双限值设计）、Ⅱ型产品尺寸设计（单限值设计）和Ⅲ型产品尺寸设计（平均尺寸设计）。在设计应用中，常用的人体尺寸主要有身高、眼睛高度、肘部高度、挺直坐高、肩宽、肘部宽度、臀部宽度、肘部平放高度、大腿厚度、臀部到膝腿部长度、臀部到足尖长度、垂直手握高度、侧向手握距离。

2.3　基于人体尺寸的产品设计

2.3.1　产品设计中人体尺寸应用方法

1. 确定所设计产品的类型

涉及人体尺寸的产品，其设计依据是人体尺寸百分位数。在确定人体百分位数之前，需要明确所设计产品类型，即是Ⅰ型（双限值设计）、Ⅱ型（单限值设计）还是Ⅲ型（平均尺寸设计）。

2. 选择人体尺寸百分位数

在确定产品设计类型后，需要明确产品重要程度等级，即产品是涉及人体健康、安全的产品还是一般工业产品。在确定产品类型和重要程度等级后，根据适应域，选择人体尺寸百分位数。其中，产品类型、产品重要程度、百分位数和适应域的关系如表 2-3-1 所示。另外，还需要确定用人体哪部分尺寸作为设计依据，结合百分位数，查阅 GB/T 10000—1988标准，可以得到具体的设计尺寸。

表 2-3-1　产品类型、产品重要程度、百分位数和适应域的关系

产品类型	产品重要程度	百分位数	适应域
Ⅰ型（双限值设计）	健康、安全产品	选择第99百分位数和第1百分位数作为产品设计的上、下限值	98%
	一般工业产品	选择第95百分位数和第5百分位数作为上、下限值	90%
ⅡA型（上限值设计）	健康、安全产品	选择第99百分位数或者第95百分位数作为上限值	99%或95%
	一般工业产品	选择第90百分位数作为上限值	90%
ⅡB型（下限值设计）	健康、安全产品	选择第1百分位数或者第99百分位数作为下限值	99%或95%
	一般工业产品	选择第10百分位数作为下限值	90%
Ⅲ型（平均尺寸设计）	一般工业产品	选择第50百分位数作为设计值	通用

3. 查询人体尺寸后，确定修正量

查询人体尺寸后，人体尺寸修正量包括功能修正量和心理修正量。

（1）功能修正量

由于 GB/T 10000—1988 标准所列的数据均为人体裸体测量结果，设计时应考虑鞋、衣引起的尺码变化，使用时应增加鞋、衣的修正量。另外，标准中的数据是人体在挺直状态下的测量值，因此应该考虑姿势修正量。这些修正量称为功能修正量。

着装和鞋履修正量可以参考表 2-3-2。

表 2-3-2　着装和鞋履修正量

项目	修正原因	尺寸修正量	项目	修正原因	尺寸修正量
身高	鞋高	+25～38mm	大腿厚	裤厚	+10～13mm
立姿眼高	鞋高	+25～38mm	臀膝距	裤厚	+5～20mm
立姿肘高	鞋高	+25～38mm	坐姿臀宽	裤厚	+14mm
膝高	鞋高	+25～38mm	膝宽	裤厚	+8mm
坐高	裤厚	+3～6mm	两肘间宽	衣厚	+20mm
坐姿眼高	裤厚	+3～6mm	肩宽	衣厚	+14mm

对姿势修正量，应考虑放松站立、放松坐下时的自然姿势，如图 2-3-1 所示。放松站立时，立姿身高、眼高均降低 19mm；放松坐着时，坐高、坐姿眼高均降低 44mm。

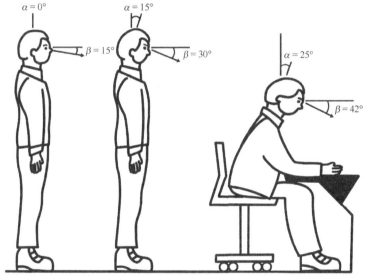

图 2-3-1　立正、放松站立、放松坐下时的自然姿势（作者自制）

（2）心理修正量

有些产品在设计时，需要考虑人的心理作用引起的尺寸变化。例如，阳台栏杆的高度在高的楼层大于在低的楼层；一般的天花板高度为 3 米，这不仅和人的身高有关，还与人的心理有关。具体的心理修正量通常由实验获得。

4．确定产品功能尺寸

产品功能尺寸是指设计中为确保某一功能实现而规定的产品尺寸，分为最小功能尺寸和最优功能尺寸两种，具体设定的通用公式如下。

产品最小功能尺寸 ＝ 人体尺寸百分位数 ＋ 功能修正量

产品最优功能尺寸 ＝ 人体尺寸百分位数 ＋ 功能修正量 ＋ 心理修正量

5．建立产品原型，并进行测试评估

建立产品原型，并进行性能测试与评估。具体的测试方法有两种：二维人体模板和真人评测。

二维人体模板是根据经过处理和选择人体测量数据而得到的标准人体尺寸，使用塑料板材或致密纤维板等材料，按照设计中常用的 1∶1、1∶5 等比例制作成的人体侧视模型，其各个关节均可活动（如图 2-3-2 所示）。图中人体各肢体上标记的参考线用来确定关节角度的调节，这些角度可以从置于人体模板上相应部位的刻度盘上读取。另外，头部所标眼线表示人的正常视线，鞋上所标基准线表示人脚底线。二维人体模板广泛应用于机械设计、作业空间、家具、运输设备等。例如，借助人体模板，可以方便地获得理想操作姿势下各种百分位人体尺寸必须占据的范围和调节范围，并可以方便地确定或绘制出相应的工作台、座椅、脚踏板等设计方案。

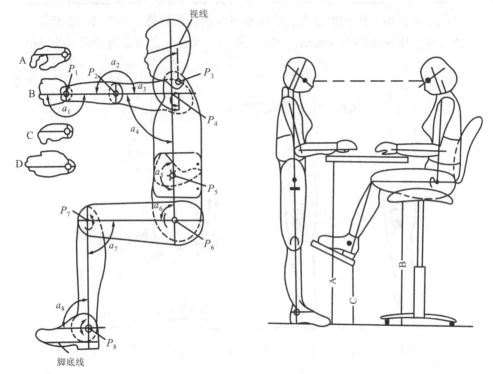

图 2-3-2　二维人体模板

真人评测是真人使用或者操作所设计产品时，测试人体客观生理参数（如体压、肌电、脑电、体温等）和主观参数（如舒适性、活动灵活度和疲劳感等），通过数据分析产品设计好坏。

思考题

根据人体尺寸应用方法，设计教室座椅的高度。

2.3.2　基于人体测量学的办公座椅设计

第一步是确定所设计的办公座椅所属设计类型。座椅主要尺寸包括椅面高度、椅面宽度、椅面深度、靠背宽度和扶手高度，具体设计类型如表 2-3-3 所示。

表 2-3-3　办公座椅各尺寸所属设计类型

座椅尺寸	设计类型	百分位数	选择人体尺寸	对应性别	修正量
椅面高度	双限制设计	第 5 到第 95 百分位数	小腿加足高	下限值：女性 上限值：男性	裤厚、鞋高
椅面宽度	上限值设计	第 95 百分位数	臀宽	男性	裤厚
椅面深度	下限值设计	第 5 百分位数	臀-膝距	女性	衣厚
靠背宽度	上限值设计	第 95 百分位数	背宽	男性	衣厚
扶手高度	平均尺寸设计	第 50 百分位数	肘部平放高度	男、女	衣厚

第二步是选择人体百分位数。办公座椅属于一般工业产品，要至少满足 90% 人群使用。可以确定，椅面高度利用人体第 5 和第 95 百分位数；椅面宽度采用人体第 95 百分位数；椅面深度利用人体第 5 百分位数；扶手高度则采用人体第 50 百分位数。

另外，需要知道选择人体哪部分尺寸作为设计依据，具体如表 2-3-3 所示。需要注意的是，应选用哪个性别对应的百分位数。为了尽可能扩大产品适应域，小百分位数应选择该百分位数较小性别的数据，而大百分位数应选择该百分位数较大性别的数据，具体如表 2-3-3 所示。这样可确定椅面高度的调节范围为 342 ~ 448mm；椅面宽度为 346mm；椅面深度为 401mm；靠背宽度为 469mm；扶手高度为 257mm。

第三步是尺寸修正。办公座椅的尺寸主要考虑着装修正量，无须考虑心理修正量。具体的着装修正量可以参考表 2-3-2。

第四步是确定办公座椅功能尺寸。具体如下：

座面高度=342 ~ 448mm+25mm–6mm=361 ~ 467mm；

座面宽度=346mm+12mm=448mm；

座面深度=401mm+6mm=407mm；

靠背宽度=469mm+6mm=475mm；

座椅扶手高度=257mm–6mm–30mm=221mm。

第五步是建立产品原型，并进行测试评估。

建立座椅原型，置于测试装置上，将座椅调节到适合的高度，采集被试者坐姿状态下的客观数据和主观数据（如图 2-3-3 所示）。客观数据主要采集人体肌电信号，主观数据可以通过问卷设置一系列问题（如膝窝压迫感、疲劳感等）让被试者填写。

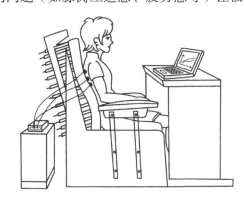

图 2-3-3　办公座椅真人实验示意图（作者自制）

思考题

设计适用于我国人民使用的火车卧铺下铺净空高度。

总结：产品设计中人体尺寸应用方法为：第一步确定所设计产品的类型；第二步选择人体尺寸百分位数；第三步查询人体尺寸后，确定修正量；第四步确定产品功能尺寸；第五步建立产品原型，并进行测试评估。

2.4 人体静态尺寸测量实验及应用

1. 实验目的

（1）掌握人体测量的基本知识与方法，熟练使用测量仪器对人体静态尺寸进行测量。

（2）了解人体尺寸差异性，能够利用数据统计方法处理测量结果，会计算个体百分位数。

（3）能够利用人体形体参数进行产品设计或者空间设计。

2. 实验原理

人体尺寸近似服从正态分布。为了获取所需群体人体尺寸，通常用测量的方法对该群体中的部分个体样本进行测量，其测量数据为离散的随机变量。根据个体参数测量数据，利用数理统计分析获得群体参数分布状况。

3. 实验设备

采用 GB/T 5704—2008 标准规定的测试仪器，如马丁测高仪、人体测量弯角规和直角规、SZG-1 型身高坐高测量仪和体重秤。

4. 实验内容

（1）利用马丁测高仪测量身高、眼高、肩高、肘高、会阴高等高度。

（2）利用人体测量直角规测量立姿体厚、胸宽、臀宽、坐姿肩肘距、肘腕距等。

（3）利用人体测量弯角规测量立姿胸厚。

（4）利用体重秤测量体重。

如果有条件的话，可以选择三维数字测量仪测量上述人体数据。

5. 实验步骤

（1）实验前认真阅读 GB/T 5703—2010 和 GB/T 5704—2008 标准，掌握人体测量方法和仪器使用方法。

（2）将被试者按照每组 3 人分组，严格按照 GB/T 5703—2010 标准测量每位被试者尺寸，具体如下。

① 采用马丁测高仪测量人体身高、眼高、肩高、肘高、会阴高、胫骨点高、坐高、坐姿眼高、坐姿颈椎点高、坐姿肩高、坐姿肘高、小腿加足高、大腿厚、膝高和臀-腹厚。

② 利用人体测量直角规测量立姿体厚、胸宽、臀宽、坐姿肩肘距、肘腕距、肩宽、最大肩宽、两肘间宽、臀宽、腹厚和乳头点胸厚。

③ 利用人体测量弯角规测量立姿胸厚。

④ 利用体重秤测量体重。

（3）所有被试者的数据测量完毕后，录入 Excel 表格中，如下：

姓名	性别	年龄	身高	眼高	肘高	会阴高	胫骨点高	坐高	...
张三									
李四									
...									

6. 数据记录与处理

（1）根据全体成员的身高、体重等测量的结果，分别计算身高、体重的均值、标准差，可以使用 Excel 内置函数计算。

均值：$\bar{X} = \dfrac{x_1 + x_2 + \cdots + x_n}{n} = \dfrac{1}{n}\sum\limits_{i=1}^{n} x_i$。

标准差：$S_D = \sqrt{\dfrac{1}{n-1}\left(\sum x_i^2 - n\bar{X}^2\right)}$。

（2）计算自己的身高等测量值在组内所处的百分位。

（3）计算本组成员身高等数据的第 5 和第 95 百分位数。

7. 数据应用

选择一项或者多项所测人体尺寸数据进行产品设计或者空间设计，并说明理由。

知觉与设计 ≪≪≪

3.1 视 觉

3.1.1 眼睛（视觉）的生理基础

人体结合多种方式获取外界信息，而视觉感知起主导作用。牛津大学跨模态研究实验室（Crossmodal Research Laboratory）主任查尔斯·斯宾塞（Charles Spence）提到人体超过一半的大脑皮质用于处理视觉信息。

1. 视觉机能

（1）视角与视力

视角是指观察物体两端光线射入瞳孔中心的相交角度；视力为临界视角的倒数，是表现眼睛观察和分辨物体能力的生理尺度。视角越大，观察的范围越广，视力越好。

人们的视力受观察物体的亮度、环境亮度对比等因素影响，许多商业空间往往提高环境亮度以吸引顾客注目，如图 3-1-1 所示为位于成都的光线充足的 FOURTRY-SPACE 潮流生活体验空间设计。

图 3-1-1　FOURTRY-SPACE 潮流生活体验空间设计

不同年龄段的人群，其视角不同。利用此原理和立体光栅印刷艺术，WPP 集团 Grey Madrid 公司为西班牙 ANAR 基金会推出"反虐待儿童"宣传广告牌，如图 3-1-2 所示。只有身高 1.4 米以下的儿童才能看到右边版本，包括求助电话和信息"如果有人伤害你，打电话给我们，我们会帮助你"。

图 3-1-2　隐蔽告知

（2）视野与视觉中心

视野是指人的头部和眼睛固定时所观察到的空间范围。人的视觉中心受到视野范围、视觉清晰规律和视觉流向三个因素影响。

东方人的主视野在近 60°范围内。在人体的水平视野范围内，辨别文字的角度为左右 10°～20°，辨别字母的角度为左右 5°～30°，辨别色彩的角度为左右 30°～60°。在垂直视野范围内，色彩角度则为上下 30°～40°，视平线以上 10°至视平线以下 30°是最佳视区。

我国人民平均身高为 168cm，对应展厅最佳陈列高度是 120～180cm，地面上 0～80cm 区域内适合大型展品陈列。如图 3-1-3 所示为成都季意空间的白色矩阵工业展厅设计和艺术画廊，符合人体视觉需求。

图 3-1-3　白色矩阵工业展厅设计和艺术画廊（成都季意空间）

人眼能感受到 180 多种颜色，视野范围从大到小分别是白色、黄色、青色、红色、绿色。很多商业环境和家居环境采用白色以提高人眼视觉效果。人的视觉流向规律是从左到右、从上到下，在视区信息分布上应根据重要程度按左上、右上、左下、右下顺序排列。

如图 3-1-4 所示为麦当劳在"招聘季"专门为新员工推出的一本书《来吧，新番茄！》，封面重要的文字和品牌 Logo 处于左上、右上视觉中心。

图 3-1-4 麦当劳《来吧，新番茄!》

2. 人眼视觉现象

（1）明暗适应

暗适应是指突然从一个明亮的环境进入一个黑暗的环境，眼睛逐渐适应黑暗的现象，视觉完全达到暗适应的时间大约为40分钟；与暗适应相反，明适应是指从黑暗处到明亮处的视觉适应现象，人眼明适应稳定的时间大约为5分钟。

目前，许多手机 App 已推出夜间模式，方便用户在夜晚使用手机，如图 3-1-5 所示为 iPhone 手机内微信 App 的日间与夜间模式状态。

图 3-1-5 日间与夜间模式状态

（2）视觉后像

光线对人眼的刺激立即停止的时候，视觉感受会延缓一段时间，这一视觉残留现象是视觉后像。视觉后像分为正后像和负后像，视觉正后像是指刺激消失后残留与刺激未停止前视觉性质相似的视觉后像，视觉负后像是指刺激消失后残留与刺激未停止前视觉性质互补的视觉后像。

视觉残留时间为 0.1 秒，在影片制作中往往采用间隔 0.1 秒的连续图形表现连贯的视频。如图 3-1-6 所示为 2022 北京冬奥会开幕式烟花表演，人眼能看到"SPRING"和"迎客松"，这正是人眼视觉后像的视觉结果。

图 3-1-6　2022 北京冬奥会开幕式烟花表演

（3）视敏度

视敏度（Visual Acuity）是指人眼分辨物体细微结构的最大能力。

视网膜上的两种感光细胞感受不同的光波。光线充足时，眼睛对黄绿色光最敏感，对红色光和紫色光不敏感；环境黑暗时，眼睛对蓝色光、绿色光最敏感，不接受红色光刺激。

如图 3-1-7 所示，话剧院、影院等场地往往采用红色座椅，演出时座椅能藏匿于黑暗中，视觉效果更佳。

图 3-1-7　话剧院

（4）视错觉

人视觉所感知的现象不反映或不符合客观外部刺激，这种主观认识或错误判断导致的误差称为视错觉。通常视错觉分为以下三类。

① 几何学错觉

图像的大小、长度、面积、方向、角度等在视觉上的感受与实际测量产生明显差别，称为几何学错觉。

如图 3-1-8 所示为英国的设计师 Duncan Shotton 设计的酱油碟 Soy Shape，它们的不规则内表面利用了酱油在浅层深度发生的自然颜色渐变，一旦填充，就会让人产生三维形状的错觉。共有两种类型——三角形和立方体。

图 3-1-8　Soy Shape（来源于 Kickstarter 官网）

② 生理错觉

生理错觉是由感官所引发的，如视觉暂留现象。

如图 3-1-9 所示为 Museum of Illusions 幻觉艺术博物馆的漩涡隧道项目，画布旋转干扰人体眼睛和大脑，让走在其中的人产生失重感。

图 3-1-9　幻觉艺术博物馆的漩涡隧道项目（来源于幻觉艺术博物馆官网）

③ 认知错觉

认知错觉一般是由心理引发的错觉。

如图 3-1-10 所示为《彼特与狼》电影海报，因观察者的认知，这张海报可以读出两个形象，一是修长的狼图形，二是彼得的轮廓。

图 3-1-10　《彼特与狼》电影海报

◀ **讨论题**

按照上述"视觉机能"与"人眼视觉现象"概念，寻找相关案例进行理论分析与探讨。

3.1.2　视觉信息加工

好的设计，将信息有形化并有效传达。为了正确且高效地传达视觉信息，下面归纳视觉信息表达的重要因素。

1. 图形图像

（1）基本元素

图形是一切视觉信息加工的基础，主要要素有点、线、面、体和空间。

点是相对概念。加工点能起到丰富画面、表达轻重、渲染气氛的作用。线分为直线和曲线，或实线和虚线。不同形态的线通过平行、相交、分割等形式彰显不同特征。合理利用线，可以起到引导视线、平衡画面、分割和串联整体的作用。面通过形态大小、位置分布、空间关系传达视觉信息的情绪。面是信息的载体，在视觉信息加工中可以分割画面或整合画面。

形状是图形图像的重要方面，常见的形状有正方形、圆形、三角形、有机形状等。它们往往存在自我含义，例如，三角形会给人危险、尖锐的感觉，所以在儿童用品上应避免采用此类尖锐的形状。

如图 3-1-11 所示为 JOJO 气泡酒系列包装，以简约几何为元素进行品牌包装设计，符合消费人群的审美品位，以独特的磨砂质感赢得年轻人的喜爱。

图 3-1-11　JOJO 气泡酒系列包装

（2）构成形式

图形创新是视觉信息的重要部分，采用同构、解构、换置、异影等手法排列和组合图形往往能够得到意想不到的创新。以一定规律编排、组合基础形状，可以形成具有形式感的画面。

基础形状通过重复、近似、渐变、发射等形式构成有秩序的排列，也可以通过特异、对比、密集形成自由生动的构成。设计师在图形设计时要发散思维，思考多个图形之间的关系，充分地结合多种手法进行表达。

图形图像可以丰富视觉内容形象与情感，使得图像元素直观且具有趣味性。在图形图像创新中，设计师往往采用象征性的符号传达相应的文化韵味。如图 3-1-12 所示，为了设计莲花村村庄的品牌形象，设计师提取了莲花的典型特征设计 IP 形象"莲屁屁"，非常可爱。

图 3-1-12　莲屁屁 IP 形象（广东工业大学郑秀惠作品）

2. 色彩

色彩具有强烈的视觉冲击力，有极强的感召力。

（1）色彩知觉效应

每种色彩都会给人带来不一样的感受，同种色系下，色相、明度、饱和度不同也会产生不同的效果。在信息设计中，要充分考虑色彩的知觉效应。从温度感受角度，红橙黄色系属于温色系，给人温暖的感觉；而蓝、蓝紫、蓝绿属于冷色系，给人带来寒冷的感觉；绿色和紫色是中性色。色彩的明度决定了色彩的轻重感，明度过低的色彩让人联想钢铁等物品，产生沉重感；明度高、纯度低的色彩还会给人的视觉带来软感反应。

如图 3-1-13 所示为庆祝建党百年设计的粽子礼盒《百岁青年》，以红色与绿色作为主体色，红色热烈丰富，绿色蓬勃盎然，分别对应中国红和粽子绿。配色饱和度较高，与包装结合，产生强烈的视觉冲击，更加富有张力，从色彩中表现红船精神的重要内涵。

图 3-1-13　《百岁青年》（广东工业大学郑秀惠、黄清清、刘芷怡作品）

（2）色彩搭配

不同的色彩搭配会引发不同的视觉反应，合理的色彩运用可以提高视觉设计的品质。

色彩配色有多种类型，包括单色配色、双色配色、多色配色、中性配色、无色配色、类比配色、互补配色等。一般界面的多色彩搭配主要包括三种颜色：主色调、辅助色、点缀色，搭配比例为 6∶3∶1。在色彩搭配中要应用面积大小、明度、纯度的异同来平衡画面关系，丰富且秩序高的色彩搭配能够表达和传递设计目的。

平面设计中要根据需求选择基调色完成整体色彩倾向，再根据配色原则选择其他配色，LV 箱包产告如图 3-1-14 所示。

图 3-1-14　LV 箱包广告

（3）色彩的前进后退与膨胀收缩

不同波长的色彩在视网膜上的成像有前后距离。波长较长的暖色系、明亮色系形成内侧影像，具有前进感；而波长较短的冷色系、暗色系具有后退感。

在进行广告平面设计时，往往采用冷色／暗淡色做背景处理，而主体部分采用暖色/浅色系来表达，达到前进的视觉感受，使整个画面层次分明，突出主要内容。

不同波长的光线折射率不同，在视网膜上的成像焦点不同。暖色系和明亮色系波长较长，焦点较远，成像模糊，会产生色彩扩散的视觉感受；冷色系和暗色系波长较短，焦点较近，成像清晰，会产生色彩收缩的视觉感受。

如图 3-1-15 所示为 hug-x-UMA-WANG 全新概念店，以银白两色主导的空间，豁然拉开了视野的边界，整个环境看起来很宽广。

图 3-1-15　hug-x-UMA-WANG 全新概念店

3．形式法则

（1）比例与尺度

比例是指形态元素部分与部分、部分与整体之间的量度美感。目前通用的比例关系主要有古希腊黄金比例（1∶0.618）、黄金分割三角形（等腰三角形）、黄金分割矩形及其他各类数列分割。

尺度是以人视觉感受为标准的抽象且感性的概念单位，主要分为自然尺度、超人尺度和亲切尺度。

（2）对比与调和

对比是指两种或两种以上差异极大的元素相互比较以突显某一方效果的手段。设计中对比无处不在，如色彩、疏密、虚实、动静等都可以形成对比。调和是指有机地组织和融合对比双方元素，以获得统一的美感，达到整体感。对比与调和是一个整体，设计形式中应控制对比并达到视觉上的调和。

（3）节奏与韵律

节奏是形态元素在形态、疏密、位置、粗细等方面有规律地重复而产生的运动感。韵律是节奏的变化方式，是节奏的深化。节奏与韵律相互依存，通过重复、渐变、起伏、交错、特异等方式形成美妙的节奏韵律。

（4）对称与均衡

对称是指视觉元素以中心点或中轴线为基准，在大小、形状、排列上有对应关系，是有秩序的形式美。均衡是视觉上力量的平衡感和稳定的画面感，是自然的"对称"。对称与均衡，使设计中的图形图像、色彩等元素展示平衡状态，好的设计从不平衡中寻找平衡。

如图 3-1-16 所示为中国美术学院学生的作品《人生之书》（第二十一届白金创意国际大赛获奖作品选登"书籍设计"获奖作品。），综合运用多种形式美原则进行了书籍排版。

图 3-1-16　最好的告别《人生之书》（中国美术学院王雅婷、周浙慧、郑楚滢作品）

4．格式塔视觉组织律

（1）相似律（Similarity）

大小、形状、颜色等物理属性相似的物体组织一起时会被认知为一个整体。

（2）接近律（Proximity）

空间上相近的物体会被认知为一个整体。

（3）连续律（Continuation）

物体上连续的部分会更容易被感知到。

（4）封闭律（Closure）

人体的视觉会将不完整的元素按照经验感知为规则的整体。

（5）均质连接（Uniform Connectedness）

元素间相连接、围绕时，会被认为是一个整体。

（6）图底律（主体-背景，Figure-Ground）

人体大脑视觉感知会将更大的物体认为是背景，将空间中突出且明显的物体认为是主体元素。

（7）共同命运（Common Fate）

当物体的一部分运动方向或变化规律相同时，这一部分会被认知为一个整体。

（8）对称律（Symmetry）

对称的元素或物体会被视为一个整体。

（9）简单律（Simplicity）

在没有特殊的情况下，心理组织与感知会偏向于将对象感知为简单、规矩的图形。

如图 3-1-17 所示为改自传统马吊牌形式设计的卡牌，卡牌上有"小鬼"和"大鬼"的形象，根据格式塔视觉组织律能很明显地区分普通卡牌和功能牌。

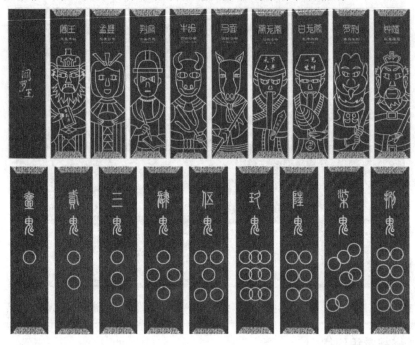

图 3-1-17　"阎罗王何在？"卡牌（广东工业大学郑思露、周馥红、陈文雅、胡维佳、何晶祯作品）

思考题

从日常生活中寻找视觉信息加工案例，并思考其运用的原则和方法。

3.1.3　视觉信息设计

视觉信息设计是指通过视觉的方式对复杂的信息进行梳理、架构及创新的视觉表现，从而传达出清晰、有效的信息，以便受众理解与接受。

1．视觉传达设计

视觉传达设计主要包括 VI 设计、标志设计、书籍设计、包装设计、广告与海报设计。

2022 年 4 月，爱奇艺迎来品牌形象变化最大的一次，如图 3-1-18 所示为爱奇艺的新标志。该标志使用了亮绿色，清新透彻，更具生机。如图 3-1-19 所示为 Black Swan Life 品牌为克鲁索男士内衣裤（Crusoe Men's Innerwear）设计的广告，在男性模特图上添加一些插画图案，增加了阅读趣味性。如图 3-1-20 所示为三人行互助学习平台 App 界面设计，整体界面以冷淡色为主色，绿色为亮色，给用户清爽、干净的视觉体验。

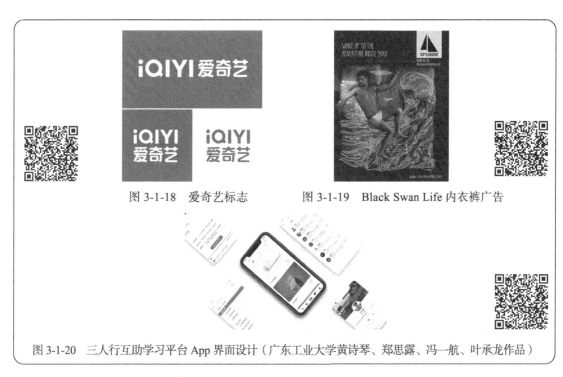

图 3-1-18　爱奇艺标志　　　　图 3-1-19　Black Swan Life 内衣裤广告

图 3-1-20　三人行互助学习平台 App 界面设计（广东工业大学黄诗琴、郑思露、冯一航、叶承龙作品）

2. 空间设计与视觉信息设计

　　buero bauer 团队为萨尔茨堡 LKH 儿童医院进行环境系统设计，每个楼层采用一个主题——"小鬼"穆奇、深海、丛林、深森、天空，整个空间充满童趣，如图 3-1-21 所示。

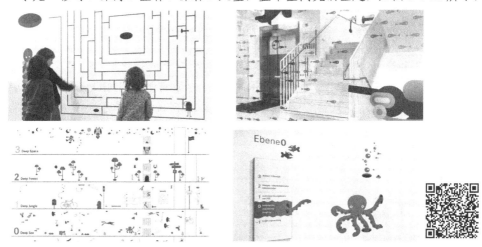

图 3-1-21　萨尔茨堡 LKH 儿童医院环境系统设计

　　日本长崎美术馆由原研哉设计师于 2005 年主持完工，美术馆的视觉识别系统节奏统一，与现场环境关联，整体宛如一个海滨公园，如图 3-1-22 所示。设计师从天窗得到启发，入口标志呈现齿梳状结构，因结构的特殊产生 3D 波纹效应。展厅导视、拐角导视、卫生间导视等设置于隔山墙的背景上，形成三维的导视系统，充满真实性。

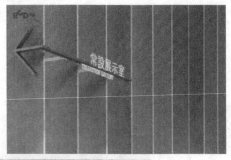

图 3-1-22　日本长崎美术馆

3. 工业设计与视觉信息设计

工业产品造型色彩关系、表面装饰和产品结构也受视觉信息影响。

如图 3-1-23 所示为里特维德的红蓝椅，他给椅子的强化结构上色，达到视觉上的非对称性平衡。如图 3-1-24 所示的是为猫咪设计的逗宠器 PET-GO，取自猫爪形象，源自图形图像带给工业造型产品设计的灵感。图 3-1-25 的灵感源于十二星座，设计的 LED 眼影盘，眼影盘的外表、小盘的各形状分布都参考了视觉信息加工的方式。

图 3-1-23　红蓝椅　　图 3-1-24　PET-GO（广东工业大学刘天昊、郑思露、陈文雅、陈浩鑫作品）

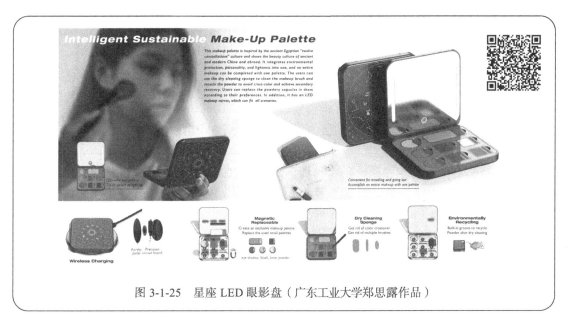

图 3-1-25 星座 LED 眼影盘（广东工业大学郑思露作品）

4．服装设计与视觉信息设计

点、线、面是服装设计中的重要元素，服饰中整体与局部、局部与局部的设计处理就是视觉信息处理的过程。

如图 3-1-26 所示为草间弥生和 LV 合作的手提包款式。如图 3-1-26 所示为 Roberto Cavalli 2015 年"春夏与苍穹"主题服饰，白色系列与教堂苍穹极为相似，结合圣洁感和线条感。

图 3-1-26 草间弥生 LV 联名款　　图 3-1-27 Roberto Cavalli 2015 年"春夏与苍穹"主题服饰

思考题

1．视觉信息加工主要从哪几个方面入手？
2．视觉上形式法则有几个方面？
3．格式塔视觉组织律分别有几点内容？
4．研究经典设计案例，讨论视觉机能对设计工作的影响。

总结：视觉感知是人体获取外界信息的主要方式。设计师要理解并掌握视觉机能、人眼视觉现象等基础生理知识，以图形图像、色彩为基础设计单位，灵活运用形式美法则、格式塔视觉组织律等方式，进行视觉信息加工设计。视觉信息设计涉及面广，主要有视觉传达设计、空间设计、工业设计、服装设计等。

3.2 听　觉

全球都在期待的神作《爱，死亡和机器人》在 2022 年 5 月 20 日回归！全网热度最高、好评最多、争议最多的，莫过于第九集《吉巴罗》（如图 3-2-1 所示）。《吉巴罗》的设定有如神秘的民间神话，充满着各类象征，也夹杂着人最本能的情感，有人愿意解读其为单纯的爱情与背叛的故事，也有人引申至殖民与反殖民的隐喻。全集没有对话，只靠音效和画面来叙事的动画，几乎抢占了观众观影时的所有感官。这时候，听觉就起到了极大的作用。

有关数据显示，人体获得的外界信息约 10%通过听觉系统获取，听觉是除视觉外感知外界情况的重要途径。

图 3-2-1　《吉巴罗》剧照

3.2.1　听觉的生理基础

1. 声音

（1）声源

根据发声源头，声源分为点声源（球面声波）、线声源、面声源和立体声源。一个人的说话声是点声源，远处公路上不断的车辆声是线声源，大型舞台剧场座位席的观众喝彩声是面声源，一群蜜蜂飞过发出的声音是立体声源。

（2）声音的物理量

声音的特性由三方面组成：音调、响度和音色。音调表征声音频率的高低，物体的振动频率越高，其音调就越高。响度表征声音的强弱，物体振幅越大，响度越大；同时发声体距离接收体越近，响度越大。音色表征不同物体发出声音的特有品质，其与发声体的材料和形状有关。

如图 3-2-2 所示为苹果公司的 AirPods Pro 产品使用场景，当使用 Apple Music 时，Apple 的空间音频支持动态头部追踪技术，可在用户观看影片或视频时带来影院级的聆听体验，声音围绕听者以营造立体声源感。

图 3-2-2　Apple AirPods Pro 产品使用场景（来源于苹果公司官网）

2．听觉特性

（1）听觉范围

一般情况下，成年人所能接收的声波频率为 20～20000Hz。其中，20～160Hz 是低音频段，160～2500Hz 是中音频段，2500～20000Hz 是高音频段。声波频率超过 2000Hz 的称为超声波，低于 20Hz 的是次声波，均为人耳听不到的音频段。引起听觉的常见音频范围是 100～4000Hz，声压级为 40～80dB，超过这个范围会引发耳损伤。

（2）音量与音调

音量，也称响度，是人耳感受声音强弱和大小的生理尺度。人耳对低音频段响度感受急剧减弱，对中音频响度感受较大且平坦，对高音频段的响度感受随音频的提高而减弱。

音调，是指人耳对声音频率高低的感受尺度。当声信号音量大的时候，人耳对音调的高低变化敏感；当音量小的时候，人耳感受音调不敏感。

（3）音色

音色，是指声音的品质。每个声音在波形方面总是有与众不同的特性，当声信号的音量与音调一致时，人耳只能通过音色分辨声音。每个声信号都是由一个基音和多个泛音组成的，泛音越多，声音越动听。

在用户界面设计中通过改变音色来影响用户认知，可以提高用户体验。如图 3-2-3 所示为 Google Material Design 的音色案例部分。明亮的声音包含更多的高频声音，具有更大的存在感；静音的声音包含较少的高频成分，声音更加微妙和安静。每种声音类型适用不同的环境，明亮的音色丰富、俏皮，柔和的音色沉重、严肃。在选择产品的音色时，应考虑其受众和每个声音播放的背景。

图3-2-3　Google Material Design 的音色案例部分（来源于 Google Material Design 官网）

3. 听觉现象

> 周日，启明同学和朋友们去体育场观看了篮球比赛，现场非常热闹，因晚到几分钟，他们座位比较靠后。启明提到为什么座位靠后，播音解说却没有延迟。
>
> 原来，体育馆现场是有补声音箱的，并会将补声音箱增加 0.1 秒的延迟，当观众距离主音箱 34 米时将分辨不出不同音箱发出的声音。

（1）听觉适应

听觉适应是指持续的声音刺激引起听觉感受性下降的现象。人体对环境中的声音有很大的适应性，如果长时间待在安静的环境突然转移到充满噪声的环境就会觉得难以忍受，但达到一定时间后会适应。人体听觉系统长时间暴露于噪声中，听阈会下降 10dB 左右。

（2）聚焦效应

聚焦效应是指人体听觉系统从众多声源发出的声信号聚焦到一个声信号上。人体可以通过分辨声信号的音色选择目标声信号。例如，在闹市中，大脑皮层会把精力与听力集中在熟悉人的交谈声上，抑制对其他吵闹声的感受；在欣赏大型交响乐时，人若集中感受钢琴弹奏音，听觉系统就只接收一段钢琴纯音效信号。

（3）遮蔽效应

遮蔽效应是指在存在其他干扰声音的情况下，人耳接收声信号的界限值升高的现象。当两个声音一起出现时，人耳会自动选择接收响度更大的声信号，例如，在嘈杂的纺织车间，噪声越大，人们越难以正常交流；当两个声信号的响度相同时，人耳会接收频率更低的声信号，如在欣赏交响乐表演时人耳不容易听到有高频特性的小提琴声音。

（4）听觉残留

听觉残留又称掩蔽残留，是指遮蔽声信号消失后，听觉系统的反应延缓一段时间的现象，会引发听觉疲劳。

（5）双耳听闻效应

声信号到达人体双耳的响度、时间、音频多不相同，据此人体能辨别方位。听觉器官能够根据声音的双耳时间差来判断低频率声音源头，若右耳先接收声信号，则认为声音从右边传来；根据双耳声强差来判断高频率声音源头，若右耳感受的声音强度大于左耳感受的声音强度，则认为声音是从右边传来的。声音频率越高，越好判断声源。对 200Hz 以下的声音，人耳基本不能判断出声源。

机场往往是压力很大的地方，格拉斯机场在人行道和候机室等公共区域使用由 PA 扬声器组成的有限音响系统，在白天和夜间使用不同的背景声音。两者声音都充分考虑了环境与人的因素，不会影响到乘客，大大减轻格拉斯哥机场的压力。在播放声音实验的三个月内，机场商店的销售额增长了高达 8%。扫描下面的二维码可收听格拉斯机场的声音。

▶ The Sound Agency - Glasgow Airport | Day soundscape　　　　　　　　◖▯ SOUNDCLOUD

▶ The Sound Agency - Glasgow Airport | Night soundscape　　　　　　　◖▯ SOUNDCLOUD

图 3-2-4　格拉斯机场背景声音

思考题

用理论分析生活中的听觉现象。

3.2.2　听觉信息加工

1. 统一声音体系

统一声音体系主要包含两个方面：一是保证简单纯粹的声音风格；二是采用统一的声音元素基因。

如图 3-2-5 所示为 The Sound Agency 声音设计团队为慕尼黑机场设计的音频系统，从视觉标志设计中提取节点形成独特的声音标志，整体声音营造了升空感。扫描下面的二维码收听慕尼黑机场音频设计团队又从这个核心 DNA 出发，开发了机场播报声等一整套音频系统，具有统一性。

我们根据视觉标志设计了慕尼黑机场的声波标志，一个灰蓝色的"M"。声音标志中的每个音符都反映该标志中的一个节点，整体声音营造出一种升空的感觉。

▶ The Sound Agency - Munich Airport sonic logo　　　　　　　　　　　　　　🔊 SOUNDCLOUD

从这个核心 DNA 出发，我们为品牌开发了一整套声音资产，包括在机场播放的生成音景。

▶ The Sound Agency - Munich Airport | Brand music extract　　　　　　　　🔊 SOUNDCLOUD

图 3-2-5　慕尼黑机场音频

2．运用适宜的听觉体系

要选择合适的听觉体系，需根据具体的使用场景选择恰当的声音风格体系。

如图 3-2-6 所示，《星际穿越》电影中在穿越黑洞时采用特殊频率的噪声，传达无助、不舒服的感受。

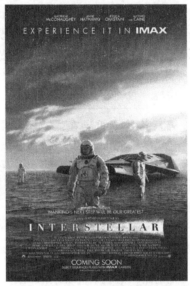

图 3-2-6　《星际穿越》电影

如图 3-2-7 所示为 Audiotheque 团队设计的 HeyHey Hurry App 页面，这是一个适合 5 岁及以上儿童玩耍的横向滚动射击游戏。团队通过典型的 2 种声音——哔哔声和激光束，增强了老式街机游戏的感觉。

图 3-2-7 HeyHey Hurry App 页面

3. 保证声音的逻辑性

听觉信息加工应充分考虑逻辑性，在恰当的情境下发出恰当的声音。

第一，明确声音所要传达的信息，例如，使用轻快的音效渲染快乐愉悦的气氛，刺耳的长滴声提醒刷卡不成功。

第二，声音系统应有逻辑清晰的层级，在各类音效设计中区分层级设计声音，例如，在操作动作幅度大时采用强音效；反之，则采用弱音效。

第三，确保正确的因果反馈，例如，手机因接入电源发出提示音，共享单车因开锁播报提示音，洗衣机因提醒工作完成发出滴滴声。

如图 3-2-8 所示为华为手机充电提示声设置界面，用户可以设置特殊的音效以提醒手机已正常接入电源。

图 3-2-8　华为手机充电提示声设置界面

---

4. 运用和谐自然的声音

设计声音时采用和谐自然的信号，可以减轻声音认知负荷。人类社会环境中设备不断增加，声音类别也愈发增加，且多为非自然产物，往往会给人们带来不开心情绪乃至潜在危险。为了给大脑减负，设计师应该更加注重声音的设计，多运用和谐的声音，以避免人们注意力超负荷、产生不悦反应。在设计声音时，可以尝试联想生活情景，从大自然或机械世界中寻找灵感。这些声音来自真实世界，不仅能够达到预期的效果，还能大大减轻声音认知负荷，提高听觉体验。

2021 年声音红点设计大奖 MIUI 的"自然音博物馆"将来自 4 个著名自然栖息地的一百多种标志性物种记录在声音库中，并将大自然的声音应用于系统声音，例如，将敲打木头的声音运用于打字，将推动沙堆的"沙沙"声运用于删除文本，将水滴流动声运用于通知弹窗，如图 3-2-9 所示，用户体验感极佳。MIUI 自然声音系统的创建不仅为用户提供了积极的情感体验，大大减轻声音认知负荷，还增加消费者对自然的认识与欣赏。

Moodsonic 与建筑师、设计师、战略家和商业地产企业合作，使用智能亲生物音景改造工作空间、学校、医疗保健等。自然音景能够提高人们对工作场所的幸福感。如图 3-2-10 所示为 Moodsonic 团队在伦敦办公室进行亲生物音景测试。

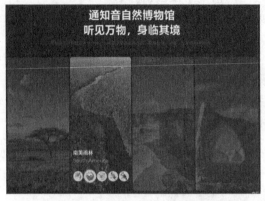

图 3-2-9　MIUI "自然音博物馆"　　　　　图 3-2-10　亲生物音景测试

5. 创新音频品牌，与客户建立情感联系

大多数企业只专注以视觉营销方式与客户建立联系，但听觉能够与客户建立更强大的联系。声音影响客户大脑深层次中潜意识的情感意识，推动其购买并提高决策忠诚度。设计师团队应全面了解企业目标、品牌愿景、价值观等信息，进行策略制定：一是要为品牌设计定制声音并创新，塑造独特的音频品牌；二是强化音频品牌，加深与客户的情感联系。

摩托罗拉作为音频品牌的鼻祖，经典手机铃声 "Hello Moto" 是一代人的回忆；每次进入酷狗音乐，熟悉的 "嗨喽酷狗" 一直受到人们的喜爱，如图 3-2-11 所示为酷狗音乐 App 启动页面；Alibaba Design 采用人声方式设计声音标志，直观地传递了品牌理念，具有记忆点，如图 3-2-12 所示为 Alibaba Design 标志。

图 3-2-11　酷狗音乐 App 启动页面　　　　图 3-2-12　Alibaba 标志

讨论题

以小组为单位，选择一个听觉设计案例，分析其听觉信息加工方法。

3.2.3　噪声及听觉设计

1．噪声

噪声，是指不能传播信息的干扰声或者无意义的声音。噪声影响人体健康，降低人们的正常工作效率，并会对环境产生污染。

（1）噪声级

噪声级，是描述噪声大小的等级分类。不同噪声级的主观感受和常见情景如表 3-2-1 所示。人体可以适应环境中的噪声，但强度过大的噪声会对耳朵产生不可消除的损伤。

表 3-2-1　噪声级

噪声级范围（dB）	主观感受	常见情景
0～20	很静，基本感受不到	录音棚、钟表滴答声
20～40	安静，勉强听到	深夜住宅区
40～60	较安静，轻度干扰	普通室内谈话，滴水声
60～70	较吵闹，干扰	礼堂汇报声，机械键盘敲字声
70～90	吵闹	舞台钢琴声
90～100	很吵闹	印刷厂加工声
≥100	很吵闹，难以忍受	凿岩机等机器工作声，木头加工厂房

（2）噪声的影响

噪声级为 30～40dB 是比较安静的正常环境；超过 50dB 就会影响睡眠和休息；70dB 以上会转移注意力，降低人们工作效率；大于 90dB 可能引发耳损伤；大于 150dB 时，人的听觉器官会被立刻损伤，轻则听力衰退，重则听力丧失。

噪声在很多情况下是指干扰声，当干扰声大于目标声信号 10～15dB 时，人耳难以接收目标声信号；超过 20～25dB 时，基本接收不到目标声信号。一般情况下，声信号最重要的频率为 800～2500Hz，若噪声音频在此范围内，影响最大。

（3）噪声的控制

听觉设计受到声学、音质设计的影响，这里涉及的听觉设计主要指对噪声的控制。对噪声的控制从声源、传播途径、人耳接收三方面进行。

① 控制声源

降低产品设备、环境设计的噪声，最有效的途径是降低甚至消除噪声源的噪声。

一是降低噪声级，如安装于演讲厅的音响应尽量选择噪声更低的款式以避免对礼堂活动产生影响；二是改变声源的位置和方向性，如将"吵闹"的冰箱安装在远离卧室的厨房里；三是减少固体音的产生，如飞机上改善转子叶片的构型来降噪，产品中采用弹簧、橡胶防震或者使用共振材料来降噪。

② 控制声信号传播途径

实际情况下，我们往往不能完全清除声音源头，所以控制噪声的传播途径也是非常重要的控制噪声手段。

一是吸声处理，如在大型表演厅内后墙布置吸声材料，能降低前排观众听到回声的概率；二是隔声处理，反射和阻挡噪声，如酒店墙体加装隔声墙以避免相邻房间的声音影响；三是加长噪声的传播时长，如安装在室外的空调外机发出的噪声经过长距离传播到人耳的干扰大大降低。

如图 3-2-13 所示为伦敦律师事务所语音隐私改善计划中的办公室墙壁重建，新墙壁使用更坚固、符合声学的材料，使用"分层方法"以隔声防火材料在现有墙壁上建造。

图 3-2-13　伦敦律师事务所声学墙壁

③ 隔离噪声的接收

在噪声比较大的情况下，若实施以上两种措施后没能达到要求，则需要采用隔离噪声的措施。

一是隔离声源，如采用固定密封性、活动密封性、局部开敞型隔音罩对噪声大的设备进行隔离；二是隔离接收者，如将锅炉房工人安置在单独控制间内，远离仪器；三是隔离人耳，如纺织厂工人佩戴耳塞、耳罩、有源消声头盔等。

现代汽车公司与 HARMAN 共同开发一套新型道路噪声主动控制系统，基于其 HALOsonic 噪声消除技术套件，可将不必要的噪声降低多达 50%来对抗道路噪声，从而增加驾驶乐趣。首款采用创新降噪技术的车型 Genesis GV80 SUV 如图 3-2-14 所示。

图 3-2-14　Genesis GV80 SUV

2．听觉设计

（1）智能产品

天猫精灵（如图 3-2-15 所示）、小爱同学等语音助理类智能产品是典型的听觉设计产品。全面的声学系统设计带给用户全新的体验。

图 3-2-15　天猫精灵

（2）工业设计造型产品

如图 3-2-16 所示为阿莱西（Alessi）设计的一款经典自鸣水壶，水烧开后，蒸汽从壶口喷出，壶嘴上的小鸟哨子发出悦耳的鸟鸣声。如图 3-2-17 所示为蔚来汽车 ET7，拥有 HT211775 音响、4 个顶置声道音响及低音炮，营造杜比全景音乐环境，空间感极强。运用声音的空间感可以大大提高用户的沉浸式体验。

图 3-2-16　自鸣水壶

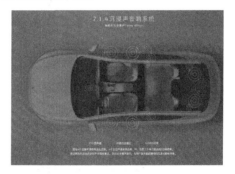

图 3-2-17　蔚来汽车 ET7

（3）视障人士无障碍设计产品

大多数视障人士无障碍设计产品会广泛运用听觉进行设计。如图 3-2-18 所示为一款视障人士可以使用的电饭煲的操作界面，该产品具有灵敏的语言提示，通过"咔哒"等音效提供按键、旋钮操作等动作反馈，增强产品的可用性。

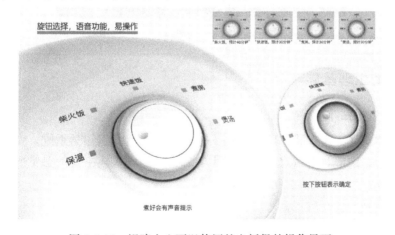

图 3-2-18　视障人士可以使用的电饭煲的操作界面
（广东工业大学朱小琳、林坚文、陈海龙、郭梓涵作品）

思考题

1. 统一听觉体系主要包括哪些方面？
2. 列举保证声音逻辑性的方式。
3. 说明创立音频品牌的注意点。
4. 选择某一公共空间，用相关仪器测量其噪声级。思考如何降低噪声级并进行实验。

总结：听觉是人体第二大获取外界情况的重要途径。在了解声音、听觉特性、听觉现象后，本节从听觉体系、声音逻辑、音频品牌等多方面分析听觉信息加工的基本方法。在深入理解噪声、噪声的影响、噪声的控制方式后，设计师能更好地将听觉知识运用于听觉设计中，给用户带来更佳的服务与体验。

3.3 触 觉

如图 3-3-1 所示为 Cute Circuit 公司为视障人士设计的声音衬衫，其内有 30 个微型传感器将各类声音转换成不同的震感。当视障人士穿上此装置时，躯干下部感知震动时是深沉厚重的低音，颈部和锁骨附近感知震动时则是轻松欢快的高音。对视障人士等一类特殊群体，触觉是一种非常重要的感知方式。当然，触觉的设计也能给普通人群带来更佳的体验。

图 3-3-1 声音衬衫

3.3.1 触觉的生理基础

1. 人体触觉感知

触觉，也称肤觉，指皮肤的感觉，是人体分布最广泛的感知觉系统。女性的触觉感受高于男性；头部、面部、手指比四肢、躯干的感受性高。人体主要的触觉刺激可分为单一肤觉和复合肤觉。

（1）单一肤觉

人体触觉器官对单一刺激产生的感知称为单一肤觉，具体是指皮肤产生的温感、冷感、痛觉和压力觉。1937 年，Von Skramlik 团队研究总结了多个人体部位单位面积（cm^2）皮肤内的单一感知点，如表 3-3-1 所示。

表 3-3-1　皮肤感知点

刺激部分	温感	冷感	痛觉	压力觉
臂膀	0.5	7	188	14
胸	0.3	9	196	29
手掌	0.4	6	203	15
额头	0.6	8	184	50
鼻尖	1	13	44	100

（2）复合肤觉

复合肤觉是指多个皮肤感受器接受多个刺激，加工后形成更复杂的感觉，如布料的粗糙、棉花的柔软、钢铁的坚硬等。

2．触觉特性

（1）温度感知

人体生理零度为 32℃，此温度环境中，人体皮肤通常不会感知异样。当环境温度低于–10℃或高于 60℃时，人体产生痛感，但在一定范围内会进行自我调节。一般情况下，23～27℃为人体最适宜温度，21～23℃偏凉，27～29℃偏热。环境设计、室内设计中应注意人体适宜温度。

（2）痛觉

人体包含神经的组织都会产生痛觉，强烈的痛觉会引发不适，在设计过程中应避免刺激过大，使受众产生过大的痛觉。

（3）振动

振动一般分为局部振动和全身振动。具有合适的振幅和频率的局部振动，传递触觉信息。人体感知的触觉范围在 1000Hz 以内，当频率一定时，振幅越大，对人体的影响越大。但当振动范围过广时，会对人体产生危害甚至损伤神经系统。

（4）触觉定位和触觉敏感度

皮肤可以感知接受刺激的部位，并定位两个刺激的距离，能够定位的两刺激最短距离称为两点阈。头部、面部和手指等离关节位置近的两点阈值低，胸部、背部和四肢等离关节位置远的两点阈值高。触觉空间感受性随着身体运动能力增高而增高的现象称为威洛特定律（Vierordt's Law）。

（5）触觉适应

在接受持续刺激下，一段时间后皮肤会适应触觉，这种现象称为触觉适应。完全适应的时间受重量、皮肤刺激部位影响。

如图 3-3-2 所示为瑞士阿尔卑斯鱼子酱包装，采用透明化玻璃的材质，模仿冰块的纹理与形态，给消费者纯洁和新鲜的感受。

图 3-3-2　阿尔卑斯鱼子酱

3.3.2 触觉信息加工

1. 触觉的联系

好的触感，能唤起人们的记忆。

日本设计师深泽直人设计了一款果汁饮品包装，每款饮品都采用了相应的果皮包装设计，如图 3-3-3 所示。触摸猕猴桃、香蕉、草莓果汁饮品的仿真果皮，唤起人们对相应果皮的记忆，建立了包装质地与产品的联系。

图 3-3-3 果汁的"肌肤"

2. 触感纹理设计

触感纹理设计涉及材质肌理，材质肌理是指物体表面的集合形状、纹理凹凸、厚度、粗糙度等，肌理根据形成方式可分为人造纹理和自然纹理。

人造纹理是指以编制、打磨、压印等方式来打造的新的纹理触感。自然纹理主要是指材质的特性，例如，木头材质传达环保原生态的触觉特性，金属材质传达坚硬冷酷的触觉特性，皮革材质传达温暖柔软的触觉特性等。

如图 3-3-4 所示为韩国设计师 Jinsik Kim 的设计作品"触觉小鸟"，该作品大体是以回收木质材料制造的，采用编织物形成小鸟绚丽翅羽。运用人造纹理触感于设计中，该作品温润可爱，适合把玩，给用户带来不一样的触觉体验。

图 3-3-4 触觉小鸟

3．可触化工艺技术

触觉信息加工往往涉及表面处理和成型技术，选择丰富触感运用合适工艺能够达到极佳的触觉感受。

目前，触觉设计载体相关技术包括印刷、激光雕刻、3D 打印等。在印刷技术上，通过磨具压印、热塑成型、立体仿制、油墨印刷在纸张上呈现凹凸效果，进行触觉识别。激光雕刻是指在金属、木材、亚克力、石头等承载介质上镌刻，不同材质的弹性、韧性不同，给触摸者不同的感受，可以批量生产且成本较低。目前 3D 打印技术应用于许多视障人士的触觉设计中，制作流程简单且具多样性，能够提高触觉设计的创新与实用性。

如图 3-3-5 所示为 1998 年长野冬奥会开幕式手册，原研哉设计师采用独特的凹凸浮雕印刷工艺在白色棉浆纸上展示了冬雪的松软和积雪上的脚印，给指尖带来强烈触觉体验。

图 3-3-5　1998 年长野冬奥会开幕式手册

4．触觉情感化

触觉设计重视人的体验，不同的触感激发不同的体验感受，产生不同的生理反应。

原研哉设计师主持了"梅田医院"品牌形象设计，使用可拆洗的棉布制作标识，干净又柔软，传达出一种舒适感，在一定程度上缓解了产妇的紧张感，并增加了人们对该医院的信任感，具有很强的亲和力，如图 3-3-6 所示。

图 3-3-6　梅田医院

5. 触觉设计十原则

数字产品设计知名公司 Punchcut 于 2020 年提出了触觉设计十原则，致力于创造卓越的触觉体验，如图 3-3-7 所示。

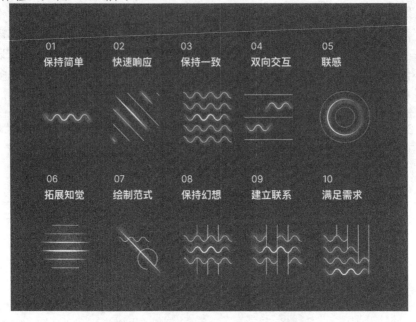

图 3-3-7　触觉设计十原则（作者自制）

一是保持简单的感知方式，明智、准确地使用触觉，要易于识别和区分；二是快速的响应模式，及时的触觉反馈营造真实感和沉浸感；三是保持一致，触觉设计需要保持清晰一致的设计模式；四是双向交互方式，同步考虑触觉的输入与反馈助力创造更自然、更有说服力、更难忘的数字体验；五是多感官的调动与联感，多感官体验以缩短反应时间，并使用同步、冗余的视觉和音频提示触觉来增强触感认知；六是拓展知觉能力，实现自然熟知感知范围外的新形式感知；七是绘制特定的语义范式，将触觉体验映射于身体具体区域，消除信号歧义并增强含义；八是以持续的体验来保持幻想，达到用户沉浸式体验；九是表达情感、建立联系，使用触觉来建立人与人之间、人与机器之间的信任，并为语言或视觉交流增加一个情感层；十是增强触觉以弥补其他感官的缺失，满足人的需求。

 练习题

运用触觉纹理和工艺技术的知识，手工制作几种触觉产品。

3.3.3　基于触觉的设计

1. 虚拟现实触觉设计

2000 年，英国赫特福德郡大学的研究人员 Paul 提出联合本体感觉与触觉感觉信息可以提高体验者在虚拟现实中的沉浸感。虚拟现实触觉设计涉及体感游戏、4D 视频内容、VR 技术，除视觉、听觉外，触觉的加入推动"真实"的虚拟环境的打造。

  如图 3-3-8 所示为一款可穿戴触觉反馈设备，它包含五种化学物质，通过化学刺激提供多样化的触觉反馈，在 VR 场景中使用该设备，能够模拟电麻、灼烧等真实感受，独特又新奇。

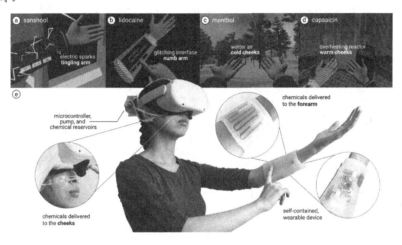

图 3-3-8　可穿戴触觉反馈设备（UIST 2021）

2．触觉界面设计

触觉界面设计主要包括摇杆、手柄、触控板等装置的设计。

  如图 3-3-9 所示为索尼 PlayStation DualSense 游戏手柄，采用双震感，触觉反馈震动高精度且细腻，真实地反映周边环境的震动及游戏中武器的后坐力，具有真实感。如图 3-3-10 所示为一款新型汽车方向盘，它通过热导航，即在转弯前 200 米之处加热方向盘的一侧来提醒司机转弯，能大大减少行程的差错。

图 3-3-9　索尼 PlayStation DualSense 游戏手柄　　图 3-3-10　触觉导航提示的方向盘

3．移动设备触觉设计应用

在移动产品设备中运用触觉能大大提高交互绩效，主要技术包括触觉再现、触觉反馈、多感觉通道联合和触觉交互的智能性。对有视觉或听觉障碍的人，触觉反馈是主要的反馈机制。让触觉以其他方式呈现，达到受众的使用可及性非常重要。

如图 3-3-11 所示，MIUI 12.5 中的震动可以直接传递信息，弥补语音播报的缺陷。MIUI 无障碍触感，通过精细的触感设计，让视障用户"触摸"到界面元素。通过触感辅助"读屏"，不同界面元素呈现不同触感，让他们可以快速感知到不同控件。

图 3-3-11　MIUI 无障碍触感

思考题

1. 阐述人体触感感知的分类。
2. 人体的触觉特性包含哪些方面。
3. 阐述触觉设计十原则。

实验题

以小组为单位，进行生活中的触觉体验。

1. 寻找生活中一些特别的触感纹理。
2. 发现市面上常见的触觉设计。
3. 分析如何运用触觉设计，形成调研报告。
4. 分组汇报。

总结：触觉是指皮肤受到刺激产生的感觉。人体对触觉会出现温度感知、痛觉、震动、定位、适应等特性。在设计实践中，要充分考虑触觉的记忆联系、纹理特性、工艺技术、情感体验。从现有的触觉设计案例中学习方法、总结经验，如虚拟现实触觉设计、触觉界面设计、移动设备应用等。

3.4　味觉与嗅觉

如图 3-4-1 所示为荷兰设计师 Louise Knoppert（路易丝·克诺佩特）设计的"味觉体验棒" PROEF。全球每年都有一部分人因神经学疾病、肌肉萎缩等无法正常进食，不能享受正常的味觉体验。味觉体验棒全套有 9 个小工具，在口感、味觉、嗅觉、动作等方面创造性地提供化学感受，能让这些群体重新体会到食物的美妙滋味。

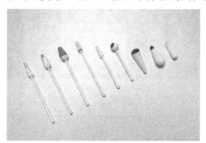

图 3-4-1　味觉体验棒 PROEF

3.4.1　味觉与嗅觉的生理基础

1. 味觉特性

人类的基本味觉为酸、甜、苦、咸，产生味觉的最适宜温度是 10 ~ 40℃，其中，30℃时最为敏感。不同呈味物质相互作用会产生一些味觉特性：一种呈味物质能够减弱另一种呈味物质味觉强度，称为消杀作用；呈味物质相互反应突出了一味，称为对比作用；相同味道感知的物质混合后达到单独使用的效果之和，称为味觉的协同作用；两种呈味物质反应改变味觉的现象，称为变调作用。

2. 嗅觉特性

嗅觉是指气体刺激嗅觉器官产生的感觉。人类的嗅觉敏感度高，主要分为香、酸、糖味和腐臭。人体嗅觉存在一些特性：嗅觉有一定适应性，在一个环境中呆久了人们会感受不到香味或臭味；嗅觉的感知往往伴随一些其他感知；几种气味的相互作用会产生不一样的嗅觉效果。

讨论题

回忆生活中印象深刻的味觉、嗅觉记忆，并讨论彼此间的感觉是否一致。

3.4.2　味觉与嗅觉的信息加工

周末，小组成员约着到星巴克咖啡店（如图 3-4-2 所示）品尝咖啡，一进店铺，大家闻到馥郁厚重的咖啡香味。讨论发现，这并不单单是咖啡豆的气味，还包含星巴克专门调制的空气香氛。这种特殊的气味能够使顾客联想到店中咖啡醇香的口感。

图 3-4-2 星巴克咖啡店

1. 联想与情感记忆

联想是指一种物体唤起对相关物体或场景的联系想象。与其他感官一样，嗅觉、味觉能存储并传递记忆，引发人的联想。因大脑的特殊性，嗅觉和味觉所感知的味道无法主动回忆，在气味再次刺激下，味道相关的记忆与感情才会被唤起。这种记忆，比其他感官记忆更为持久与强劲。

许多餐饮专卖店会在门店放置散发相应食品香味的装置，浓郁的比萨饼、香喷喷的烤肉味、甜蜜的甜品味会吸引顾客留步，回忆起佳肴的美妙味道。以此策略，能大大提高营销效果。在味觉与嗅觉的信息加工中，要重视目标受众与设计的交流沟通，使其产生预期的联想。在设计中，运用味道与气味调动受众群体记忆认知，表达情感。

2. 针对性加工

应根据目标用户群体进行味觉和嗅觉的加工。不同国家和地区的人群所偏好的气味种类不尽相同。欧美人偏爱气味浓重的味道，可以掩盖他们较重的体味；而亚洲人更喜爱清新淡雅的气味。在相关气味空间设计中，要具体参考目标用户的爱好点和舒适类型。

还应根据目标使用场景进行味觉和嗅觉的加工。不同的场景应有不同的气味设计，如市场的咸鱼味不应该出现在高雅的氛围环境中，又如美国布鲁明代尔百货公司的泳装区、内衣区、母婴区分别为飘香椰子气味、丁香味、强生婴儿粉味。

国产香水品牌"气味图书馆"于 2017 年推出一款凉白开香水（如图 3-4-3 所示），2018 年双十一活动中销量达到 40 多万瓶，全年累计销量 100 万瓶。

这种水烧开后淡淡的气味，是我国人 21 世纪八九十年代的气味回忆，是专属于我国文化背景下的嗅觉加工。

图 3-4-3　凉白开香水

3. 多感官通感，平衡设计

在广州逛街时，路上遇到 LINLEE 手打柠檬茶店铺（如图 3-4-4 所示），发现它们的装饰都是黄绿色的，看一眼便想起了记忆中柠檬茶清酸的味道。

图 3-4-4　LINLEE 手打柠檬茶店铺

全面考虑视觉感官、听觉感官等多感官，可以加深嗅觉、味觉体验。例如，表达甜味往往采用暖色系、明度高的色彩，表达苦味则采用冷色系色彩。

如图 3-4-5 所示为一款专为安抚儿童情绪的糖果药丸 Kisses Pills 包装。通过巧克力的视觉包装，减少儿童看到药丸的紧张感，缓解儿童对药物的恐惧感。

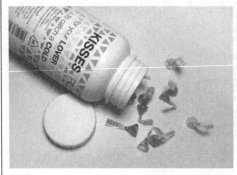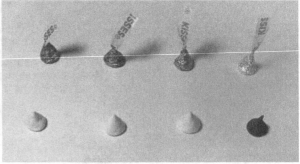

图 3-4-5　Kisses Pills 糖果药丸

4. 嗅觉识别，深化品牌文化意蕴

"浅品牌时代"到来，很多品牌会在门店等营销场景运用独特的气味创造"嗅觉商标"，通过嗅觉识别能够深化品牌文化，增强品牌记忆。法国农业银行所有分行充溢忍冬花的香味；女鞋品牌 Jimmy Choo 门店有小豆蔻和常春藤的香味。这些气味成为品牌的独特印记，可以稳定企业形象，提高品牌识别度。

新加坡航空创造 Stefan Floridian Waters（斯蒂芬·佛罗里达之水）香水，使用于新航空姐和顾客热毛巾上，并充满整个机舱。当你在新航旅程中，置身于柔顺怡人的空间（如图 3-4-6 所示），体验极佳。蜡染芳菲香氛的标志性气味，让人们对新加坡航空有着深刻印象。

图 3-4-6　新加坡航空机舱

3.4.3　基于味觉与嗅觉的设计

1. 包装设计

包装的主题色与图形等元素会加强品类本身的味觉和嗅觉体验，优秀的包装设计可以突出产品品质。食品、香水、饮品包装设计因与嗅觉、味觉密切相关，往往重视多感

官的融合。重视商品的包装保护，可以宣传商品，并提高商品销量，如图 3-4-7、图 3-4-8 所示。

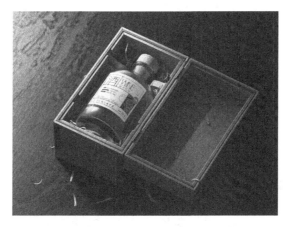

图 3-4-7　果酒包装（广东工业大学刘子滔、郑思露作品）

图 3-4-8　咖啡杯包装（广东工业大学刘子滔、郑思露作品）

2. 产品设计

如图 3-4-9 所示为设计师爱森·卡罗·夏辛（Aisen Caro Chacin）设计的 Scent Rhythm（气味韵律）概念手表，通过释放四种不同的气味来告知时间状态。早晨是咖啡味，白天工作是书香味，傍晚是威士忌、烟草混合味，深夜是洋甘菊味。这是一款突破视觉，以嗅觉和味觉表达时间的创新手表。

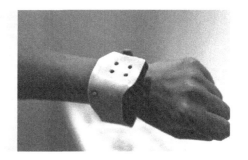

图 3-4-9　Scent Rhythm 概念手表

3. 空间体验设计

利用气味营造环境氛围，积极调动人的情绪，能够提供沉浸式感官体验。

2016年，气味王国自主研发气味电影播放器和 VR 气味播放器，用于近距离、小空间内的气味切换及传播。随后，气味王国致力于嗅觉的设计。

如图 3-4-10 所示为 mini 数字气味播放器，传输并播放多种香味，致力于用户拥有"身临其境"之感。用户用气味营造一个属于自己的空间，随时随地感受喜爱的味道。如图 3-4-11 所示为杭州西溪湿地气味体验馆。机器根据正在播放的画面释放对应的气味，当湿地出现时，空间中弥漫青草泥土的清香；当樱花漫天飞舞时，空间充盈甜甜的樱花香。

图 3-4-10　mini 数字气味播放器

图 3-4-11　杭州西溪湿地气味体验馆

思考题

1. 谈谈在不同类型的设计中，嗅觉与味觉的作用是否相同。
2. 在设计实践中如何更好地进行味觉与嗅觉信息加工。
3. 以小组为单位，列举关于味觉与嗅觉的经典设计，并讨论它们的信息加工方法。

总结：人类的基本味觉为酸、甜、苦、咸；基本嗅觉为香、酸、糖味和腐臭。气味与味道能够存储记忆与情感，相对于其他感官刺激更持久。设计师在进行味觉、嗅觉相关设计时，应充分考虑人体的相关特性，如唤起情感记忆、针对性加工、多感官通感。味觉、嗅觉在设计实践中也能达到一些特殊效果，如通过特别的气味进行嗅觉营销，以气味营造舒适的空间等。

第4章

心理认知与设计 «

4.1　心智与设计

乔治·博雷（George Boeree）博士在他的文章中对心智模式进行了定义：一个人的"心"是他思维能力的总和，用于感觉、观察、理解、判断、选择、记忆、想象、假设和推理，然后以此来引导他的行动。

心智模型（如图 4-1-1 所示）是我们对自我、对别人、对世界的全部想象与假设。其主要内容有两个方面：习惯思维与定性思维，这是在不同情况下形成的一种固定和特殊的认识方法。心智模型也就是我们通常所说的思想体系，即"头脑中所思所想即是所做之事"。思维方式对人们认识事物有着不同程度的影响，同时每个人的思维方式也不一定对，还可能存在着错误的认识。如果思维方式没有很好地处理现实问题，它就是一个"空架子"。因此，在某种意义上，心智模型是有缺陷的。要在心智模型中保留科学成分，提高其科学性。因此，设计师必须具有良好的思维方式和合理的心智知识结构，才能正确地看待并了解周围的环境，并设计对应事物。

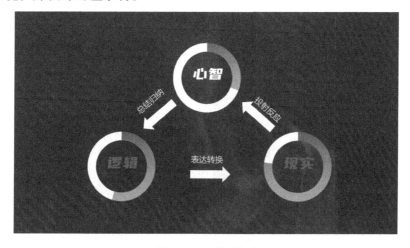

图 4-1-1　心智模型

心智模式是我们对事物的认识，而表现模式就是对事物的表现形式，实现模式则是对对象进行加工的原则与法则。心智模式是以人的思维活动与行为法则为依据的一种理论，可以帮助人们认知世界，改造世界。

4.1.1 行为与脑神经网络

人的意识活动是一个非常复杂的功能系统，其作用并非由大脑的某些部分决定，而是由大脑皮质的若干部分与大脑的若干功能系统共同作用，并受到某些物质因素的限制。因此，人类的大脑被看成一个整体，科学家也在不断地研究它。认知心理学把人类的认知体系分为两部分：概念体系和行为体系。在这些因素中，概念体系是核心，决定了其他层次的发展。因此，我们说："智慧的发展离不开大脑的知识。"简而言之，智力因素就是大脑在处理客观事物时所产生的一种能力。人体的神经系统包括大脑、脊髓和与其连接的外周神经。大脑是人的意识、思考和其他高等神经系统活动的器官，也是人类智力的物质基础，要想研究智能，就得先认识它，如图4-1-2所示。

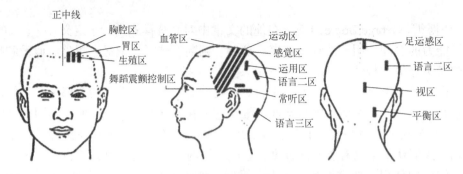

图 4-1-2　大脑功能示意图

人的意识活动也是一个复杂的机能系统，当大脑皮层的几个区域和脑的几个机能系统协同作用时，心智模型就会随个体经验的增加而出现认知更新机制。

1．对待同一事物，每个人的心智模式可能相同

例如，我们会不自觉地回避"尖锐物体"（如图4-1-3所示），认为尖锐的事物是危险的，会对人体产生危害，如剪刀和针尖。

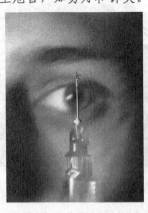

图 4-1-3　尖锐物体展示

圆角自身的图形属性比较柔和，给人一种安全、亲近的感觉。同时，视网膜的影像由一个接近圆形的长方形组成，所以人眼对圆角矩形的加工较普通矩形要简单得多。

　　圆角矩形具有集中的视觉导向功能，能够使人很好地辨认内部结构，因此圆角矩形可以更好地凸显它当中蕴含的信息。当多条"线"并排时，圆角矩形的内部指向更强，两条相邻的"线"差异越大，越可以清晰地划分出它们的界限，因此，基于这种思维模式，圆角矩形在产品设计中的应用越来越广泛，如图 4-1-4 与图 4-1-5 所示。

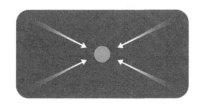

图 4-1-4　圆角的指向性

分辨困难　　　　　　　　　　　容易分辨

图 4-1-5　圆角与直角识别程度示意图

　　采用圆角矩形作为设计要素，能更好地体现出产品的个性和内涵。在技术不断发展的今天，人们对圆角矩形的认识也发生了很大的改变。不管是手机的外观、信息框的显示还是按钮、图标、头像、卡片等，都会在边缘增加一个圆角，使得信息更加清晰、更加直观、更加亲切，如图 4-1-6 与图 4-1-7 所示。

图 4-1-6　微信头像与聊天框展示

图 4-1-7　手机与应用商店界面中圆角矩形应用展示

2. 对待同一事物，各人的心智也会有所差异

例如，对红色，有些人可能会觉得有一种热情、温暖的感觉，而另一些人则有一种危

险又血腥的感觉。因为在现实生活中，红色这种颜色很容易被人注意到，所以我们日常所能看到的警告指示牌以红色居多（如图 4-1-8 所示）。

图 4-1-8　警告指示牌

当然，大多数人都是两者兼而有之。但是，我们也应该看到在某些特定的场合，如"抢红包"，红色就是一个很好的引爆点。因为红色可以激发人的最强烈的欲望。这可以从红色的兴奋和热情的心智模式来理解。所以在一些电商 App 场景，如秒杀、抢购等，都会添加红色来刺激用户购物（如图 4-1-9 所示）。

图 4-1-9　各大电商 App 界面设计

3．人类脑容量负荷有一定限度

手机号码经过间隔设计（如图 4-1-10 所示）可以有效提高使用者对信息的识别与记忆，同时也更加符合人们的阅读习惯。

图 4-1-10　符合人们阅读习惯的信息呈现方式

认知负荷是指在一个特定的工作环境中，人们在进行认知工作时所需要做的事情，包括理解、思考、记忆、计算等方面所耗费的精力。"Don't make me think"通常称为不让使用者思考，即不能增加额外的认知负荷。

其基本假定是个人的认知结构包括工作记忆和长时记忆。工作记忆具有很高的存储能力，每次存储一条信息，要用 2～3 个短时内存来完成工作；长时记忆也有自己的特性和能力的局限性。认知负荷这个概念是 Cooper 在 1990 年提出的，是指一个人在做一项工作时所花费的时间与所需要的工作时间的比例，反映一个人在学习中对所学知识的处理能力，即工作记忆在整个思维活动中所占的比重。认知负荷是一个人在完成一项工作或进程时所做的努力，这一理论认为：认知负荷取决于加工时间，在处理时间较短的情况下，认知负荷可以被忽略；相反，则会导致认知负荷的增大。

用户与产品的交互是必要的。当认知负荷过重的时候，他会花费更多的时间去思考该做什么，怎么去做。但在认知负荷较弱的情况下，则不会产生这个现象。因此，使用熟悉的视觉提示，如齿轮设置图标、关闭窗口"×"这些常见的可视小技巧，不会给使用者带来任何心理负担，因此可以让产品得到更多的使用（如图 4-1-11 所示）。

图 4-1-11　"设置"标识

4.1.2　信息加工与设计

数据信息只有"被设计"，才能更好地为人们所用。信息设计是一门交叉学科，需要整合平面设计、心理学等多方面的知识，同时还必须具备一定的设计能力，包括图形、字体、配色等。日常生活中，我们常常可以看到一些单纯的图形及图标，如卫生间的性别标识、禁止鸣笛等符号，它们其实就是信息设计中最直接和基本的部分，其内容虽最为丰富，但也最易被人们所了解和传递。

信息可视化设计是当前互联网发展的重大趋势，更是各技术单位必不可少的信息通道，运用信息设计我们能更迅速地引导资讯处理，并能在必要时给出适当的反应。如图 4-1-12 所示，我们可以通过云端信息中心迅速了解到城市的当前路灯状况，以备不时之需，处理应急情况。

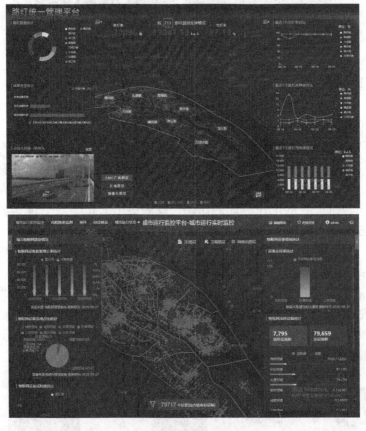

图 4-1-12　智慧城市监控分析

步入老年后，人们的身体、心理都发生了巨大的变化，其行为也表现出明显的特点。同时，这些变化也为设计师针对老年人的身体和心理发展提供了新课题。随着年龄增长，人的认知能力逐渐降低，例如，身体机能逐渐衰退，易疲倦，难以适应环境变化；视力减退，连蓝色、绿色、紫色都无法辨别。因此，老年人的手机在操作界面上都会采用更大的字体、更简单的功能，从而使老人能够比较精准地接收信息（如图 4-1-13 所示）。

图 4-1-13　老年人手机操作界面

讨论题

医院的信息标识设计需要注意哪些方面？

4.1.3　决策与设计

不同的环境、不同的认知，会有不同的需求，我们需要找到合适的场景，并提出相应的解决办法。

设计师的"心智"是指通过设计，让使用者清楚地了解产品是什么，解决什么问题，从而实现设计目标。而在使用者体验产品时，不同时刻都会影响使用者的心理感受，从而影响到使用者的最终决定。在产品使用的每一个瞬间，使用者都会不停地感受、观察、理解产品传递给他们的信息，并利用他们的理解来迭代或修改个人的最终判断和行动。

不同的人在面对相同的产品时，会有不同的思维模式，从而做出不同的行为决定，如图 4-1-14 所示。设计师可以根据用户的心智模型来引导，如那些收入不高的人，可以用"超级省钱"来引导他们点击，这样才能更好地理解他们的心智模型，让他们下单。因此，应用心智模型有助于设计师更好地设计出与使用者需求相匹配的产品，并能更好地实现企业的商业目标。

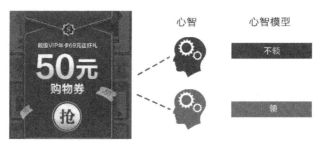

图 4-1-14　面对相同产品不同的心智模型决策反应

总结：心智模式包括习惯思维和定势思维两大部分，是在特定环境下形成的稳定而独特的认知方式。只有保留心智模式中的科学成分，改进其中的不科学成分，才能达到良好的效果。因此，设计师必须具备良好的心智模式和合理的知识结构，才能对周围世界有一个正确的认识，从而更好地了解周围世界与设计周围的事物。

4.2 行为特征与设计

何为行为设计，在 2018 年出版的《数字行为设计》一书中行为专家 T. Dalton Combs 博士和 Ramsay A. Brown 给出了一个很好的答案。他们认为，行为设计是通过改变物理和数字环境，有意和系统地改变人类行为的框架。而这正是行为设计最重要的功能之一，概括如下。

- 它是描述和预测行为的一组想法与模型框架。
- 它通过有用的设计和思考工具，创建产品以影响用户的行为。
- 它是一套在心理学、神经科学和行为经济学中进行实验总结出的思想和理论。
- 它要求设计师改变用户的行为轨迹，以创造体验更好的用户习惯。

4.2.1 基于人体动作与行为的设计

行为设计课程建立在将设计学、心理学、社会学及行为学中的基本概念融会贯通的基础上，指导人们思考设计连接在一起的环境及行为间的相互关系，涉及人与社会生活的方方面面。作为一门实践性很强的专业课程，它不仅要求掌握扎实的理论知识，还需要能将理论运用于实践中。在思维和设计过程中体会感性与理性的撞击和磨合，领悟"行为的内涵"。除看得见、摸得着、看得见的一些理性行为外，更重要的是去领悟那些含有情感、价值观及其他非理性成分的现象，去解剖表象行为下面所蕴藏的深层规律，去挖掘行为背后所蕴含的内涵。

"行为设计学"为斯坦福大学教授福格博士所创，目前已经发展成一门相对独立且具有相当影响力的学科。在这些理论中，最著名和使用最广泛的是"福格行为模型"；在很多关于让使用者上瘾的产品中，都提到和建立了"福格行为模型"。福格行为模型认为，人的一切行为都可以分解成三个因素：动机、能力和提示，如图 4-2-1 所示。

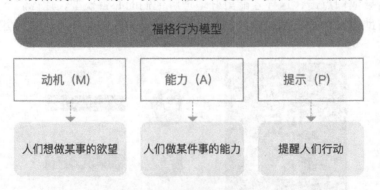

图 4-2-1 福格行为模型

　　为了让消费者与商品或产品服务之间的关系更加密切，在激烈的市场环境中，设计师需要更好地了解消费者的内部需要，因此，"行为设计"是一种特别的策略，用来促进用户与产品交互。例如，腾讯、阿里巴巴、百度等技术公司，都在改变我们去商店购物的方式，让我们开始接受行为设计的文化。又如，微信支付，它的使用非常便捷，从而吸引了用户长期的消费行为。这样的行为既能提高用户的满意度，又能增强用户的忠诚度，从而提高公司的盈利能力。在世界范围内，像小度这样的智能家庭产品，也为用户提供了一条可以帮助他们做出更好更聪明决定的途径。这些都是科技引导设计师去打造用户喜欢的养成习惯产品最重要的例子。

　　由此得出结论：行为和动作设计的科学性与创造性有利于设计师有针对性地开发和服务产品。随着经济全球化进程加快，企业间的竞争日益加剧，产品创新已经成为企业发展的重要动力之一。在当今的世界，消费者需求的多样性促使企业不断开发新产品以满足他们的不同需求。行为与动作设计所产生的效果会直接影响到产品或服务的质量、价格及顾客对产品或服务的满意程度，从而提高企业的竞争力，增强员工的幸福感。这个问题已经得到越来越广泛的认同，也得到很多企业和单位的重视。设计师能够通过重新创造用户体验来让他们感到赏心悦目或过目不忘，用户容易形成长期行为习惯，然后变成这个品牌的拥护者。

　　学龄前（3～6岁）儿童群体因生理、心理、认知、学习特征的特殊性和口腔护理行为的特殊性，大多不乐意进行口腔护理。牙刷的不适应、牙膏辛辣刺激口腔、刷牙过程枯燥无趣等原因导致儿童厌烦刷牙、抵触口腔护理。学龄前儿童尚未意识到口腔健康的重要性，往往都是不情愿地完成被动刷牙过程，牙齿保健效果大打折扣。

　　分析潜在用户刷牙前、刷牙中、刷牙后中的主要行为，并捕捉其在起床、拿牙刷、挤牙膏、放入口中、刷同一位置、求关注求表扬、刷牙方式、洗漱完成、被吸引被鼓励步骤内的情绪体验，研究总结出一份用户旅程图，如图 4-2-2 所示。洞察儿童在各程序步骤的情绪表现，挖掘设计机会点 —— 要设计让儿童喜欢的产品；儿童口腔清洁系列产品服务有潜在市场；产品服务和反馈应更贴合儿童的生理心理需求；模仿教育提升儿童的学习程度；奖励和表扬能劝导儿童更好更全面地完成任务；科普玩具应尽量提高儿童专注力；儿童产品的人机关系很重要；声光刺激能引起儿童的注意。

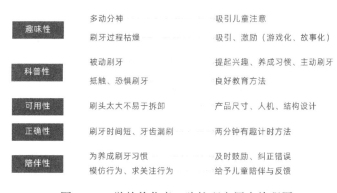

图 4-2-2　学龄前儿童口腔护理之用户旅程图

针对五大功能行为，综合考虑多因素后，采用动画的形式达到功能的实现，强化用户体验和交互性，如图 4-2-3 和图 4-2-4 所示。第一，一键开启科普玩具，可爱的开屏猫咪展示引起儿童的注意，每日陪伴性刷牙游戏让口腔清洁过程不再枯燥；第二，跟着猫咪一起刷牙，在打怪游戏中完成牙齿清洁，掌握正确刷牙方式和合适的时长；第三，学习刷牙姿势，观看刷牙时长，提高儿童专注力；第四，震动声音提醒时间不足和错误方式，以保障刷牙时长、改正错误方式；第五，通过每日收集印章奖励的方式养成口腔护理好习惯，家长每日检查以保障牙齿保健的质量。

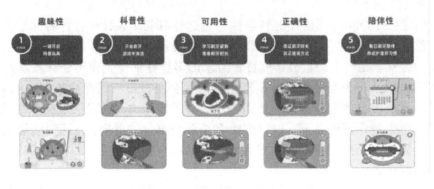

图 4-2-3　五大功能实现图

图 4-2-4　可用性测试（广东工业大学郑思露作品）

讨论题

分析微信支付与智能家居等产品是如何挖掘用户的内在行动需求并进行设计的。

4.2.2　人体与气候微环境

就人-机-环境系统来说，影响这个系统的一般环境因素是热、光、声、震、尘、毒。热环境是当中最基础的也是最复杂的，它包括温度、相对湿度、风速等。随着人们的生产活动范围的扩大，对整个生态系统影响最大的是失重、超重、异常气压、加速度、离子化和非电离辐射。在设计的各个阶段，应尽可能地消除各种环境因素对系统的负面影响，从而使整个系统的整体效率得到最大程度的发挥。因此，在人机工程中，工作环境对整个系统的影响是十分关键的。

　　欧洲太空总署的太阳轨道飞行器（如图 4-2-5 所示）将在太阳附近停留几年，靠近太阳的地方，温度可达 450℃。在执行任务期间，太阳活动将对飞行器表面造成严重影响。为了抵御如此高的温度，太阳轨道飞行器必须使用非常精细的隔热材料，然而，这种隔热材料仅能在阳光直射下提供防护。因此，欧洲航天局研制了一种实时操作系统（RTOS），可以在极度恶劣的环境中工作，该系统与太阳之间的最大偏差仅仅只有 6.5°。欧洲太空总署的航空软体部门主管玛丽亚·赫内克说："我们对这项工作非常苛刻。通常，重启该系统要花 40 秒时间。而且我们需要在 50 秒内找到问题重启；否则，这颗卫星（飞行器）就会化为灰烬。"

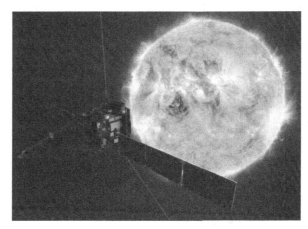

图 4-2-5　欧洲太空总署的太阳轨道飞行器

　　园林绿化是城市"绿肺"的重要组成部分，园林植物的搭配与布局构成一个完善的微生态系统，对区域的冷热空间、湿度、水循环有很大影响。这种微妙的组合是由局部的温度、湿度、空气的对流及热量的吸收和释放组成的。舒适度是城市公园对微气候最直接的反应，因此微气候直接关系着人对自然环境的感知程度，而加强微观气候的塑造可以提高人们对绿色环境的满意度，成都市武侯区金江公园如图 4-2-6 所示。

图 4-2-6　成都市武侯区金江公园

4.2.3　人的行为与环境空间设计

环境即"周围的境况"，是指在一定程度上围绕着人且对人的行为有一定影响的事务。环境设计注重以建筑内外空间环境中人的行为科学和多元关系为导向，构建人、建筑、环境之间的新联系，聚焦居住、商业、建筑、景观、公共艺术及新兴产业的前沿设计。

日本建筑设计师安藤忠雄，其作品有"住吉的长屋""光之教堂""淡路梦舞台"等。安藤忠雄的大部分建筑都是以水泥为主，并把光影的艺术发挥到了极致。他秉承"人本"的设计思想，注重人与自然、建筑之间的内在关系，其独到的建筑风格对日本建筑的传统设计具有划时代的意义。

"光之教堂"的面积虽然只有 113 平方米，但它是安藤忠雄的标志性的水泥建筑之一，如图 4-2-7 所示。这座教堂的墙壁上没有任何图案，也没有任何装饰，只有一个十字架，太阳透过十字架展现出光的模样。他在湖南大学发表讲话时说："我想让所有的信徒都和神父一样，在教堂，台阶是往下的，神职人员和坐着的人一样高，这在某种意义上是体现平等的。这也是光之教堂的精髓所在。"

图 4-2-7　光之教堂

人能变化外物，而变化之物亦能左右其主。现代社会是一个信息高速发展的时代，人们追求更高的精神享受。与此同时，现代人们生活水平及公共场所消费水平越来越高，人们对环境的需求由过去重视硬件环境设计转向重视生理、行为及心理环境营造，既追求美感又追求艺术性与欣赏性。

公共场所中的人因影响更为显著。以火车站、机场为例，在通过安检口后，旅客的第一需求通常是寻找所乘坐车次或航班相对应的检票口。因此，提供车次或航班信息展示的大屏幕置于进站口附近，可使进站旅客浏览信息更加便捷。目前，有车站将显示屏置于车站或机场大厅正中间，加之车站或机场楼体较长，给旅客寻找信息带来极大不便。

城市环境中的人因研究已经成为众多研究者的研究重点。人因研究有助于提高人们的城市生活质量。例如，自助取票机减少了用户在等候区排队取票的等待时间。随着时代的进步，公众环境中的人因设计对"温度"的要求越来越高，要求将更多人文情怀融入设计中。

广州地铁 22 号线（如图 4-2-8 所示）以"未来速度"背景，配合"活力橙"主色调、钻石切割菱形元素和炫酷的灯光，整体充满了科技感与未来感。站内拥有智能信息显示屏，车厢内部空间大，双人座位让人有一种高铁的感觉。车型充分借鉴了高铁和地铁的技术平台，具备高速、大载客量、快速起停的优点。22 号线的各个站点都有庆祝新路线开通的打卡庆祝活动，可以让乘客在这里拍照留念。同时，22 号线的文化创意产品（如图 4-2-9 所示）也会在站台展出，再加上其他花卉景观，营造轻松愉快的出行氛围。

图 4-2-8　广州地铁 22 号线　　　　　　图 4-2-9　广州地铁 22 号线内文化创意产品

唯儿诺儿童医院（如图 4-2-10 所示）凭借多年国际执业经历把美式私人医学概念带到中国。除了改善医疗环境，也将转变儿童对医院的恐惧心理。唯儿诺的设计理念是建立在太空中的一颗神秘星球上，即唯儿诺星球主题。整个空间都是白色的，强调宇宙飞船和空间站的感觉。而在儿童娱乐区，则是以宇宙飞船和海洋生物为主要元素。大厅的墙壁采用弧形即波浪的形式，与海上空间站的主题相呼应，弧线也避开了锋利的线条，让整个空间更加柔和。前台也采用弧形，与整个空间相呼应。

图 4-2-10　唯儿诺儿童医院

儿童娱乐区延伸了海洋元素，通过抽象的方式将海洋生物的王国进行了夸张和放大，抓住儿童的眼球，吸引了他们的注意力，缓解了他们的紧张情绪。过道的诊室玻璃门均采用了雾化的玻璃薄膜，在保护隐私的同时，也柔和走廊的过道空间，可以让儿童在良好的医疗氛围中，治疗身体和精神，让人心安。

思考题

结合所学知识，具体分析微信支付和支付宝支付背后的人因逻辑，二者的共同点与区别点分别是什么，分别又产生了什么影响。

第 5 章

人体负荷 ⋘

5.1　体力工作负荷

5.1.1　人体活动的力量与耐力

随着社会的发展，人们的生活节奏越来越快，无论是工作压力还是学习压力都在不断地增加，内卷严重，猝死事件时有发生，这一现象发生的根源是人们的工作强度大于身体所能承受的负荷。而通常情况下，个体在正常环境下持续工作 8 小时且不会产生过度疲劳感的最高工作负荷值，称为最高可接受工作负荷水平。一般而言，如果想要了解个体的最高可接受工作负荷水平，应从个体的差异和工作性质两个方面分析。体力工作负荷的判定指标为肌肉酸痛、疲劳感、沉重感等个体的主观体验；而脑力劳动者的工作负荷则可以将睡眠质量、脾气好坏和情绪状况等作为直观的评判标准。

在生活中我们如何判定一个人身体超负荷？可以从以下几个方面初步判定：情绪低落、个人满意度降低、感觉力不从心、工作效率降低、差错或事故的发生率增加等，若出现以上情况，个体便需要考虑工作是否已经超过人体负荷了。一般情况下，人们可能误认为任务越少工作负荷越小，而真实的情况并非如此，当人们的工作标准远远低于个体的工作能力时，不仅会导致效率低、工作产出量少，甚至会降低个人成就感及不适感，这种现象称为"工作低负荷"。

当个体超负荷工作时，可以通过调整自我心态和工作方式来改善个体的工作状态。例如，通过事先制订计划并按步骤完成工作，改善情绪不稳定、自我怀疑等状态；或者脑力工作和体力工作安排交替进行，有效提高工作效率。

综上，适中程度的工作负荷有利于保持个体的高效率作业。

人体活动是人机系统正常运行必不可缺的重要组成部分。人体活动的基本特征包括力量、耐力与能量代谢。其中，力量即施力完成作业；耐力表示人在持续作业时对人体耐力的要求；能量代谢则是人在作业时消耗的能量。

1．人体活动的力量

影响人体活动力量的因素主要有人体的姿势、着力部位及力的作用方向。进行人机系统设计的目标是探寻合适的姿势、最佳用力部位和使用最小的力。

根据人体施力部位可分为手部、脚部、背部和颈部等力量。

（1）手部力量

人们对自我健康和身材的管理意识越来越高，许多人选择去健身房训练。而其中大部分人会采取传统的训练方法，主要是由于传统的健美训练可以帮助人们快速增强肌肉，提高个体身体素质。但是我们常常会忽视抓握力的训练，其实这才是我们整体实力表现的重要组成部分。例如，我们会发现一个肌肉发达的健美运动员，深蹲硬拉可以达到 100 千克，而引体向上的项目却不尽人意。产生这种问题的原因可能是他的抓握力不足。大多数人是为了健康而训练的，包括肌肉力量的平衡，如果我们跟不上其他肌肉力量，很容易导致肌肉失衡。如果我们无法发挥力量，在日常生活中或者训练时就容易因握力不足而造成意外伤害。

① 握力

握力的大小可以很大程度地反映手用力的能力，从性别角度来看，女性手的握力约为自身体重的 40%～48%，而男性优势手的握力约为自身体重的 47%～58%。所有肌力随着实力持续时间的延长而减小。例如，某些肌力持续到 4 分钟的时候，就会衰减至 1/4 左右。立姿弯臂时的力量如图 5-1-1 所示。年龄与性别对人的握力值也有较为显著的影响，如表 5-1-1 所示。

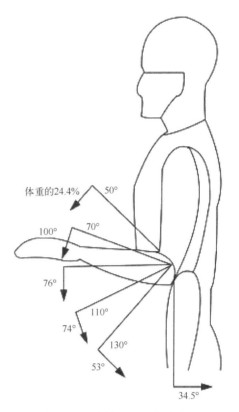

图 5-1-1 立姿弯臂时的力量

表 5-1-1　男女握力平均值　　　　　　　　　（单位：kg）

年龄/岁	男性	女性	年龄/岁	男性	女性
7	10.4	9.1	19	42.6	26.1
8	12.5	10.8	20～24	44.9	26.3
9	14.3	12.6	25～29	45.3	26.3
10	16.1	14.8	30～34	45.3	26.9
11	19.0	17.7	35～39	45.4	27.3
12	22.9	20.0	40～44	44.9	27.1
13	28.7	22.2	45～49	43.6	26.5
14	33.4	23.5	50～54	42.4	25.6
15	37.4	24.4	55～59	40.3	24.8
16	39.9	25.1	60～64	37.3	23.2
17	41.9	25.6	65～69	35.0	22.3
18	43.0	25.9			

② 手的操纵力

手的操纵力与人的作业姿势、用力方向等因素相关。

坐姿手操纵力。坐姿手操纵力通常满足以下几点：右手力量大于左手；手臂位于侧面下方时推拉力较弱，但其向上与向下的力均较大；拉力会略微大于推力；向上的力略小于向下的力，向外的力略小于向内的力。表 5-1-2 所示为坐姿时不同角度测得的臂力。

表 5-1-2　坐姿时不同角度测得的臂力　　　　　　　（单位：N）

手臂的角度	拉力		推力	
	左手	右手	左手	右手
	向后		向前	
180°	516	534	560	614
150°	498	542	493	547
120°	418	462	440	458
90°	356	391	369	382
60°	270	280	356	409
	向上		向下	
180°	182	191	155	182
150°	231	249	182	209
120°	240	267	226	258
90°	231	249	218	235
60°	195	218	204	226

立姿手操纵力是手臂在不同方向上的拉力和推力，如图 5-1-2 所示。

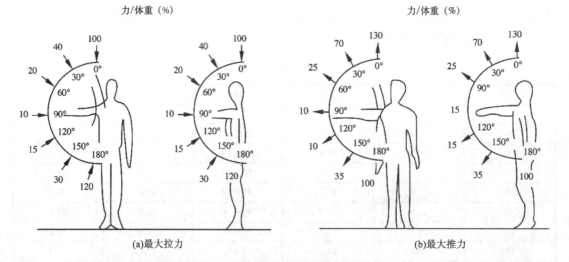

(a)最大拉力　　　　　　　　　　(b)最大推力

图 5-1-2　立姿操纵时手的拉力和推力

卧姿手操纵力。卧姿时不同肘角伸臂的臂力测定如图 5-1-3 所示，卧姿时不同肘角手的最大臂力如表 5-1-3 所示。

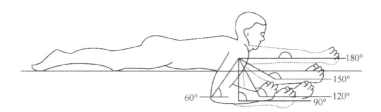

图 5-1-3　卧姿时不同肘角伸臂的臂力测定

表 5-1-3　卧姿时不同肘角手的最大臂力　　　　　　　　　　（单位：N）

手型	用力方向 肘角	推	拉	向左	向右	向上	向下
左手	60°	231.28	253.82	106.82	197.96	155.82	133.28
	90°	240.1	294.0	89.18	178.36	178.36	138.18
	120°	280.28	334.18	89.18	169.54	178.36	139.18
	150°	289.1	311.64	89.18	150.92	138.18	124.46
	180°	297.92	271.46	89.18	138.18	80.36	111.72
右手	60°	294.0	271.46	217.56	138.28	192.0	150.92
	90°	285.18	324.38	204.82	124.46	231.28	159.74
	120°	324.38	382.2	213.64	124.46	222.46	155.82
	150°	329.38	360.64	199.92	124.46	182.28	150.92
	180°	306.74	306.74	164.64	111.72	101.92	128.38

常见手部操作动作及其力量极限推荐值如图 5-1-4 所示，人体力量存在较大的个体差异。

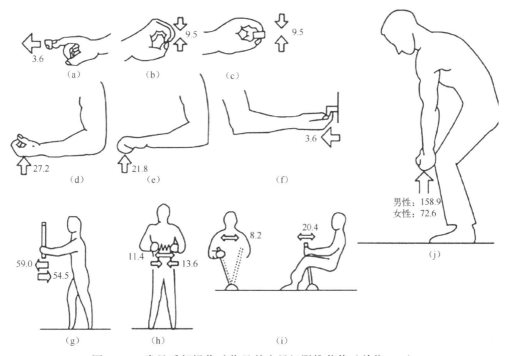

图 5-1-4　常见手部操作动作及其力量极限推荐值（单位：N）

（2）脚部力量

脚产生力大小的影响因素主要分为以下三种。

① 姿势

立姿时脚步的力量大于坐姿。个体处于坐姿时，右脚最大蹬力平均可以达到 2568N，左脚为 2362N。

② 方向——下肢的位置

膝部伸展角度在 130°~50° 或 160°~80° 范围内时，脚蹬力最大。

③ 性别与肢体部位

左脚力大于右脚力；男性脚力大于女性脚力。右脚使用力的大小、速度及精准度都优于左脚，而在应对操作频繁的作业时应考虑双脚交叉作业。

2. 人体活动的耐力

在日常生活中，坚持运动的人和没有运动习惯的人群相比，坚持运动的人往往体能和耐力存在显著提高；而具有长跑习惯的人其耐力让常人望尘莫及。*Science Advances* 期刊发表的一篇研究提出，人体耐力的确存在极限，在长时间（数日、周甚至月）持续的运动中，人体最大的持续能量消耗大约等于 2.5 倍的静息代谢率，平均约每天 4000 千卡（静息代谢率指维持保持体温和呼吸等基本生理需求时，身体所消耗的热量）。

通常把人的身体在较长时间内能够保持特定工作水平的能力称为耐力。当人体的活动时长持续增加时，其力量也会因此下降。人体力量与持续时间之间有一种非线性的反比例关系（如图 5-1-5 所示）。

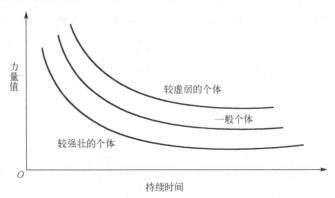

图 5-1-5　人体力量值和持续时间的非线性关系

 思考题

概括总结人体活动力量的部位及其关键点。

5.1.2　体力工作负荷及其测定

1. 体力工作负荷的定义

体力工作负荷的定义为单位时间内人体所承受的体力工作量的大小。工作量越大，人体所承受的体力工作负荷值就越大。而人体的工作能力是存在一定限度的，一旦超出这个范围，工作效率就会明显降低；当超出范围过大时，甚至会导致操作者处于高度应激状态，进而发生事故或造成人员和财产的损失。

2. 体力工作负荷的测定

从西昊工学研究院主导发布的《中国职场久坐行为白皮书》的调研结果来看，设计师平均每天工作的久坐时间高达 9 小时，其中 41% 的人超过了 10 小时，已经与媒体人和程序员比肩，成为上班久坐时间最长的三大职业之一（如图 5-1-6 所示）。

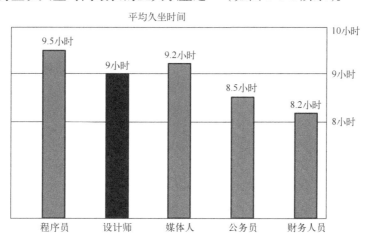

图 5-1-6　不同职业平均久坐时间

设计师日常工作时，需要操作大量的设计软件及高度的专注。即使在其处于正确坐姿的前提下，频繁地使用鼠标也会增加手和肩颈部位所承受的负荷，容易造成鼠标手、颈椎病等问题。研究表明，56.2% 的设计师在工作时会不由自主地采取前倾式坐姿。这种前倾式坐姿会使人的头部同时也向前方倾斜，增加头部重量对颈椎施加的压力，进而加重颈椎的负荷，甚至影响到颈椎的健康。如果选择适合的人体工学座椅将有助于缓解设计师的久坐疲劳感，降低脊椎受力，减轻人体负荷及久坐给人带来的健康危害。评估作业者体力工作负荷主要从四个方面测定：生理变化测定、生化变化测定、主观感觉测定和定量研究测定。

（1）生理变化测定

生理变化测定一般通过肺通气量、吸氧量、血压、心率及肌电图等生理变量的变化来测定人体的体力工作负荷，主要使用的三种仪器如图 5-1-7 所示。

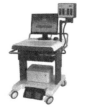

(a)电子心率计　　　　　　　(b)血压计　　　　　　　(c)肌电图检测仪

图 5-1-7　生理变化测定仪器

（2）生化变化测定

生化变化测定的常用项目为乳糖和糖原的含量。人处于安静状态时，血液中的乳酸含量是 10～15mg/100mL；处于中等作业强度时，血液中的乳酸含量略有增加；处于较大作业强度时，血液中的乳酸含量是 100～200mg/100mL。

人处于安静状态时，血糖含量是 100mg/100mL；处于轻作业状态时，血糖含量保持稳定水平；处于中等作业强度时，血糖含量稍有降低，但很快就维持较高水平；处于较大或持续时间较长作业强度时，或肝糖原储备不足，会出现血糖降低现象，当血糖含量降低到正常含量的一半时，人不能继续工作。

体力工作负荷会使人体尿蛋白含量产生明显的变化，称为"运动型尿蛋白"现象。

（3）主观感觉测定

主观感觉测定是测量体力工作负荷常使用的方法，该方法要求操作者根据工作中的主观体验对所承受的负荷程度进行评价，主要由自认劳累分级量表（The Scale for Ratings of Perceived Exertion, RPE）进行评价，如图 5-1-8 所示。

图 5-1-8　自认劳累分级量表

（4）定量研究测定

人体负荷测定也可以使用定量研究法，例如，职业重复动作检查表、手部活动水平阈值和压力指数等均是常用来评价体力工作负荷的工具。

压力指数是一种基于生理学、生物力学和流行病学原理的半定量工作分析方法，一般用于评估工作中上肢疾病风险程度，包括 6 个任务变量，分别是工作强度（Intensity of Exertion，IE）、工作时长（Duration of Exertion，DE）、每分钟的工作时长（Exertions per Minute，EM）、手/手腕姿势（Hand /Wrist Posture，HWP）、工作速度（Speed of Work，SW）和每天工作时长（Duration of Task per Day，DD）。每个任务变量都会根据作业内容被评估为一个参数值，6 个任务变量参数的乘积即为压力指数得分。这个分数与区分任务风险水平的梯度进行比较，最后通过乘积得分判断健康风险水平。压力指数的参数和乘数对照表如表 5-1-4 所示。

表 5-1-4　压力指数的参数和乘数对照表

	IE		DE		EM		HWP		SW		DD	
	参数	乘数	参数	乘数	参数	乘数	参数	乘数	参数	乘数	参数	乘数
1	轻微	1	<10%	0.5	<4	0.5	非常好	1	非常慢	1	<1	0.25
2	有点难	3	10%～29%	1	4～8	1	好	1	慢	1	1～2	0.5
3	难	6	30%～49%	1.5	9～14	1.5	正常	1.5	正常	1	2～4	0.75
4	非常难	9	50%～79%	2	15～19	2	不好	2	快	1.5	4～8	1
5	极度难	13	50%～79%	3	≥20	3	非常不好	3	非常快	2	≥8	1.5

◀◀ 讨论题

体力工作负荷主要有哪些测定方式？

5.1.3　体力工作时的能量消耗

许多人都有这样的感触，体力劳动者往往脾气暴躁，特别是干重体力活的人脾气更加暴躁。常年干体力活的人一旦开始不干了，随着时间的推移，其脾气会逐渐地好转。这与他们在劳动中各种营养素大量流失而又得不到补充密切相关。在体力消耗较大的情况下，人体会大量出汗，汗液中含有尿素、氨、氨基酸、肌酸酐、肌酸尿酸等含氮物质，说明体内蛋白质随温度升高而分解代谢加速，这也是体力工作者能大口吃肉的原因。

体力活动消耗能量是指构成人体总能量消耗的重要部分。个体每天进行各种活动所消耗的能量，主要取决于持续时间和劳动强度。体力活动的差异会影响人体能量所需要的量。除极少数情况外，专家建议将我国人民的活动强度定为三级：基础代谢量、安静代谢量、能量代谢量。

1．基础代谢量

俗话说"减肥的时候一定要管住嘴，迈开腿"。目的就是让食物的热量比消耗的热量少，这样才能让身体本身的脂肪提供热量来达到减肥的效果。

基础代谢是我们自己不用额外运动，平时日常活动中所消耗的热量，即我们身体的正常代谢速度和量数。例如，每天正常看电视、走路、躺着等一些简单的生活运动所消耗的热量统称为正常的基础代谢。

基础代谢量一般是指在个体处于安静的状态下维持生命所必需消耗的能量，其不受外界因素影响，如室内的环境所呈现出来的一种状态。为了表示方便，通常用基础代谢率评定基础代谢量。

基础代谢率（Basal Metabolic Rate，BMR）一般是指个体处于清醒又极度安静的状态，且不因肌肉的活动、外在环境和温度状况、饮食和精神紧张等因素影响时的能量代谢率。也可用基本的生理活动来表示，每小时单位表面积最低耗热量减去标准耗热量的差值和标准耗热量的百分比称为基础代谢率。通常，基础代谢率需要在清晨未进食之前，静卧休息 30 分钟且须保持清醒，将室温维持在 20℃左右，依据间接测热法利用仪器测定。基础代谢率的单位为 kJ/(m² · h)（千焦/平方米/小时），即每小时每平方米体表所散发的热量千焦数。

依据能量守恒定律，机体消耗的能量应等于所做的外功产生的热能之和。如果机体在某一段时间内不做任何外功，那么该机体所消耗的能量就是单位时间内产生的热能。鉴于人的体温是恒定的，所以单位时间的产热量应等于向外界散发的总热量，于是测量机体在一定时间内散发的总热量，便可计算出机体的能量代谢率。

依据上述的基本原理和研究测试，研究人员总结了三种测定 BMR 的方法：直接测热法、间接测热法与公式推测法。其中，前两种方法是测量能量消耗量的"金标准"，而公式推测法与前两种相比更简便快捷，可用于估计大样本人群的 BMR。

（1）直接测热法

直接测热法是将被测试者置于一个特定的检验环境里面，先采集其在单位时间内所发散的总热量，再将其转换为单位时间内的代谢量。直接测热法采用的装置比较复杂，主要用于分析肥胖及内分泌系统障碍的问题。

（2）间接测热法

间接测热法比直接测热法会更容易操作，其结果又比公式推测法准确，成为近些年测量 BMR 备受瞩目的手段。它的原理是依据三大产能营养素当产能时所消耗的氧气量与所产生的二氧化碳间的定比关系，当处于特定条件时和一定时间内通过测定耗氧量和二氧化碳的生成量来计算出能量消耗量。

近几年来出现的气体代谢分析仪（又名心肺功能测试仪）使用的分析系统属于无创间接测热法系统，广泛地应用于实验及临床研究。目前，间接测热仪不仅适用于机体的营养需求研究，还适用于临床医学对代谢相关性疾病的诊断、治疗或其他疾病在营养支持中精准评估所需的能量。

（3）公式推测法

间接测热法为精确地评估个体 BMR 提供更多的支持，然而，它与直接测热法的相似之处是有仪器设备费用高昂、耗时过长、操作比较烦琐等一系列问题。因此，研究人员历经多年的研究采用不同的公式来评估个体的 BMR 值。由于公式推测法只需进行简单的人体测量即可评估出基础代谢率，便于实践操作和开展大样本的研究，因此被普遍使用。我国正常人体基础代谢率平均值如表 5-1-5 所示。

表 5-1-5　我国正常人基础代谢率平均值（$KJ/(m^2 \cdot h)$）

年龄/岁	11～15	16～17	18～19	20～30	31～40	41～50	51 及以上
男性	195.5	193.4	166.2	157.8	158.7	154.0	149.0
女性	172.5	181.7	154.0	146.5	146.9	142.4	138.6

基础代谢率的计算方法有很多种，下述仅列其中三种，惯用的为第一种方法。如果计算时取下列表达式计算结果的平均值，则较为精确：

- 基础代谢率（%）=（脉率 + 脉压差）- 111（Gale 法）
- 基础代谢率（%）= 0.75 ×（脉率 + 脉压差 × 0.74）- 72（Reed 法）
- 基础代谢率（%）= 1.28 ×（脉率 + 脉压差）- 116（Kosa 法）

2. 安静代谢量

安静代谢量是指机体想要维持身体各个部位的平衡及某种姿势所消耗的能量。一般将基础代谢量的 20%当成维持体位平衡和该动作所提高的代谢量。

安静代谢率记为 R，$R=1.2B$。B 为基础代谢率。

安静代谢量=RSt=$1.2BSt$。

其中，R 为安静代谢率（$KJ/(m^2 \cdot h)$）；S 为人体表面积（m^2）；t 为持续时间（h）。

3. 能量代谢量

人体在进行作业或运动时所消耗的总能量，称为能量代谢量。

能量代谢量=基础代谢量+维持体位所增多的代谢量+作业时所增多的代谢量

　　　　　=安静代谢量+作业时增加的代谢量

能量代谢率记为 M。

能量代谢量=MSt。

其中，M 为能量代谢率（$KJ/(m^2 \cdot h)$）；S 为人体表面积（m^2）；t 为测定时间（h）。

4．相对代谢率

为了能够消除作业者间的差异因素，通常采用相对代谢率（RMR）这个相对指标来衡量劳动强度。有关生产作业活动的 RMR 资料如表 5-1-6 所示；日常作业活动的 RMR 如表 5-1-7 所示。

表 5-1-6　生产作业活动的 RMR 资料

动作部位	动作细分	RMR	被检查者感觉	调查者观察	工作举例
手指动作	非意识的机械性动作	0～0.5	手腕感到疲劳，但习惯后不感到疲劳	完全看不出有疲劳感	拍电报为 0.3，记录为 0.5
手指动作	有意识的动作	0.5～1	工作时间长后有疲劳感	看不出有疲劳感	拨电话号码为 0.7，盖章为 0.9
手指动作连带上肢	手指动作连带到小臂	1.0～2.0	认为工作很轻，不太疲劳	看不出有疲劳感	电脑操作为 1.3，电钻（静作业）为 1.8
手指动作连带上肢	手指动作连带大臂	2.0～3.0	常想休息	有明显工作感，是较小的体力	抹光混凝土为 2.0
上肢动作	一般动作方式	3.0～4.0	开始不习惯时劳累，习惯后不太困难	摆动虽大，但用力不大	筛为 3.0，电焊为 3.0
全身动作	稍用力动作方式	4.0～5.5	局部疲劳，不能长时间连续动作	使用整个上肢，用力明显	装汽车轮胎为 4.5，粗锯木料为 5.0
全身动作	一般动作方式	5.5～6.5	工作 30～40min 后休息	呼吸急促	拉锯为 5.8，和泥为 6.0
全身动作	动作较大，用力均匀	6.5～8.0	连续工作 20min 后感到胸中难受，但工作能继续做	呼吸急促，脸变色，出汗	锯硬母为 7.5
全身动作	短时间内集中全身力量	8.0～9.5	持续工作 5～6min 后，什么工作也不能做了	呼吸急促，流汗，脸色难看，不爱说话	用尖镐劳动为 8.5，推 200kg 三轮车为 9.5
全身动作	繁重作业	10.0～12.0	工作不能持续 5min 以上	急喘，脸变色，流汗	用全力推车为 10.0，挖坑为 12.4
全身动作	极繁重作业	12.0 以上	用全力只能忍耐 1min，实在没有力气了	屏住呼吸作业，急喘，有明显的疲劳感	推倒物料为 17.0

表 5-1-7　日常作业活动的 RMR

作业或活动内容	RMR	作业或活动内容	RMR
睡眠	基础代谢量的 80%～90%	使用计算机	1.3
安静坐姿	0	步行选购	1.6
坐姿；灯泡钨丝的组装	0.1	准备、做饭及收拾	1.6
念、写、读、听	0.2	邮局小包检验工作	2.4
拍电报	0.3	骑车（平地 180m/min）	2.9
电话交换台的交换员	0.4	做广播体操	3.0
打字	1.4	擦地	3.5
谈话；坐着（有活动时 0.4）	0.2	整理被褥	4.3～5.3
站着（腿或身体弯曲时 0.5）	0.3	下楼（50m/min）	2.6
打电话（站）	0.4	上楼（45m/min）	6.5
用饭、休息	0.4	慢步（40m/min）	1.3
洗脸、穿衣、脱衣	0.5	慢步（50m/min）	1.5

续表

作业或活动内容	RMR	作业或活动内容	RMR
乘小汽车	0.5 ~ 0.6	散步（60m/min）	1.8
乘汽车、电车（坐）	1.0	散步（70m/min）	2.1
乘汽车、电车（站），扫地，洗手	2.2	步行（80m/min）	2.7
使用计算器	0.6	步行（90m/min）	3.3
洗澡	0.7	步行（100m/min）	4.2
邮局盖戳	0.9	步行（120m/min）	7.0
使用缝纫机	1.0	跑步（150m/min）	8.0 ~ 8.5
在桌上移物	1.0 ~ 1.2	马拉松	14.5
用洗衣机	1.2	万米跑比赛	16.7

 思考题

某男工人身高为 1.7m，体重为 70kg，基础代谢量均值约为 158.7KJ/(m² · h)，连续作业 70min。当 RMR=4 时，试问能量代谢量是多少？作业时增加的代谢量为多少？

5.2　脑力工作负荷

5.2.1　脑力工作负荷的定义及影响

1. 脑力工作负荷的定义

坎特威茨研究了载重车司机的工作负荷，其研究情境为驾驶模拟器。结果表明，当交通状况良好且车辆少的情况下，司机的瞬时记忆较佳，这意味着在拥堵的交通中司机的工作负荷最高，成功地将测量飞行员脑力负荷的理论和技术运用于驾驶模拟器的研究中。

脑力工作负荷简称脑力负荷，也可称为心理负荷、精神负荷、脑负荷或脑力负担等。由于脑力负荷的多维特性，目前学术界尚无明确的定义。在现有的研究中，国内外有关研究人员对脑力负荷比较知名的定义，有如下几种。

Rouse 等从任务和个体两方面考虑，指出脑力负荷与任务和执行任务的个体均相关。在同一任务中，不同的作业人员所感受到的脑力负荷仍可能不同，作业人员自身的情绪、动机、策略和个人能力都可能影响其脑力负荷。O'Donnell 等人从大脑信息处理能力的视角进行探讨，将脑力负荷定义为，作业人员在执行某项任务时对所应用的"信息处理能力"的大小，并利用测量其"信息处理能力"来直接测量其脑力负荷值的大小。Young 等人从注意资源的角度将脑力负荷定义为，机体在作业过程中，作业人员为了达到某一绩效水平时所付出的注意资源的多少，它与作业任务的需求、作业环境、作业人员的经历等息息相关。

廖建桥等在 O'Donnell 等人对脑力负荷定义的基础上，又从两方面进一步对脑力负荷进行了相关定义。一方面是"时间占有率"，时间占有率是完成某项任务过程中作业人员的最少工作时长，"时间占有率"越低，其脑力负荷越低；"时间占有率"越高，其脑力

负荷就越高。另一方面是"信息处理强度"，信息处理强度是在单位时间内需要处理的信息量或者处理信息的复杂程度，"信息处理强度"越高，脑力负荷越高，反之则相反。

由此可见，脑力负荷是一种多维度的概念，它涉及工作要求，时间压力，作业人员的能力、努力程度、行为表现和其他因素的影响。

2．脑力负荷、作业难度与作业绩效之间的关系

De Waard 提出可以用一个类似图 5-2-1 的模型来描述三者的关系。在 D 区域，当作业难度增加时，脑力负荷从高水平的超低唤起状态逐渐被激活并缓缓下降，作业绩效快速升高。在 A_1 区域，随着作业难度的上升，脑力负荷则迅速下降，作业绩效渐渐升高，并达到最佳状态；在 A_2 区域，随着作业难度的上升，脑力负荷处于最低水平，而作业绩效保持在最佳水平的状态；在 A_3 区域，随着作业难度的上升，脑力负荷迅速上升，此时，作业绩效却缓慢下降。在 B 区域，随着作业难度的增加，脑力负荷逐渐增高，作业绩效迅速下降。在 C 区域，随着作业难度的增加，脑力负荷进入超高水平状态，作业绩效也达到极低水平。从对这 4 个区域的具体分析可以看出，脑力负荷过高或过低均不利于作业的完成，而只有当脑力负荷保持一个适宜的水平时，作业人员才可以达到较好的作业绩效水平。

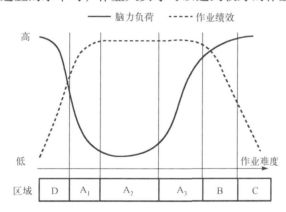

图 5-2-1　描述脑力负荷、作业难度、作业绩效的倒"U"模型

5.2.2　脑力负荷的测量方法

针对学习者的学习而言，认知负荷并不一定越小越好，也绝非越高越好，这是因为存在个体认知负荷的管理问题。探讨认知负荷的目的是考虑怎样能使人们正确面对认知负荷，不但要使用适当的教学内容来帮助学习者，减少学习者的外在认知负荷和内在认知负荷，也需要使其学会怎样应对较高的认知负荷或超负荷。

脑力负荷的测评方法有主观测评方法、生理测评方法、绩效测评方法和综合测评方法。下面介绍前三种方法。

1．主观测评方法

主观测评方法是目前普及性最高也是最方便的测评方法。常将其用于飞行员这一职业，例如，先前的研究者让飞行员对执行任务过程中的脑力负荷状态进行陈述并按照其真切感受对飞行任务排序和定量评估等。该方法的原理是在作业过程中，作业人员可以将其在作业时

的脑力资源与努力程度主观表述出来。在众多的主观测评方法中，典型的有以下三个量表：NASA_TLX 量表、主观负荷评估技术（Subjective Workload Assessment Technique，SWAT）量表和修正的库柏-哈柏量表（Modified Cooper-Harper scale，MCH 量表）。

NASA_TLX 量表是由 Hart 等人开发的一个由 6 个维度组合而成的多维度综合评估量表（如表 5-2-1 所示）。被试人员首先需要根据自己的主观感知对任务的脑力负荷程度进行评分，然后将 6 个维度进行两两比较并选出对脑力负荷贡献较大的一个维度，根据每个维度被选中的次数对 6 个维度进行排序，计算出该维度占总脑力负荷的比例；最后求出 6 个维度的加权平均分得，到脑力负荷的分值，总分越高表明其脑力负荷值越大。该量表广泛应用于飞行研究等相关领域，鉴于 NASA_TLX 量表的广泛应用，Alex 开发了一套该量表的数据收集及后续计算软件，不仅提高了该量表的使用效率，还进一步扩大了量表的使用范围。

表 5-2-1　NASA_TLX 量表中的脑力负荷影响因素

脑力负荷的影响因素	各个因素的定义
脑力要求	这项工作是简单还是复杂，是容易还是要求很高？完成工作需要多少脑力活知觉方面的活动（如思考、决策、计算、记忆、寻找等）？
体力要求	需要多少体力类型的活动（如推、拉、转身、控制活动等）？这项工作是容易还是要求很高，是快还是慢，是轻松还是费力？
时间要求	工作速度使你感到多大的时间压力？这项工作的速度是快还是慢，是悠闲还是紧张？
操作业绩	你完成这项任务的成就感如何？你对自己业绩的满意度如何？
努力程度	在完成这项任务时，你在脑力和体力方面做出了多大努力？
挫折水平	在工作时，你感到有无保障，是很泄气还是劲头十足，是恼火还是满意，是有压力还是轻松？

SWAT 量表是由 Reid 等人所开发的。该量表是一种多维综合评估量表，由时间负荷、脑力努力负荷及心理压力负荷等三个维度组成。每个维度又分为高、中、低三个水平，最后合并成一个测量指标，如表 5-2-2 所示。

表 5-2-2　SWAT 量表中的要素及水平

维度水平描述	时间负荷	脑力努力负荷	心理压力负荷
1	经常有空余时间，各项活动之间很少出现冲突或相互干扰	很少意识到心理努力，活动几乎是自动的，很少或不需注意	很少出现慌乱、危险、挫折或焦虑，工作容易适应
2	偶尔有空余时间，各项活动之间经常出现冲突或相互干扰	需要一定的努力或集中注意力。由于不确定性、不可预见性或对工作任务不熟悉，工作有些复杂	由于慌乱、挫折和焦虑而产生中等程度的压力，增加了负荷。为了保持适当的业绩，需要相当的努力
3	几乎未有空余时间，各项活动之间冲突不断	需要十分努力和聚精会神。工作内容复杂，要求集中注意力	由于慌乱、挫折和焦虑而产生相当大的压力，需要极大的努力

MCH 量表是由 CH 量表（Cooper-Harper scale）改进后所得的，如表 5-2-3 所示的量表主要用于测量飞行员的工作负荷。研究人员将飞行操作水平分为 10 级，依据每级的定义完成该量表，进而评价其工作负荷。Wierwille 等人在 CH 量表的基础上，进行了修改与完善，把飞行操作水平分为 10 个等级并对应 1～10 分，并且为了更精准地测量不同等级下的脑力负荷水平，仅需飞行员对飞行任务操作任务进行评估与打分。

表 5-2-3 库柏-哈柏飞行员工作负荷评价量表

飞机的特性	对飞行员的要求	评价等级
优良，人们所希望的	脑力负荷不是在驾驶中应考虑的	1
很好，有可忽略的缺点	脑力负荷不是在驾驶中应考虑的	2
不错，只有轻度的不足	为驾驶飞机需飞行员做少量努力	3
小但令人不愉快的不足	需要飞行员一定的努力	4
中度的、客观的不足	为了达到要求，需要相当的努力	5
非常明显但可忍的不足	为了达到合适的驾驶，需要非常大的努力	6
严重缺陷	要达到合格的驾驶，需要飞行员最大的努力，飞机是否可控不是问题	7
严重缺陷	控制飞机需要相当大的努力	8
严重缺陷	控制飞机需要非常大的努力	9
严重缺陷	如不改进，驾驶飞机时可能失控	10

主观测评方法有以下优点。

● 主观测评方法不需要任何的仪器和设备，仅需纸笔，操作简单快捷，方便对脑力负荷进行评分，数据也便于统计分析。

● 主观测评方法一般在被测者完成工作任务后进行，这样可以避免对任务过程造成干扰，不会影响实验结果的准确性，可以真实有效地反映其脑力负荷水平。

● 主观测评方法是作业人员的直接报告，反映大量有效的脑力负荷信息，对不同脑力负荷水平的变化非常敏感，能有效区分各类不同（包括低负荷、中负荷、高负荷及超高负荷）的脑力负荷水平。

主观测评方法有以下缺点。

● 主观测评方法的个体差异较大。作业人员对脑力负荷的主观测评与其自身的各类因素密切相关，如性格、动作策略、生理心理状态、情绪等。即使是同一个人，在做同一件事情，在不同时间，也可能给出不同的主观测评结果。

● 主观测评方法对需要大量记忆、计算的任务的测评结果往往会出现较大偏差。

● 主观测评方法的敏感性存在一定的特异性。

2．生理测评方法

脑力负荷的生理测评方法是指通过测量作业过程中相关生理指标的变化程度，来推断其脑力负荷水平。该方法的理论基础是，在进行信息处理（脑力负荷变化）时，人的中枢神经系统会活动，而中枢神经系统活动时，有关的生理量指标也会出现波动，因此可以通过测定生理指标的变化进而测定脑力负荷值。

生理测评方法可以划分成三类：心脏活动相关的生理指标、眼睛活动相关的生理指标、有关大脑活动的生理指标。在有关的研究课题中最惯用的是与心脏相关的生理测量评价指标，包括平均心率（Mean Heart，MH）和心率变异性（Heart Rate Variability，HRV）的部分指标；后者主要包括高频（High Frequency，HF）、低频（Low Frequency，LF）、标准化高频功率（Normalized High-Frequency Power，HFnorm）、标准化低频功率（Normalized Low-Frequency Power，LFnorm）、低频/高频（Low Frequency/High Frequency，LF/HF）等频域指标，以及 RR 间期(简称 NN 间期)的标准差(Standard Deviation of Inter Beat Intervals, SDNN)、取样周期内相连的 RR 间期之差大于 50 ms 的个数（the Number of Interval Differences of Successive NN intervals Greater than 50 ms，NN50）、相邻 RR 间期差值的均方根（the Root Mean Square Successive Difference，rMSSD）等时域指标。例如，Veltman 等人通过对比研究得出模拟试验任务与真实情况下机体的生理反应指标波动情况，事实证明处于在这两种情况下，脑力负荷增加的心率增加会导致心率变异性减少。Lindholm 等人对绩效和心率展开的研究发现，绩效水平上升过程中心率会呈现下降趋势。

而人们 80%收集信息的渠道是视觉通道。这表明分析任务执行的整个过程中，如果对操作者眼动变化数据进行收集，将会测得机体需要的信息量大小，即脑力负荷的大小。眼动测评方法基本上通过真实或模拟训练的实验记录人眼活动的各项指标。在国内外公开发表的文献中，与脑力负荷密切相关的眼动指标主要有眨眼间隔、眨眼次数、注视点数目、注视时间百分比、瞳孔直径、眼跳幅度、眼跳平均速度等。例如，Vetimna 等人基于模拟器研究了不同难度的任务下，眨眼时间、眨眼间隔脑力负荷的关系，发现眨眼率对脑力负荷更为敏感。

采用神经成像技术来测量大脑工作过程，为更加直接评估脑力负荷提供了一种方法。神经成像技术包括脑电图（electroencephalogram，EEG）、功能性磁共振成像技术（functional Magnetic Resonance Imaging，fMRI）、事件相关电位（Event-Related Potential，ERP）、脑磁图（Magnetoencephalogram，MEGM）、正电子发射断层扫描（Positron Emission Tomography，PET）等。其中，EEG 技术和 ERP 技术使用简单方便，且在与相关技术的兼用方面更具优势。就 EEG 在相关领域的应用而言，Borghini 等人在相关的研究结果中表明，采用离线分析 EEG 数据便可以准确测量出脑力负荷。Hankins 等人具体设置了不同水平的脑力负荷任务，测出需要脑力计算的各项任务时 EEG 数据中的 θ 波功率提高。Wilson 等人发现 EEG 数据中的 α 和 δ 随脑力负荷的波动而波动。现阶段的认知神经科学研究领域所用到的 ERP 技术中，已发现数个可用于反映大脑的认知加工过程的成分。ERP 技术的独特优势表现在即时、高精度反应信息加工活动等各个方面。Miller 等人在研究不同脑力负荷任务的实验中发现 ERP 技术中的 N1、P2、P3 及晚期正波电位（Late Positive Wave Potential，LPP）等成分的波幅与任务脑力任务难度成负相关，从而有可能用于脑力负荷的测评。

3. 绩效测评方法

脑力负荷的绩效测评方法是指通过测量完成任务过程中的绩效水平来间接测量脑力负荷水平。绩效测评方法主要包括两种：主任务绩效测评方法和次任务绩效测评方法。

脑力负荷的"主任务绩效测评方法"是指通过测评在执行主任务过程中的绩效指标来直接测量其脑力负荷。该方法假设主任务的绩效水平直接体现受试人员的努力程度，因此能够作为测定脑力负荷的一类评价标准。但是需要有确切的任务才能测定绩效，一旦任务类型不在同一层次，研究人员便难以实现测量多种任务间的绩效水平。

任务绩效的评定方法属于一类非直接式测量脑力负荷的方法，它的理论依据有多任务注意资源分配、多资源理论。其基本测量手段是作业人员进行一项主要任务的同时需要再完成另一项次要任务作业，整个过程中，我们可以通过测量作业人员的次任务绩效水平进而测定主任务对作业人员脑力负荷的影响。一般研究中最常使用的次任务作业主要有视觉搜索、记忆、数字计算等，测定指标和主任务绩效测评方法基本一致，大多均为反应时长和准确率。次任务绩效测评方法有效地解决了主任务绩效不易测量的问题，同时具备较好的理论基础，因而在诸多研究中被认为是测量脑力负荷的敏感方法。然而，随着研究范围的日益扩大，研究人员发现该方法存在侵入性、理论基础等方面的争议。其侵入性争议主要表现在对主任务的干扰上，从而可能影响安全，因此在真实的任务研究中，该方法能否直接应用仍有待商榷。其理论基础争议主要是，该方法的理论基础是多资源理论，它假设不同类型的任务所消耗的注意资源是相同的，而该理论是否成立，目前学术界仍在探讨中。

5.2.3 应激

1．应激的含义

应激是由危险或者意料之外的外界条件的改变进而引起的一种情绪，也是机体决策心理活动中或许会形成的一类心理因素。什么因素会引发应激呢？通常情况下，可以是身体的、心理的、社会文化的原因导致的，而仅通过这些刺激并不能直接使机体发生应激反应，这是由于在刺激与应激之间仍有一些中介因素，如一个人的性格特点、是否健康、应对突发事件的能力、生活经验的丰富度、社会支持等，这些对应激都会起到调节效果。

2．应激结构

应激具体的构成部分可概括为以下三点：
- 应激源是导致产生应激或紧张的刺激物；
- 应激本身是指一种特殊的身心紧绷状态；
- 应激反应是对应激源的心理和生理产生的反应。

3．个体对应激反应的表现

个体对应激反应的表现主要分为两类，其一是活动抑制或完全紊乱，逐渐演变成感知记忆的偏差，表现出不适应的反应，如手忙脚乱、目瞪口呆、陷入窘境；其二是活动积极来应付紧急情况，如行动敏捷、急中生智来摆脱困境。当个体的生化系统发生剧烈变化时，会增加分泌肾上腺素，进而身体活力提升，使整个身体保持在充分调动的状态来解决意外。

G. Selye 的研究表明，个体的保护机制会被持续的应激状态击溃，使其身体的抵抗力下降，严重时会患病。他将应激反应定义为全身适应综合征，分为以下三个阶段。

第一阶段为惊觉阶段，主要表现在肾上腺素分泌增多，心率变快，体温和肌肉弹性降低或者血糖水平降低和暂时性增加胃酸度等，十分严重时可致个体处于休克状态。

第二阶段为阻抗阶段，主要体现在上一阶段的消失，同时全身的代谢水平提高，肝脏也会释放大量血糖。

第三阶段为衰竭阶段，个体处于危机状态，具体表征为体内的各种存储基本上耗竭，严重时会生重病甚至死亡。因此，个体需要用科学的态度对待应激状态并尽量降低和避免无谓的应激反应。

4. 应激源

引发应激的因素称为应激源。应激源的含义为可以引发局限性适应综合征或者全身性适应综合征等的要素。应激源主要分为以下三种。

一是个体所处的外部环境。我们可以将其细分为自然环境要素与人为因素。自然环境要素包括寒冷、炎热、阴湿、强照度、大气压等。人为因素有大气、水、食物、噪声、污染等，情况严重时可导致个体疾病或残疾。

二是个体机体的内部环境。内部环境的问题大多是外部环境的变化导致的，如缺失营养、感觉剥夺或者刺激过量等。机体内部的平衡（如内分泌激素增加）不仅是应激源，也是应激反应的其中一部分。

三是心理社会环境。研究表明，全身性适应综合征可能会因个体的心理社会因素引发并存在应激性。家人生病或遭遇意外事故是比较重大的应激源，由于个体处于沮丧的情绪中通常会伴随一定的躯体反应。

应激对个体健康水平的影响是有两面性的，适度的应激可以提升其适应能力，反之，强烈的应激反应会造成机体功能障碍。

思考题

1. 脑力工作负荷的评价方法有哪些？
2. 什么是应激？

5.3 基于人体负荷的体验设计

5.3.1 基于身体负荷减少的体验设计

身体负荷是指用户在面对任务时身体所能承受的负荷。例如，当司机长时间进行驾驶任务时，会产生身体上的疲乏，表现为运动器官的酸痛，并伴有头晕、头痛、疲倦、全身无力等症状。本节将以汽车的人机系统设计为例介绍减少身体负荷的体验设计应用。如表 5-3-1 所示为汽车内满足安全性和舒适性的各项条件。

表 5-3-1 汽车内满足安全性和舒适性的各项条件

项目	安全性及舒适度条件	项目	安全性及舒适性条件
与视觉有关的仪表	（1）确认方便（与重要性有关） （2）不晃眼 （3）不需头部运动 （4）不闪烁 （5）不太暗 （6）对比不太强烈 （7）不刺眼 （8）可调节 （9）能迅速地定量或定性认读	与听觉有关的仪表	（1）容易听到 （2）不混入杂音 （3）无噪声 （4）人的感觉良好 （5）能形成调和音

续表

项目	安全性及舒适度条件	项目	安全性及舒适性条件
车内空间	（1）不碰其他物体 （2）不太狭小 （3）有活动余地 （4）不浪费时间 （5）不超出范围 （6）不扭动身体 （7）不过分离开座位 （8）顶不太低 （9）不太高（离地面） （10）不太近（离仪表及操纵器）	操纵器	（1）握持方便 （2）无异声 （3）触感良好 （4）不伤皮肤 （5）动作平衡 （6）能快速操纵 （7）负荷分配适当
		控制器	（1）操作时用力不大 （2）不过分重 （3）不太紧 （4）容易进行正确的控制
车内气候	（1）能调节温度 （2）能调节湿度 （3）能调节空气对流的速度 （4）能改变空气的流向 （5）能换气	乘坐舒适性	（1）座面较宽 （2）座面弹性和下沉要适当 （3）座面材质的传热性和通气性良好 （4）便于保持正确的姿势 （5）背部弯曲的大小、位置和角度都能适当调节 （6）座面能前后调节 （7）不引起人体共振

　　汽车司机驾驶室是人机系统设计的重要内容。驾驶室内的座椅、方向盘、操纵机构、显示仪器及驾驶空间等各种相关尺寸，都由人体尺寸及操作姿势或舒适程度来确定。

1. 汽车座椅设计

　　汽车座椅是影响驾驶员舒适度的必要部分，而驾驶座椅就尤为重要。高舒适度且便于操作的驾驶座椅能够降低身体负荷，进而减少事故发生的概率。具体表现为，影响司机驾驶作业的关键因素是座椅的靠背和座面的夹角及座面和水平面的夹角。司机在驾驶过程中最佳的观察角度是视线与视觉目标处于垂直角度。过大的椅背角度会使司机颈椎负荷过高，引起颈椎疲劳与疼痛。同理，椅背的倾斜角度也应考虑其舒适性，一般情况下，需要满足司机上半身接近直立微向后倾斜，肌肉呈放松状态，肩部微垂的姿势更有助于其控制方向盘。驾驶座椅的基本参数如图 5-3-1 和表 5-3-2 所示。

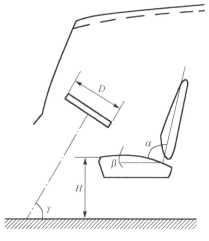

图 5-3-1　驾驶座椅的基本参数

表 5-3-2　驾驶座椅的基本参数

类型	γ /°	α /°	β /°	H /mm	D /mm
小轿车		100	12	300～340	
轻型载重车	20～30	98	10	340～380	300～350
中型载重车（长头）	10～15	96	9	400～470	400～530
重型载重车（平头）	60～85	92	7	430～500	400～530

对乘客座椅，设计师则更加侧重乘坐的舒适性而非视觉效应，因此其基本参数也略有不同（如表 5-3-3 和图 5-3-2 所示）。

表 5-3-3　乘客座椅的基本参数

代号	项目	短途车	中程车	长途车
α	靠背与坐垫之间的夹角/°	105	110	115
β	坐垫与水平面夹角/°	6 ~ 7	6 ~ 7	6 ~ 7
D	坐垫有效深度/mm	420 ~ 450	420 ~ 450	420 ~ 450
H	座椅高度/mm	480	450	440
E	靠背高度/mm	530 ~ 560	530 ~ 560	530 ~ 560
	坐垫宽度/mm	440 ~ 450	470 ~ 480	490 ~ 550
	靠背宽度/mm	440 ~ 450	470 ~ 480	490 ~ 550
F	扶手高度/mm	230 ~ 240	230 ~ 240	230 ~ 240
K	前后座椅间距/mm	650 ~ 700	720 ~ 760	750 ~ 800
L	后椅坐垫前缘至前椅背后的最小距离/mm	260	270	280
M	后椅坐垫前缘至前椅后脚下端的距离/mm	550	560	580
N	后椅前脚至前椅后脚的水平距离/mm	大于 300	大于 300	大于 300
P	坐垫上平面至车顶内壁间的距离/mm	1300 ~ 1500	1300 ~ 1500	950 ~ 1000

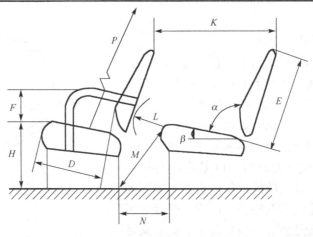

图 5-3-2　乘客座椅

2. 驾驶空间设计

驾驶空间是保证驾驶员舒适驾驶汽车的重要条件之一。舒适的驾驶空间可以减轻司机的紧张和疲劳，有利于汽车的安全行驶。为保证司机在部分操作时能够移动身体，须对空间的大小进行掌控，不宜过大或过小。因此，要根据驾驶人员的生理特点和作业要求，合理地设计驾驶的空间大小，才会更经济和实用。空间的温度和湿度要根据季节的需要进行方便的调节，既要有保温装置，又要有通风装置。驾驶室内的环境色彩要根据汽车作业的特点来进行合理的设计。在驾驶汽车时，司机的眼睛要注视窗外的交通路面，因此室内的色彩不宜过于明亮和刺激，如果色调过于明亮，司机的眼睛经受较长时间的刺激，会使其产生视觉疲劳甚至反应迟钝，在紧急关头发生失误。驾驶室内的装置必须避免使用反光强烈的部件及装饰鲜艳的色彩。

3．汽车的视野设计

宽阔和方便的视野，可以减少司机的认知负荷，并帮助司机观察到车辆前方和左右方的情况，感知车外的多种信息，判断路面多种状况，辅助其采取相应的具体措施。反之，当视野十分狭窄时，会增大司机的认知负荷，使其不能及时地了解车外的各种状况，容易发生交通事故。因此，基于减少认知负荷的设计是具有实际意义的。

5.3.2　基于认知负荷减少的体验设计

Bump 应用是一款用户体验感良好且十分有趣的 App。它的操作十分简单：当用户将两部手机轻轻碰一下便可以交换联系人的信息、照片等内容，该 App 自发布以来累计下载次数超过了 1.3 亿。近些年，"简单"逐渐成为产品领域的风向标。20 世纪 60 年代，Dieter Rams 推动了极简设计，21 世纪初的 Apple 和 Google，只是将载体从之前的闹钟和烤箱改为如今的 iPod 及搜索框。Web 2.0 时代，这一态势仍在继续，取而代之的是超大的按钮和更少的文字、更直观的图片。如今成功的产品（如 Twitter、Snapchat 和 Instagram）基本上都是在设计或者体验上简单明了。为什么会产生这样的现象呢？很多人认为，优秀的设计总是滞后于技术的发展，有的人表示是由于目前人们所使用的设备和环境的变化影响，这的确是一个十分重要的原因。但最重要的是"认知性简单"（Cognitive Simplicity）。这个概念是 Bump 的联合人兼 CEO 在公司内部研究"为何 Bump 会如此流行（尤其是在非技术类人群中）"时发现的。

针对以上现象，部分学者指出产品设计时设计师首先需要考虑如何将产品认知负荷降低到最小。即便如此，也难免会增加设计其他部分的复杂程度。下面的设计原则可以帮助做出认知度简单的产品。

首先，让用户参与其中，不必成为旁观者，将其与设计融于一体，可帮助用户直观且快速地明白其中的设计精髓。其次，可以给予用户及时的反馈，尽量减少用户产生疑问的次数，让产品引导用户而不是让用户研究产品应该如何使用。最后，可以试着让产品"慢"一些。有研究指出，增加旅游服务网站的结果反馈速度可以让用户感知产品价值，通俗而言，就是让用户感受到该产品是精挑细选给用户的，而不是潦草的反馈结果。

认知负荷可以称为人面临复杂任务时的短时记忆负荷。若个体的大脑所接收的信息量超过负荷，便会减缓大脑信息处理的速度，且短时间内处理大量信息往往会增加大脑的认知负荷，继而会对用户预判与决策产生影响。例如，当设计师在计算机端使用设计软件处理大量的任务时，常常会导致计算机出现死机的状态，同理，人大脑处理的信息越复杂，其负荷也会越重。但大多时候认知负荷很难避免，那我们应该寻找怎样的设计方法可以减轻用户使用产品过程中的认知负荷呢？

想要减轻认知负荷，首先需要了解认知负荷的常见原因，如可选菜单过多、内容堆积可读性不强、界面排版过于复杂。例如，Arngren 网站界面设计过于拥挤，严重增加了用户的认知负荷。进一步分析可得，该网站缺乏对齐的网格结构，图文颜色也采用随机排列的形式，没有任何规律可循，在这样的网站中浏览信息会加重用户的认知负荷，如图 5-3-3 所示。

图 5-3-3 Arngren 网站界面设计

1．减少不必要的设计

注重界面简洁性的同时，不需要将信息过于松散地排列。研究表明，当界面内容过多时，不禁会导致用户注意力分散，进而增加认知上的负荷。因此需要避免在设计中增加过量的颜色或装饰，这样做不但能够保持界面的简洁性，还能够提高用户的交互体验感。例如，苹果官网的页面设计，简洁的设计更加直观，并在一定程度上达到减少用户认知负荷的目的，如图 5-3-4 所示。

图 5-3-4 苹果官网页面设计

2．使用熟悉的设计模式

在产品设计过程中，尽量使用用户熟悉的设计原则，这样可以减少用户的学习成本，也能减轻认知负荷。例如，大部分手机相机 App 的页面布局基本一致。

3．减少多余的操作

当用户使用 App 时，他们的每步操作都需要大脑的思考来处理信息，这无形中会带给用户巨大的压力。同理，当用户需要聚焦于某项重要的任务时，过多的不相关操作会让用户分神，给大脑带来额外的认知负荷，消耗用户的耐心。较少的选项可带来更多转化：少即是多，因为过多的内容会将注意力从主要动作上移开，并降低转化率。希克定律告诉我们，当用户拥有过多选择时，其做出决定所需时间会更长。例如，进行 UI 设计时，可以根据上下文将内容分成不同的逻辑组。通过分类研究，可以把内容分为选项卡或不同的可视组别。盒马 App 页面设计如图 5-3-5 所示。

4．合理展示可选项

页面的可选项越多，用户需要使用越长的时间来筛选，此时大脑会面临巨大的信息量，这无疑会给用户造成认知负荷加大的问题，因此设计师应尽量减少选项，保留必要选项以方便用户的操作。

5．保证可读性

倘若一个设计不能轻易地被用户理解而使其花费更多的精力去解读产品，会增加用户的认知负荷，此时，可读性显得尤为重要。它包括页面内容的可读性、页面元素排版和设计风格的统一。当页面的排版简明易懂时，用户能快速了解画面内容。而文字与不同颜色背景的对比度也可以帮助用户专注于完成目标。苹果手机界面设计如图 5-3-6 所示。

图 5-3-5　盒马 App 页面设计　　　　图 5-3-6　苹果手机界面设计

 思考题

列举一些减少认知负荷的体验设计。

第 6 章

人体生理学与服装设计 ⫸

人体生理学是一门研究生命活动规律的学科，内容涵盖人体细胞、器官及整体不同层次的正常生理功能、产生功能的机制及其维持稳态的调节，具体包括细胞、血液、循环、呼吸、消化、能量代谢、感官、神经、内分泌和生殖、皮肤等。本章主要介绍皮肤部分和能量代谢部分的体温调节，这部分内容和服装设计密切相关。

6.1 人 体 皮 肤

6.1.1 皮肤结构

皮肤是人体最大的器官之一，覆盖全身表面，直接同外界环境接触，具有保护、排泄、调节体温和感受外界刺激等作用。皮肤结构非常复杂，主要由表皮层和真皮层构成，如图 6-1-1 所示。表皮层主要由一层活细胞及覆盖在活细胞层上的几层死细胞组成；而真皮层位于表皮层下侧，包含汗腺、毛囊和细肌丝及皮肤中的大部分神经末梢。皮下组织是皮肤下连接皮肤和肌肉的疏松结缔组织与脂肪组织。

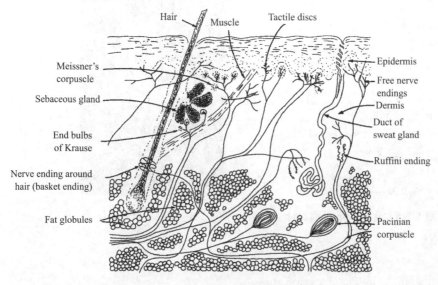

图 6-1-1　人体皮肤结构

皮肤内拥有丰富的运动神经和感觉神经，皮肤神经支配分阶段进行。运动神经来自交感神经节后纤维，其中，肾上腺素能神经纤维支配立毛肌、血管、血管球、顶泌汗腺和小汗腺的肌上皮细胞，胆碱能神经纤维支配小汗腺的分泌细胞，面部横纹肌由面神经支配。感觉神经来自脑脊神经的节后纤维，感觉神经末梢按结构分为：末端变细的游离神经末梢，分布于皮肤浅层和毛囊周围，能感觉痛、温、触和震动；末端膨大的游离神经末梢，如麦克尔触盘（Meckel's disk）感受触觉等；有被囊的神经末梢，外面均包裹结缔组织被囊，最常见的有触觉小体（Meissner's corpuscle）、环层小体（Pacinian corpuscle）和克劳泽小体（Krause's corpuscles）等。

思考题

　　皮肤的结构是怎样的？

6.1.2　皮肤感觉

　　皮肤感觉（又称肤觉）是指通过皮肤、黏膜和体表感觉神经传递的感觉信息，包括机械感觉、温度感觉和痛觉。皮肤感觉具有不同的感受器，其是由不同的神经末梢发展变形而成的，在真皮内呈点状分布。在皮肤表面，按类型感受点可分为压点、温点和痛点。

1．机械感觉

　　机械感觉分为触觉和压觉。其中，触觉是指在微弱的机械刺激下，皮肤触觉感受器兴奋引起的感觉；而压觉是指在较强的机械刺激下，深部组织变形引起的感觉。两者因性质上类似而统称触-压觉。触-压感受器是指皮肤内与机械刺激相关的感受器，其构造和功能存在种属差异，而且，触-压感受器随身体部位不同呈现显著差异。一般认为，触觉感受器包括环层小体、触觉小体和毛囊神经末梢，而压觉感受器包括麦克尔小体Ruffini 末梢和位于深部的环层小体。触-压点密度分布与人体部位有关，平均每平方厘米有 30～40 个，其中指尖掌面部分比指尖背面密度大，约每平方厘米 100 个。另外，人体不同部位的触-压感觉灵敏度存在显著差异，口唇、舌尖和指尖部位的灵敏度高于前臂和躯干部。

2．温度感觉

　　温度感受器是指对恒定或者波动的温度刺激做出反应的感受器，其呈点状分布且属于游离神经末梢。感受冷刺激和热刺激的温度感受器分别称为冷感受器和热感受器。热感受器在热刺激和冷刺激下的放电频率分别呈现增加和减少现象。相反地，冷感受器在受热刺激和冷刺激时放电频率分别出现减少和增加现象。冷感受器的温度反应范围为-5～40℃，反应最为灵敏的范围为 25～30℃。热感受器开始释放的温度为 30℃，其活跃度随着温度的升高而增加，最大活跃度出现在手部，温度为 45～47℃时。冷感受器和热感受器分别位于皮肤表面下 0.15～0.17mm 和 0.3～0.6mm 处，且前者数量多于后者。冷感受器大量分布在人体面部，这是人们对温暖环境中冷刺激感觉显著的原因。

3．痛觉

　　痛觉是指伤害性刺激作用于人体产生的感觉，其经常伴有不愉快的情绪活动及躯体和内脏反应，属于游离神经末梢。任何形式的刺激只要达到一定强度都能引起痛觉，这种刺激可能或已导致组织损伤，如过冷、过热及各种过强的理化因素（如撞击和硫酸）。痛觉感受器几乎不发生适应，以使机体能保持警觉。

 **思考题**

举例说明人体的机械感觉和温度感觉存在部位差异。

6.1.3　人体皮肤的变形

1. 人体运动系统

人体运动系统由骨骼、肌肉、关节和皮下脂肪构成。骨骼发挥运动杠杆作用，肌肉附着在骨骼上，在神经系统的作用下，肌肉收缩带动骨骼围绕关节进行各种运动。

（1）人体关节运动

人体关节运动的形式是绕轴的转动，根据关节运动轴的方位，其可分为 5 种运动形式：屈伸运动、收展运动、旋转运动、环转运动和水平屈伸运动（如图 6-1-2 所示）。

屈伸运动是指关节在矢状面内绕关节冠状轴进行的运动，其中，关节向前运动为屈，向后运动为伸（膝关节和踝关节除外），如图 6-1-2（a）所示。

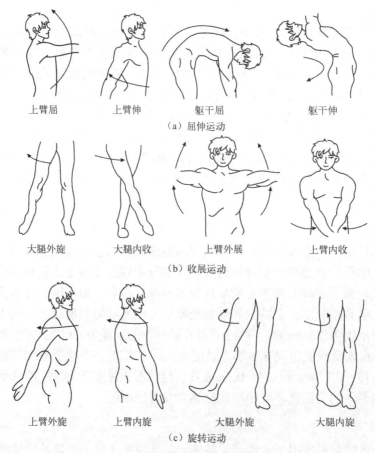

图 6-1-2　人体关节的 5 种运动形式（作者自制）

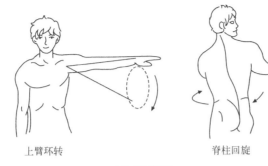

（d）环转运动

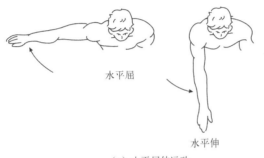

（e）水平屈伸运动

图 6-1-2　人体关节的 5 种运动形式（作者自制）（续）

收展运动是指关节在冠状面内绕矢状轴进行的运动，其中，关节末端远离身体正中面的运动为外展，靠近身体矢状正中面的为内敛，如图 6-1-2（b）所示。

旋转运动是指关节绕垂直轴在水平面内的运动，其中，由前向内侧的旋转称为旋内或者旋前，由前向外侧的旋转称为旋外或者旋后，如图 6-1-2（c）所示。

环转运动是指关节绕两个以上基本轴及它们之间的中间轴做连续的运动，如图 6-1-2（d）所示。

水平屈伸运动是指上肢在肩关节或下肢在髋关节处外展 90°，之后再向前运动称为水平屈，向后运动称为水平伸，如图 6-1-2（e）所示。

（2）肌肉运动特征

肌纤维有许多很细的蛋白质微丝，分为粗微丝（肌球蛋白）和细微丝（肌动蛋白）。两端的弹性成分构成一个收缩系统，如图 6-1-3 所示。肌肉在收缩时长度缩短，横截面积增大；而放松时长度增加，横截面积减小。肌肉组织具有伸展性、弹性和黏滞性，三者的含义是，伸展性是指肌肉在外界作用力下可以被拉长；弹性是指被拉伸的肌肉在外力消除后又恢复原状；黏滞性是指当肌肉收缩和放松时，肌纤维之间及构成肌肉的胶状物质分子之间由于摩擦而产生阻力。肌肉的这些特性确保了人体运动的灵活性，避免了肌肉拉伤。

（3）皮下脂肪

人体皮下脂肪组织造成了体表的柔软和圆润，使皮肤产生了滑移，这是与人体运动紧密相连的。

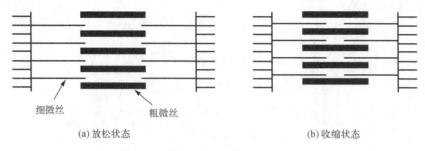

　　(a) 放松状态　　　　　　　　　　　　(b) 收缩状态

图 6-1-3　人体肌肉运动示意图（作者自制）

2．人体皮肤变形

　　有学者研究发现人体坐姿皮肤变形如图 6-1-4 所示，其中，膝关节处纵向变形率最大，其范围为 35%～45%；臀部横向变形率较小，其范围为 4%～6%。

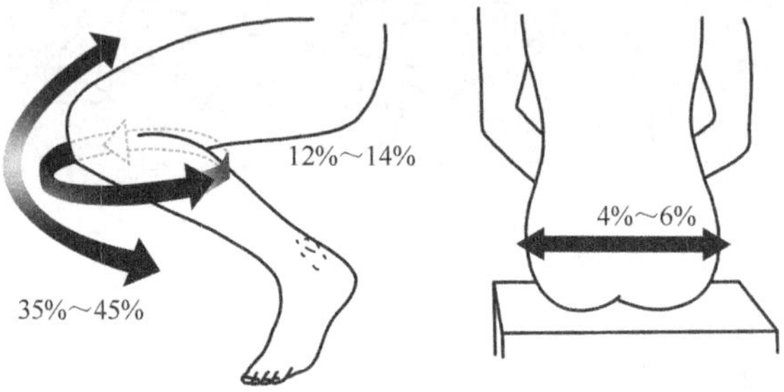

12%～14%

35%～45%

4%～6%

图 6-1-4　人体坐姿皮肤变形

　　在人体运动过程中，尤其是上肢和下肢的运动，皮肤具有很强的跟随性。这是因为皮肤具有弹性，以及皮肤与皮下组织之间存在滑移作用。皮肤的变形减轻了身体运动对肢体牵引的力度，使皮肤能够更好地参与人体运动。

　　皮肤本身具有弹性，以某种伸长状态覆盖体表面，体表各个部位分布大小不同的皱纹，其与皮肤伸长性密切相关。皮肤在与皱纹走向相垂直的方向具备较好的伸展性和弹性，皮肤在皱纹方向伸长较少。

　　皮肤和皮下组织之间的滑移是由两者之间的网状组织（由真皮、骨膜、肌膜和脂肪等构成）产生的。这种网状组织在人体皮肤内分布不同，例如，肘头侧的支持带组织致密；皮肤和皮下组织由黏性的海绵状连接，容易滑移。

3．皮肤变形测量方法

　　人体动作和姿势不同，各部位体表皮肤发生不同变形。明确人体各部位的形变对服装设计至关重要。测量人体形变的方法主要有体表画线法和捺印法等，用于准确地获得人体体表由于动作改变造成的皮肤变形。

　　（1）体表画线法

　　体表画线法可以参考 GB/T 16160—2017《服装用人体测量的尺寸定义与方法》。先根据人体关键部位和皮肤拉伸情况确定各基准线，再测量人体在屈身、收展、环转、四肢伸展等基本运动状态下皮肤上投影线的长度。常用曲线尺测量人体展平面的基础线和等分线的长度，研究动态人体表面皮肤的变形量及变形率。动静态长度变形率的计算公式如下：

$$动静长度变形率=\frac{动态等分线长度-静态等分线长度}{静态等分线长度}\times100\%$$

例如，高淑敏和王永进在《基于皮肤形变的短道速滑服结构优化设计》一文中采用体表画线法测量了人体在三种运动姿势下的皮肤变形率。作者参照 GB/T 16160—2017 标准，根据人体关键部位确定各基准线，如图 6-1-5 所示。躯干横向基准线为颈根围、肩线、胸宽线、背宽线、胸围线、下胸围线、腰围线、脐围线。躯干纵向基准线为前中线、后中线、体侧线。根据等分点绘制其余基准线，躯干共计 9 条横线，5 条上肢横向基准线为臂根线、

上臂围、肘围线、前臂围、腕围线。上肢纵向基准线为手臂下纵线、手臂前纵线、手臂外纵线、手臂后纵线。根据等分点绘制其余基准线，上肢共计 7 条横线，4 条纵线。下肢横向基准线为臀围线、大腿根围、大腿中部围、膝围、腿肚围、踝围；下肢纵向基准线为前裆长、后裆长、腿外侧缝、腿内侧缝。根据等分点绘制其余基准线，下肢共计 9 条横线，5 条纵线。

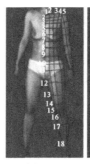 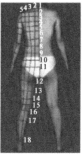

(a) 正面　　(b) 侧面　　(c) 背面

图 6-1-5　人体关键部位基准线

在此基础上，测量了人体在三种姿势即站姿静态、直道和弯道基本姿势下的皮肤变形（如图 6-1-6 所示）。各部位的皮肤变形率如图 6-1-7 所示。结果为短道速滑服的设计提供了依据。

（a）站姿静态　　　（b）直道基本姿势　　　（c）弯道基本姿势

图 6-1-6　人体画线测量姿态

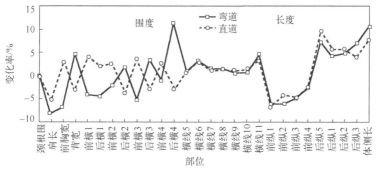

（a）躯干对应尺寸在2种运动姿势下的平均变化率

图 6-1-7　人体各部位在 2 种姿势下的皮肤变形率

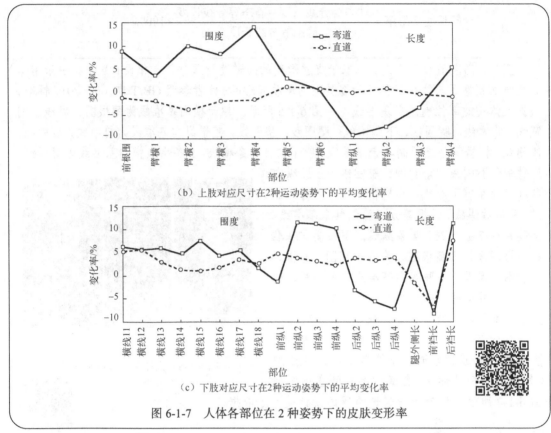

（b）上肢对应尺寸在2种运动姿势下的平均变化率

（c）下肢对应尺寸在2种运动姿势下的平均变化率

图 6-1-7　人体各部位在 2 种姿势下的皮肤变形率

（2）捺印法

捺印法是采用橡章捺印首先在局部皮肤上按印，像章上有横向、纵向和斜向的直线；接着用拷贝纸复制，可拓下人体在不同运动状态下的印记；最后测量皮肤由于运动而产生变化的方向和程度。常用的像章直径有 3cm 和 5cm 两种。

例如，陈晨等人在《人体工效学下的青年男性运动上衣结构分析》一文中采用捺印法测量了肘上、肘点和肘下在人体上肢静态、弯曲 90° 和弯曲至最大时的皮肤长度和变形率，如图 6-1-8 所示。测量结果如表 6-1-1 所示。从表中肘部皮肤变形率实验数据分析可以得出，在肘上、肘点、肘下附近的皮肤由自然静止状态变化到弯曲 90° 左右时，横向、纵向、斜向的皮肤都在拉伸，皮肤的变形率也随之增大。在此过程中，纵向的拉伸率最大，其次为横向和斜向。肘上、肘点、肘下这 3 个位置的变化率由大到小依次为肘点、肘上、肘下。此结果为设计青年男性运动上衣提供了支持。

表 6-1-1　肘部皮肤变形率实验测量结果

姿势	测量项目值	肘上			肘点			肘下		
		横向	纵向	斜向	横向	纵向	斜向	横向	纵向	斜向
静态（站姿）	测量值/cm	3.0	3.0	3.0	3.0	3.0	3.0	3.0	3.0	3.0
弯曲 90°	测量值/cm	3.5	3.50	3.2	4.0	4.9	4.4	3.6	3.6	3.6
	变化率/%	16.7	16.7	6.7	33.3	63.3	46.7	20.0	20.0	20.0

续表

姿势	测量项目值	肘上			肘点			肘下		
		横向	纵向	斜向	横向	纵向	斜向	横向	纵向	斜向
弯曲至后背（最大）	测量值/cm	3.60	3.9	3.6	4.1	5.4	5.0	3.1	3.8	3.7
	变化率/%	20.0	30.0	20.0	36.7	80.0	66.7	3.3	26.7	23.3

 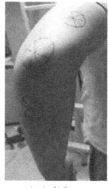 

（a）静态（站姿）　　　　　（b）弯曲 90°　　　　　（c）弯曲至最大

图 6-1-8　人体肘部皮肤变形率实验图

6.2　人体体温调节

正常的体温是人体进行新陈代谢和维持正常生命活动的必要条件。人体在正常状态下的体温相对恒定，约为 37℃。当人体体温偏离正常体温时，人体会感觉不舒适；当偏离程度过大时，人体会受到伤害甚至生命威胁。维持人体生存的极限体温最低不低于 25℃，最高不超过 43℃。人体维持相对恒定的体温是通过体温调节机制实现的：控制机体蓄热量，使人体产热与散热平衡，从而使机体处于动态平衡状态。当产热量小于散热量时，人体体温会降低，人体就会感觉冷；反之，人会感到热。只有充分了解人体体温调节机制，才能更好地探索服装热湿舒适性等。

6.2.1　人体体温调节系统

人体热平衡是指人体产热量和散热量处于平衡的状态。人体热平衡是维持人体体温相对恒定的基本条件（如图 6-2-1 所示）。

1. 人体产热量

人体体内的产热主要来自以下三个方面。

（1）代谢性产热

人体代谢性产热主要包括基础代谢（清醒且安静状态，不受环境、食物和精神因素等影响）、肌肉活动（运动引起）、食物特殊动力效应（又称食物热效应，是指人体在摄入食物过程中，需要额外的能量对食物中的营养素进行消化、吸收和代谢转化）和非寒颤性产热（代谢率在冷环境下有所提高，由一连串的神经-体液作用完成）。

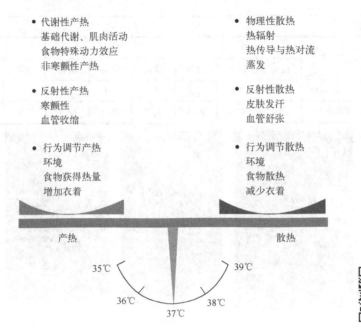

图 6-2-1　人体产热与散热平衡（作者自制）

（2）反射性产热

人体反射性产热主要包括寒颤性产热（冷环境下，肌肉寒颤产热）和血管收缩产热（皮肤毛细血管收缩，血流量减少，汗液分泌减少，产热量增加）。

（3）行为调节产热

人体行为调节产热主要有环境调节、食物调节和着装调节。

2．人体散热量

人体体内的散热主要有以下三种方式。

（1）物理性散热

人体通过物理性散热方式散热，主要包括热传导、热对流、热辐射和蒸发四种方式。

（2）反射性散热

人体通过反射性散热方式散热，主要包括皮肤发汗和血管舒张。

（3）行为调节散热

人体行为调节散热主要有环境调节、食物调节和着装调节。

3．4 种物理性散热方式

（1）热传导

大家都有这种体会，用手握住一个温度低的物品，手部会感觉冷，其中金属产生的冷感大于木头（如图 6-2-2 所示）。这是因为热传导作用的存在，而金属的热传导性能更好。

图 6-2-2　热传导示意图

热传导是指两个相互接触且温度不同的物体或同一物体各不同温度部分之间在不发生相对宏观位移的情况下所进行的热量传递过程。热传导是热量从高温物体向低温物体传递的一种传热方式，而物质不发生移动。

（2）热对流

在户外或室内，人们会感觉有风状态下比无风状态下更凉快，这是因为热对流的存在（如图 6-2-3 所示）。

图 6-2-3　风扇产生热对流作用

热对流是指气体或者液体等流体中质点发生相对位移而引起的热量传递过程，即通过流体的流动，使流体与所接触的物体表面发生热量转移。对流传热也是接触传热，它与热传导的区别在于存在热物质转移。例如，对人体而言，物体表面就是皮肤，流体是指空气和水。

热对流包括自然对流和强迫对流。自然对流是指在没有外力作用下，空气冷热不均产生的空气分子位移，其运动速度小于 0.1m/s。例如，人处于安静姿势时候，人体和周围空气之间的热量交换，如图 6-2-4（a）所示。强迫对流是指外力作用于空气分子时产生的空气分子位移，其运动速度大于自然对流产生的气体流动。例如，人处于运动状态，人体任何一部分都可以产生相对风速而增加对流散热，这种相对风速也是强迫对流，如图 6-2-4（b）所示。

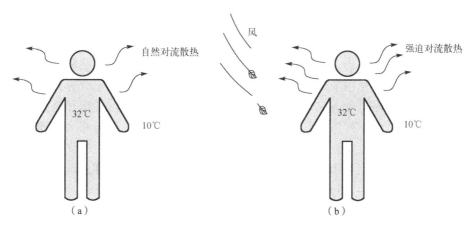

图 6-2-4　热对流示意图

（3）热辐射

人在火辣的太阳下会感觉特别热，在烤火时获得热量会感觉很温暖（如图 6-2-5 所示），这些现象主要是因为热辐射的存在。

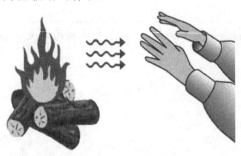

图 6-2-5　热辐射示意图

热辐射以电磁波形式传递热量，为一种非接触传热方式，不需要任何物质作为媒介。任何有温度的物体都能发射红外线，人体各个部位的皮肤温度通常在 15～35℃，所发射的红外线属于中红外和远红外区间，其波长的 90% 以上在 6～42 微米。物体黑度和表面温度决定热辐射量的大小。人体皮肤接近黑体，其辐射散热主要取决于皮肤表面的形状、比表面积和血流等情况。

（4）蒸发

人们有这样一种感受，洗澡后未穿衣服之前，会有强烈的冷感，这是因为体表水分直接蒸发，带走了人体热量，即存在蒸发散热作用。

蒸发是由液态变成气态的物理过程，可发生于任何温度下。人体皮肤表面、肺泡壁表面和呼吸道黏膜都会发生蒸发过程。蒸发散热是指水分蒸发时吸收热量。在高温环境下，人体最有效的散热途径是蒸发。蒸发包括非显性蒸发和显性蒸发。

非显性蒸发是指人体在舒适状态下，水分通过皮肤表面和呼吸道持续蒸发，而这种蒸发人体感觉不到。非显性蒸发量在人体不同部位存在差异：足底和手掌最大，其次为胸部、颈部和面部，其他部分最小。

显性蒸发也就是通过出汗产生的蒸发，包括精神性出汗、味觉出汗和温热性出汗。精神性出汗是指人因情绪激动、精神紧张或受到惊吓而出汗，主要出现在腋窝、手掌和脚底等处。味觉出汗是指人食用辛辣等食物后在面部等处出汗。这两种出汗方式对人体体温调节无明显作用，故不需要考虑它们对人体体温调节中的作用。温热性出汗是指人体在炎热环境下或者高代谢活动下，体温升高，并通过汗腺排放汗液。人体分布大汗腺和小汗腺，其中大汗腺数量较少，主要位于腋窝和下腹部；而小汗腺数量占绝大多数，约有 200～300 万个。另外，一般而言，人体上半身出汗量大于下半身，后背、额和颈部出汗较多，男性较女性出汗量多。如图 6-2-6 所示为人体在 70% 最大耗氧量时的出汗率。

 思考题

人体物理性散热方式有哪几种？

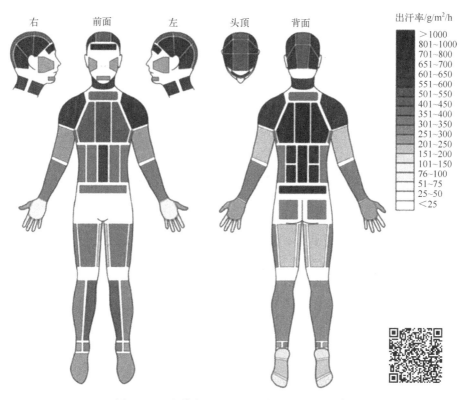

右　　前面　　左　　头顶　　背面　　出汗率/g/m²/h

>1000
801~1000
701~800
651~700
601~650
551~600
501~550
401~450
351~400
301~350
251~300
201~250
151~200
101~150
76~100
51~75
25~50
<25

图 6-2-6　人体在 70% 最大耗氧量时的出汗率

6.2.2　人体体温调节过程

当周围温度环境变化或者代谢水平升高时，人体为了维持体温，一方面通过生理性调节进行，即机体自身的体温调节，但是其调节能力非常有限；另一方面通过行为性调节进行，如服装增减、场所转移和姿势调整等，这是人类为了适应自然界逐渐建立起来的调节方式。

> 一般来说，当环境温度为 25~26℃ 时，人体可以通过生理性调温维持人体在舒适状态；当环境温度偏离此温度时，人们可以通过增加或者减少衣服进行调节；但是当偏离程度较大时，需要启动空调调节环境温度，以维持人体舒适性。

人体生理性体温调节主要通过温度感受器、中枢神经系统和效应器进行。温度感受器主要分布在皮肤表面，也广泛存在于内脏、深部静脉、肌肉等组织中。生理学研究表明体温调节中枢位于下丘脑。视前区-下丘脑前部是体温调节中枢整合的关键部位，其发出指令，通过人体调节产热量和散热量维持体温平衡。根据调定点理论，体温调节类比于温度控制器的调节：视前区-下丘脑前部有个调定点，调定点有规定的数值（37℃），当中枢感知到的温度超过 37℃ 时，散热中枢兴奋而产热中枢受到抑制，限制了体温升高；当中枢感知到的温度低于 37℃ 时，则产热中枢由抑制转为兴奋，抑制体温继续下降。效应器可以根据体温调节中枢的指令完成相应的动作，从而调节人体产热和散热，控制人体温度。

具体调节过程如下：分布在人体不同部位的外周温度感受器和中枢温度感受器将感受

到的温度信号传入体温调节中枢，体温调节中枢把接收到的温度信号进行综合处理后，向体温调节效应器发出相应的启动指令，效应器则根据不同的控制指令进行相应的控制活动，如血管的扩张和收缩、肌肉活动和汗腺活动等（如图 6-2-7 所示）。

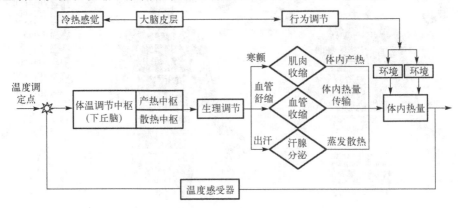

图 6-2-7　人体体温调节过程（作者自制）

叙述人在热环境下的人体生理性体温调节过程。

总结：人体维持热平衡的基本条件是人体产热量等于人体散热量，其中，人体产热主要来自代谢性产热、反射性产热和行为调节产热；人体散热主要通过物理性散热、反射性散热和行为调节散热。人体物理性散热有 4 种方式，即热传导、热对流、热辐射和蒸发散热。

6.3　服装的功能

服装作为人体和外界环境的"中介"，其主要功能是帮助人体适应自然环境，即抵御外界温度变化，保持人体舒适，同时阻止来自外界的各种伤害，保护人体。此外，它还有装饰审美、标识类别和保健等功能。

1. 调节人体和服装之间的微气候

人体和服装之间存在空气层，服装可以调节空气层的微气候，使之令人感觉舒适。服装对微气候的调节主要有，对温湿度和空气流速的调节，如热环境下散发体热，阻断辐射热；冷环境下保存体热；有效控制汗液蒸发，维持合理的体表湿度；防止风雨雪霜等的侵袭，控制好微气候，保护人体。

2. 安全防护功能性

具有某种防护功能的服装可以保护人体在特定环境下免受伤害。例如，消防服装可以保护人体免受热辐射的伤害，抗辐射服装可屏蔽放射性物质，医用防护服可以阻隔病菌等。除了调节微气候，还可以通过内外空气等物质交换，及时将水汽、汗液和各种代谢产物排出，使皮肤表面保持清洁与卫生。服装还能防止外界飞沙、灰土和粉尘等对皮肤的污染。

3．合体性和运动功能性

人体关节运动、各部位皮肤变形及皮肤不均匀伸缩等都会引起服装形态变化及局部变形。如果服装过于紧身或者缺乏弹性，不仅阻碍人体活动，还会对人体产生压力，妨碍血液循环和呼吸。例如，穿着牛仔裤不适合运动幅度大的体育运动。

4．装饰功能性和标识性

服装可以掩盖个体缺陷，改善人体形象。例如，体型矮胖的人应选择竖条纹或深颜色的衣服，这样可以产生延伸美感和收拢的效果，增加人体高度感和穿着美感。另外，服装还可以表示着装者的身份、地位、权力和能力等，如用服装表示职业和集团等。

思考题

举例说明服装的安全防护功能。

6.4　服装舒适性

舒适性被定义为没有疼痛和不适的中性状态。生理学研究证明，人处于舒适性状态时，思维、操作能力和观察能力等都处于最佳状态，工作效率也高于非舒适状态。在工效学中，研究并提高服装的舒适性具有非常重要的意义。

6.4.1　服装舒适性的定义

服装穿着舒适的程度称为服装舒适性。人们穿着舒适性良好的服装会有轻松、自然和舒适的感觉，且活动灵活。广义的服装舒适性是指人体通过感觉（视觉、听觉、触觉、嗅觉、味觉）和知觉等对服装形成的一种体验，包括生理舒适性、心理舒适性、社会文化方面的自我实现和满足感。狭义上的服装舒适性是指人体生理舒适性。

6.4.2　服装舒适性的分类

服装舒适性可分为心理舒适性和生理舒适性，具体有接触舒适性、压力舒适性、热湿舒适性和视觉舒适性。其中，视觉舒适性是人通过感官对服装面料、款式和色彩等做出舒适性的心理价值判断。下面主要介绍生理舒适性。

1．接触舒适性

人触摸一块羊绒织物时会感觉温暖且柔软，而触摸丝织物时会感觉凉爽且光滑，这些都是接触感觉（触觉），这些触觉引起的舒适感觉就是接触舒适性（如图 6-4-1 所示）。

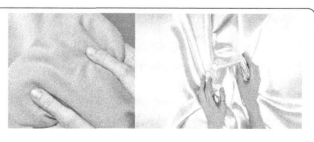

图 6-4-1　人体触摸织物

人体与服装接触时所引发的各种神经感觉称为服装接触舒适性，主要包含服装材料对人体皮肤的机械刺激引发的触觉舒适性及皮肤与服装接触瞬间的冷暖感等。

2．压力舒适性

服装垂直作用于人体体表产生的力称为服装压力。服装压力舒适性是指服装允许人体自由活动，减少对人体限制，保持人体在不同运动状态下舒适的性能。例如，跑步服装需要具备优良的压力舒适性，可以通过减少服装覆盖面积或者采用大弹性面料来减小对人体运动的阻碍，如图 6-4-2 所示。

图 6-4-2　跑步服装

3．热湿舒适性

服装保持人体处于某一种热湿状态的性能称为服装热湿舒适性。在不同的环境和人体活动情况下，热湿舒适性合理的服装可以保持人体处于一种热中性状态，即不冷不热、不闷不湿。

什么是服装的舒适性？

6.5　服装接触舒适性

在穿着中，人体大部分皮肤与服装是动态接触的。人体和服装的接触具有以下特征：接触面积大且跨越不同灵敏性的区域；机械刺激触发不同感受器，从而形成人体不同的感觉，如触觉、热湿感觉和综合性感觉等。下面主要介绍织物刺痛感、瘙痒感和服装瞬间冷暖感。

6.5.1　织物刺痛感和瘙痒感

研究发现织物（常说的面料）刺痛感为人体接触服装时最不舒适的感觉之一。织物刺痛感可以被形容为一种轻微的类似针扎一样的感觉，是由于皮肤表面疼痛感受器受到织物刺激而产生的，而不是传统意义上的过敏反应。刺痛会造成人体不舒适，而不适程度主要受个体因素和穿着条件的影响。瘙痒感类似刺痛感，两种感觉密切相关，引起刺痛感的织物也会引起瘙痒感，其统称为刺痒感觉。这些感觉显著影响服装的穿着舒适感觉。

1．织物刺痛感机理

传统观点认为刺痛感为皮肤过敏反应，而现代研究表明刺痛感是皮肤上的感觉神经末梢受到外界刺激，并且刺激达到一定强度时引起疼痛神经的低级活动，造成人体不舒适感。织物引起刺痛感的主要原因是织物表面存在大量的毛羽（即织物表面凸出的纤维），如图 6-5-1 所示。当一种织物开始接触皮肤时，织物表面毛羽开始同时用力；当织物进一步靠近皮肤时，作用力变大，织物表面毛羽变弯；当单根纤维施加的力达到某种程度时，皮肤中的疼痛神经末梢被激活，从而产生刺痛感。

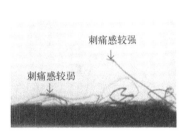
（a）织物表面毛羽形态

（b）毛羽和皮肤作用示意图

图 6-5-1　织物表面毛羽形态及毛羽和皮肤作用示意图

2．瘙痒感机理

神经生物学家认为，瘙痒感是由皮肤交界处的疼痛感受器和浅层皮肤神经感受的。瘙痒是由作用于皮肤的低强度、长时间的作用力引起的，而痛觉是由高强度的作用力引起的。通常情况下，产生刺痛感的织物也会造成人体瘙痒感。除此之外，生理学实验研究证明人体着装的瘙痒感与刺痛感密切相关。因此，影响织物刺痛感的因素和瘙痒感类似。

3．影响织物瘙痒感的因素

（1）织物表面毛羽因素

织物表面毛羽的粗细、抗弯刚度、密度等对织物瘙痒感有显著影响。学者研究发现，人体与织物的接触面积与织物表面承载负荷的纤维头端密度是影响织物瘙痒感的主要因素。如果织物与皮肤的接触面积小于 $5cm^2$ 或者高负荷纤维的头端密度小于 3 根/$10cm^2$，人们将不会有瘙痒感。

（2）人体因素

人体因素主要体现在皮肤状态上，这取决于年龄和性别等因素。男性的皮肤敏感度比女性高，并且两性在刺痛敏感度方面差异较大。另外，皮肤的刺痛敏感性随着年龄的增加而下降。除此之外，随着皮肤含湿量的增加，皮肤的刺痛敏感性也会增加，这是因为皮肤表面的角质层被水分软化，更容易受到外部机械力的刺扎。润肤霜产生同样的作用。

（3）环境因素

温湿度是影响人体瘙痒感的主要环境因素。如果环境湿度不变，皮肤对刺扎的敏感度随着环境温度的升高也会增加。另外，人体处于热湿环境下或者进行高强度运动后皮肤温度增加，表面汗液增多，会加剧服装瘙痒感。

4．织物防瘙痒感设计

织物瘙痒感会显著影响服装穿着舒适性及消费者购买决定。刚硬的纤维容易对人体产生瘙痒感，如羊毛和麻纤维等。为了降低此类纤维的瘙痒感，研究者尝试通过消除织物表面毛羽改善织物瘙痒感。例如，麻类纤维面料因其良好的吸湿排汗性、凉爽透气性和抗菌防蛀等功能而备受消费者喜爱，然而，麻面料表面通常存在长且硬挺的毛羽，容易使人体产生刺痛感，这在很大程度上影响了麻类服装的使用。为了消除麻织物表面毛羽的影响，可以采用减少织物毛羽（如烧毛和剪毛等）或者软化毛羽（通过化学处理手段使纤维变得柔软）等措施来改进。目前，麻织物服装的瘙痒感问题已经大为改善，可以作为贴身穿服装（如图 6-5-2 所示）。

思考题

举例说明防服装瘙痒感的设计或者应用。

6.5.2 服装瞬间冷暖感

图 6-5-2　麻织物服装

1．瞬间冷暖感的定义

当人体接触服装时，皮肤和服装之间的温度差异会导致热量传递，使接触部位的皮肤温度升高或下降，并与非接触部位的皮肤温度产生差异，这种差异刺激经神经传导至大脑形成的冷暖判断称为瞬间冷暖感。高温的夏季，需要服装具有冷感；而寒冷的冬季，需要服装无冷感。

人体和服装的温度差异是造成瞬间冷暖感的原因。在皮肤与服装接触瞬间，如果皮肤温度较服装高，人就会有冷感；相反，如果皮肤温度较服装低，人就会有暖感，但人体和服装在长时间的接触下，两者温度逐渐相同，人就不再有冷暖感觉。

2．瞬间冷暖感的影响因素

（1）织物的导热性能

织物的导热性会影响人体冷暖感。导热性良好的织物会使皮肤表面热量迅速传递到织物，引起人体冷感；相反，导热性差的织物会减缓皮肤表面的热量传递至织物，产生暖感。

（2）织物结构

织物表面形貌和织物紧密度是影响织物冷暖感的主要织物结构因素。表面结构蓬松且绒毛多的织物具有暖感，这是因为其包含大量的静止空气，而静止空气的导热性差（小于纺织纤维），造成织物导热性能差。相反，表面光滑、致密的织物具有冷感，这是由于织物和皮肤接触面积大，织物内部及织物与皮肤之间的静止空气减少，导致织物导热性好，热量容易传递。

（3）织物含水量

织物的含水量大，容易产生冷感，这是因为液态水的导热性好（优于纺织纤维）。在寒冷的冬天，人体大量运动后产生的汗液会积聚在贴身服装内，人体会有极大的冷感。

（4）人体部位

研究表明受到同等强度的冷刺激后，人体皮肤温度下降幅度存在明显差异，由大到小的排列顺序为：左胸部和左腹部，左大腿后侧、右小腿、后腰左侧、右上臂前侧与左前侧，后背左侧，右大腿前侧。

（5）环境温湿度

当环境温度升高或者下降时，服装温度也会相应升高或下降，使得皮肤和织物的温度差异变大，导致接触冷感会相应增强或减弱。当温度一定时，随着空气相对湿度的增加，服装对人体蒸发散热阻力也会增加，导致人体与服装之间的微气候的温度升高，减弱了人体冷感。

3. 织物冷暖感设计

在日常生活中，人们习惯通过手触摸织物判断织物的热舒适性，手指皮肤的感觉会影响人们购买贴身服装的决定。因此，设计师通过对织物进行设计以满足人们在炎热或寒冷条件下对织物接触冷暖感觉的需求。目前，织物接触冷暖感的实现技术有两种：一种是改变纤维的导热性能；另一种是采用后整理技术在织物表面涂覆放热或吸热物质。

从改变纤维导热性能角度，可以通过增加或降低纤维导热性能获得。在纤维加工时，可以加入导热性强的纳米级颗粒云母粉、玉石粉与贝壳粉等天然矿物质材料得到凉感纤维，用于夏季服装产品开发，如图 6-5-3（a）、（b）所示；通过独特的纺丝工艺设计，制备了静止空气含量高的中空纤维，降低了纤维导热系数获取保暖纤维，用于冬季服装开发，如图 6-5-3（c）、（d）所示。

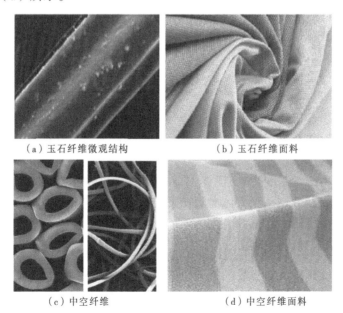

（a）玉石纤维微观结构　　　　　　（b）玉石纤维面料

（c）中空纤维　　　　　　（d）中空纤维面料

图 6-5-3　玉石纤维面料和中空纤维面料

从织物后整理角度，可以在织物表面涂覆遇水吸热物质，如常用的木糖醇。木糖醇是一种糖醇类物质，遇水后会溶解，这个过程伴随着吸热且降低周围温度。当织物涂敷木糖醇材料时，其会吸收皮肤表面的汗水并吸收热量，从而使皮肤产生凉爽感。另外，可以涂覆放热物质获得暖感织物，例如，采用辣椒萃取物和甘菊萃取物为主原料，配以十一碳烯酸单甘油酯等制备的暖感整理剂，涂敷在织物表面获取暖感织物。

思考题

举例说明基于服装瞬间冷暖感的设计或应用。

总结：服装的刺痛感和瘙痒感是由织物作用于皮肤表面的疼痛感受器而产生的，主要与织物表面毛羽、人体年龄、性别及环境温度和湿度有关。服装的冷暖感是由于皮肤和服装之间温度不同会导致热量传递，引起接触部位的皮肤温度上升或者下降，从而与非接触部位的皮肤温度呈现出一定的差异，这种差异刺激经神经传导至大脑形成的冷暖判断称为瞬间冷暖感。服装瞬间冷暖感主要与织物导热性、织物结构、织物含水量、人体部位和环境温湿度有关。

6.6　服装压力舒适性

6.6.1　服装压力的产生与压力舒适性

1. 服装压力的产生

服装压力的产生主要来自以下三个方面。

（1）服装自身重量引起的垂直负荷

肩部的压力与服装重量有很大关系。研究证明，对外套而言，靠近肩点部位的服装压力值偏大。这种力在防护服装和婴儿服装上更为重要。

（2）服装形态形成的负荷

服装形态形成的负荷是指服装过紧对人体产生的压力，如女性塑身衣（束裤、腹带、胸罩等）和弹力袜等。

（3）人体运动引起服装变形引起的负荷

人体运动引起服装变形，导致服装产生应力面约束人体，这种压力通常出现在肘部和膝部等。

人体对服装压力的承受能力是有限度的，当服装压力超过 294～392Pa 时，人体会感到活动受到阻碍，容易疲劳，甚至人体血液循环也会受到影响。因此，合理的服装压力会使人体运动灵活，感觉舒适。

2. 服装压力舒适性形成机理

服装压力舒适性是指来自服装的物理机械信号作用于人体，皮肤中的神经末梢（力传感器）将此刺激信号传递到神经系统末梢，此时物理刺激信号被转换为神经信号，再由神经末梢传送到大脑，大脑对刺激信号形成感觉，从而人体对所穿服装的物理机械刺激产生一个综合的主观舒适判断。

6.6.2　服装压力与服装舒适性的影响因素

人体运动时，服装有三个基本成分配合皮肤的变形，即服装合体性、服装的滑移及织物延伸性（在断裂前产生塑性变形的能力）。服装的合体性主要表现在服装宽松度上，即服装和人体尺寸比例及服装设计特点。服装的滑移性主要取决于皮肤与服装之间及服装织物层之间的摩擦系数。织物延伸性是影响服装压力舒适性的一个重要因素，它主要与织物的弹性和弹性回复性密切相关。另外，服装压力舒适性也受人体姿势和人体部位差异影响。

1. 服装因素

（1）服装尺寸

当服装尺寸（服装宽松量）足够，即人体和服装之间留有较多空隙时，服装压力较小，对人体的约束也小，服装压力舒适性好；当服装尺寸过小时，服装产生的压力越大，服装压力舒适性越差，如紧身衣等。研究发现，人体在不同运动状态下，服装越宽松，人体前腋窝点、后腋窝点、肩胛骨点及肘部压力舒适性越好；服装宽松度对胸部和背部压力舒适性无明显影响（如图 6-6-1 所示）。

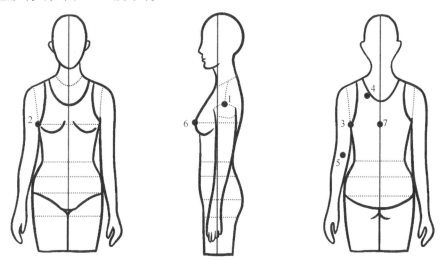

1—肩点；2—前腋窝点；3—后腋窝点；4—肩胛骨点；5—肘部；6—胸部；7—背部

图 6-6-1　试验测试点（图片自制）

（2）服装材料

服装材料对服装压力的影响主要是指服装重量、织物摩擦系数和织物延伸性的影响。通常来说，随着服装重量的增加，肩部和臀部的压力会增加，对运动的约束性也会增加，从而造成服装压力的增大。如表 6-6-1 所示为夏装与冬装肩部、腰部服装压力值。在男子服装中，冬装的肩部服装压力值大于腰部服装压力值，而夏装肩部和腰部服装压力值约相等。而对女装，只有在穿着外套的西装时，肩部服装压力值大于腰部，其他情况下均为肩部服装压力值小于腰部。这进一步说明服装重量是产生服装压力的重要因素之一。

表 6-6-1　夏装与冬装肩部、腰部服装压力值

服装类别		男子服装		女子服装	
服装类型	季节类型	肩（g）	腰（g）	肩（g）	腰（g）
西装	冬装	19.6	9.8	9.8	11.76
	冬装（含外套）	39.2	9.8	24.5	11.76
	夏装	7.84	5.39	1.47	3.43
和服	冬装	19.6	11.76	13.72	19.6
	冬装（含外套）	34.3	11.76	—	—
	夏装	3.92	3.92	3.43	9.8

在织物摩擦系数和延伸性方面，如果织物与皮肤间的摩擦阻力大且织物延伸阻力小，服装就倾向于延伸而不是滑移；如果织物与皮肤之间的摩擦阻力小且织物延伸阻力大，服装容易滑移而不是延伸；如果织物与皮肤之间摩擦力大但织物延伸性不好，服装可能会对人体造成压力感和不舒适感。

近年来，莱卡（Lycra）弹性纤维广泛应用于织物面料内使其产生不同的变形量，以适应人体在不同运动状态下的皮肤变形，如图 6-6-2 所示。

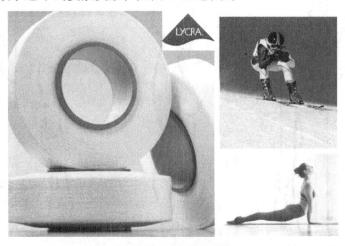

图 6-6-2　莱卡弹性纤维

（3）服装款式

服装对人体各部位的压力与服装款式有关，不同服装款式会导致人体各部位分担的压力不同。如图 6-6-3（a）所示的服装压力点主要在肩胛骨，在肩部斜方肌与三角肌交界处，服装压力最大，此外，腰部也承受着集束压（服装捆绑产生的压力）。如图 6-6-3（b）所示的服装压力点集中在凹陷的腰腹侧和肩部。如图 6-6-3（c）所示的服装压力点集中在颈椎，其承担服装的主要悬吊压力。如图 6-6-3（d）所示的服装压力点分散在肩、臀部，肩头、肘和腕部共同承担服装压力。

2. 人体因素

人体表面是由不规则的复杂曲面构成的，各个部位的曲率半径均存在差异。服装面料

被人体撑开产生张力，通常在等张力下，曲率半径越小的部位服装压力值越大。人体肌肉和脂肪的含量在人体不同部位分布不同，从而造成人体各部位的弹性系数不同。脂肪较多的部位弹性系数较小且有一定的缓冲作用，在外界压力下易产生变形与位移，服装压力较小；反之，服装压力较大。

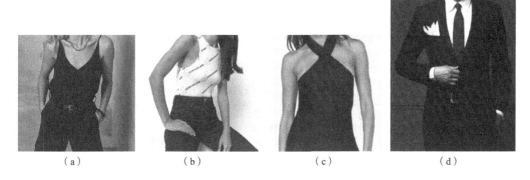

图 6-6-3　不同款式的服装

人体姿势和动作对服装压力的影响也表现在人体体表曲率的改变。人体动作或姿势会使身体相应部位产生变形和位移，体表曲率改变，从而导致局部服装压力的变化。若服装有足够的宽松量，人体动作及姿势的改变对服装束缚压力无明显影响。

例如，Brophy-Williams 等在 *Confounding Compression: the Effects of Posture, Sizing and Garment Type on Measured Interface Pressure in Sports Compression Clothing* 一文中指出，人体穿着紧身裤在站姿、坐姿和躺姿三种状态下，大腿围服装压力：站姿>躺姿；小腿围服装压力：站姿和躺姿>躺姿；膝盖上侧部位服装压力：坐姿>站姿和躺姿。这与不同姿势下这些部位的曲率变化和皮肤变形有关系。不同的是，在不同人体姿势下，脚踝服装压力不变，这是因为此部位无明显皮肤变形或者曲率变化（如图 6-6-4 所示）。

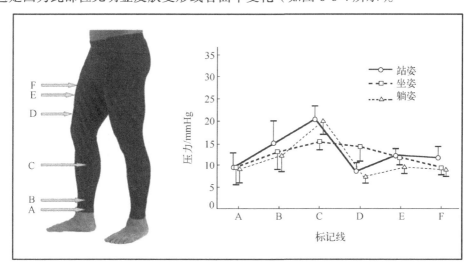

图 6-6-4　人体不同姿势下的下肢皮肤变形率

分析自己所穿服装的服装压力。

6.6.3　舒适服装压力范围

服装应该适合人体体型，对人体呼吸和血液循环等生理活动不造成阻碍且有利于人体活动。服装如果过紧、过重都会造成人体压迫感，约束人体活动，造成人体不适感。如表 6-6-2 所示为各类服装的压力范围。

表 6-6-2　各类服装的压力范围

服装款式	压力（g/cm²）	服装款式	压力（g/cm²）
游泳衣	10～20	医用长袜	30～60
紧身胸衣	30～50	紧身裤	<20
针织围腰	20～35	西裤背带	60
弹性袜带	30～60	—	—

另外，人体各部位对压力的敏感程度存在差异。如图 6-6-5 所示为人体不同部位的感觉阈值，由图可见感觉阈值在人体表面变化很大，且直方图线柱越高，需要越大的力触发感觉器。脚掌和手掌、小腿、大腿、胸部等部位的感觉阈值较高，可以承受较大的压力；面颊、嘴唇、鼻和前额等部位感觉阈值较低，承受力较小。

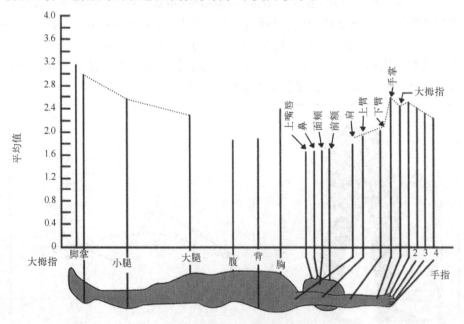

图 6-6-5　人体不同部位的感觉阈值

王永荣等在《女性服装压力舒适阈限的测试与研究》一文中基于物理心理学极限阶梯法原理进行测试，推导了服装压力舒适阈值。该文测试了 50 位大学生的 9 个不同部位的服装压力阈值（如图 6-6-6 所示）。其中，设计开发了双环扣式可连续调节束带，实现束带对人体各测试部位的施加压力尽可能等距变化并保持稳定。最后得出 9 个部位的压力舒适阈限：腹侧点最大（2753Pa）；其次是肩中点（1671Pa）和肩胛骨点（1633Pa）；再次是腋下点（1305）、后腰侧点（1284）、腹凸点（1260Pa）和高腰侧点（1156Pa）；压力舒适最小阈值为前腰中点（955Pa）和前胸下部（937Pa），如图 6-6-7 所示。

编号	名称	定义
A	肩中点	肩线上侧颈点和肩峰点1/2处
B	肩胛骨点	背部最凸出点
C	腋下点	胸围线与侧缝线的交点
D	前胸下部	下胸围线向下1~2 cm 处
E	高腰侧点	高腰线与侧缝线的交点
F	前腰中点	腰围线与前中线的交点
G	后腰侧点	后腰中点与侧腰点距离的1/2处
H	腰突点	前中心线上腹部最凸点
I	腹侧点	腰围线上髋骨凸点

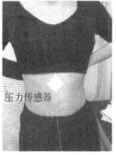 

（a）测量点　　　　　　　　　　　　　（b）测量图

图 6-6-6　人体测量部位

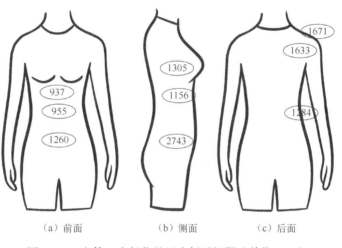

（a）前面　　　　　　（b）侧面　　　　　　（c）后面

图 6-6-7　人体 9 个部位的压力舒适阈限（单位：Pa）

6.6.4　服装压力对人体的影响

1．对人体形态的影响

人们很早就认识到利用服装压力可以塑造体型。自文艺复兴起，紧身胸衣就被许多贵族女子用来塑造纤细、优美的体型。一直以来，女性通常采用这种塑身类服装塑造个人魅力。这种塑身类服装主要有紧身服、胸衣、塑腹裤和紧身裤袜等，如图 6-6-8 所示。

然而，如果服装压力超过人体的承受能力或施加压力的部位不当，就会出现伤害人体健康的情况。18～19 世纪流行的女性紧身胸衣，其过大的服装压力导致女性肝脏和胸部变形甚至位移，严重危害人体健康，如图 6-6-9 所示。

图 6-6-8　塑身衣

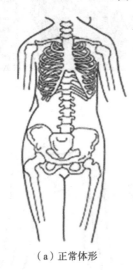
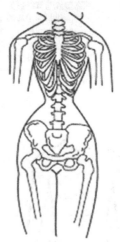

（a）正常体形　　　　　　　（b）长期穿紧身胸衣的体形

图 6-6-9　正常体形和长期穿紧身胸衣的体形

有学者研究了日本女性和服圆腰带与名古屋带的不同服装压力，并采用 X 射线观察了人体在不同服装压力下的内脏位置和形态变化情况。研究发现，当服装压力小于 $40g/cm^2$ 时，人体内脏形态、位置及生理功能均无明显变化；当接触压力大于此值时，随着服装压力的增大，内脏各器官的位置及形态会成比例增大，这会显著影响人体生理功能和自觉疲劳程度，进而影响人体健康。

2. 对人体呼吸的影响

日本学者川村采用弹性紧身带探讨了服装压力对人体呼吸的影响，其通过勒紧紧身带的长度对人体施加不同的压力，如图 6-6-10（a）所示，测量了三名受试者在不同压力下的呼吸次数，如图 6-6-10 所示。其中，呼吸次数是指每分钟内的呼吸动作次数。从图 6-6-10（b）可以看出，呼吸次数一开始随着服装压力的增大有减少趋势，但当压力进一步增大时，呼吸次数显著增加，而开始增加的时间和人体有关系。

3. 对人体血液循环的影响

吴丽娟研究了不同服装压力的束缚裤对人体血流量的影响，发现在一定临界压力下（这里是 4.1kPa），血流量随着服装压力的增大而上升，这说明一定程度的服装压力可以促进血液循环；当压力超过此临界值时，静脉回流减少，血流量下降。川秀子等发现皮肤血流量随着护腿压力的增大先增加后减小。

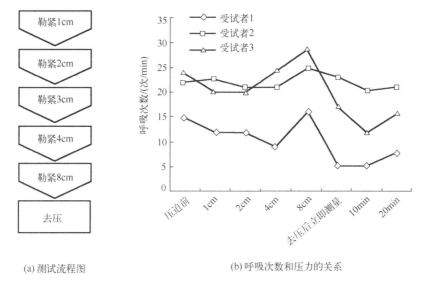

(a) 测试流程图　　　　　　　　　　　(b) 呼吸次数和压力的关系

图 6-6-10　呼吸次数与服装压力的关系

在医学上，可以利用服装压力治疗增生性烧伤疤痕，通过压力衣向烧伤处持续施加压力，从而改变伤外的血液流量和营养补给，避免增生性疤痕的产生（如图 6-6-11 所示）。

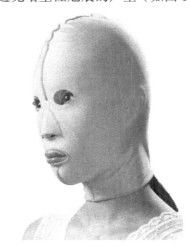

图 6-6-11　医用烧伤弹力衣

4．对人体运动表现的影响

在运动领域，合理的服装压力可以改善人体运动表现（如图 6-6-12 所示）。例如，压缩衣被广泛应用于专业的长跑运动员或者业余爱好者。压缩衣可根据需要对身体特定部位施加一定的压力，稳定下层组织，减轻运动或疾病带来的身体不适，具有减少人体肌肉微损伤、促进血液循环及提高舒适度等作用。Brown 等人综述了压缩衣的研究，发现其可以有效促进人体在长时间（>2 小时）阻力运动后的力量回复，但是对长跑运动后的力量回复没有明显作用。

例如，举重运动员在上场比赛之前，通常会在腰间系腰带勒紧。这是因为运动员发力时，腰腹肌肉会充血膨胀，而束紧腰带后，膨胀的肌肉可以更好地支撑腰椎和脊椎，防止运动损伤。另外，腰带还会为运动员提供额外的支撑力，从而提高运动员成绩。

图 6-6-12　服装压力在运动中的应用

思考题

列举基于服装压力的有利设计。

6.6.5　基于压力舒适性的服装设计

1．沙滩排球装的设计

为增强沙滩排球装的压力舒适性，徐军等结合沙滩排球运动的特点，提出沙滩排球装的设计要点：肩部和背部、腋下和胯部压力应尽量减小，减小对肩部三角肌和斜方肌的束缚（选择吊带式款式）、斜方肌和背阔肌的束缚（减少包覆面积）、前锯肌（侧缝选择分割设计）及胯骨的束缚（侧缝选择分割设计）；胸部压力应适当，在减小胸部抖动的同时不能影响人体呼吸；腹部、臀部、胯部和臀部压力应增大（增大包覆面积），以增强腹部肌肉的收缩和爆发力及臀部爆发力。

基于上述分析，作者设计了沙滩排球服装，如图 6-6-13 所示。设计的基本思路是在服装不同部位拼接不同弹性的面料，其中不同弹性的面料是通过在其中添加不同含量的弹性纤维（弹性纤维通常是氨纶纤维）实现的。该服装采用了 4 种不同弹性的面料：背部、胯部、底裆选择锦纶和氨纶比例为 92%：8%的弹性面料；腋下、腹部选择比例为 84%：16%的弹性面料；胸部选择比例为 82%：18%的弹性面料；臀部选择比例为 80%：20%的弹性面料。

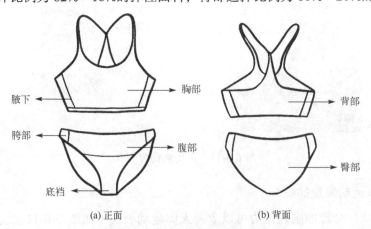

(a) 正面　　　　　　　　　　(b) 背面

图 6-6-13　设计服装的正面和背面图

作者采用压力传感器测试了 6 名受试者 7 个身体部位（肩部、胸部、背部、腋下、腹部、臀部和胯部）在 7 种动作下的受压情况，结果如图 6-6-14 所示。同时，作者测试了传

统沙滩排球装和新设计排球装的服装压力。结果发现，人体穿着新设计服装的情况下：胯部压力明显减小；臀部压力有所增大；胸部压力基本保持不变；腋下压力明显减小；腹部压力稍微减小；背部和肩部压力明显减小，基本可使沙滩排球运动员处于舒适状态。另外，改进后的新款女子排球服 7 个部位的服装压力均未超过压力舒适极限（294～392Pa），符合人体生理需求。

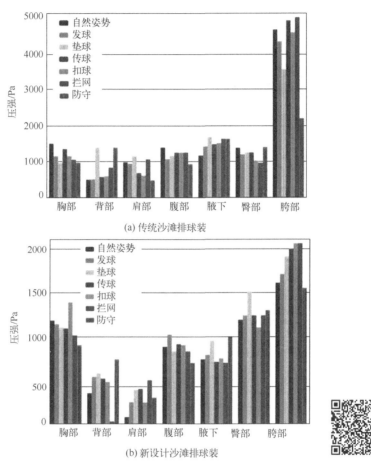

(a) 传统沙滩排球装

(b) 新设计沙滩排球装

图 6-6-14　不同运动状态下各部位压力分布对比图

2．外卖人员工作裤设计

为改善外卖人员工作裤的压力舒适性和人体运动灵活性，柴丽芳和宋文芳等首先采用体表画线法研究了人体在几种典型动作下的下肢皮肤变形率，如图 6-6-15 所示。结果发现，在横向上，大腿、膝盖、膝盖上下 5cm 处和小腿的皮肤变形率最大分别为 2.8%、8.7%、11.3%、8.6% 和 2.1%；在纵向上，最大皮肤变形率在膝盖前部区域、膝盖上侧（膝盖线向上 5cm）和下侧（膝盖线向下 5cm）中线处，最大变形率分别为 49.3% 和 52.3%，如图 6-6-16 所示。

然后计算皮肤变量，确定工作裤放松量。中国男性年龄在 20 到 50 岁的大腿围、膝盖围、小腿围分别为 52.2cm，36.3cm 和 36.6cm。膝盖线上部和下部 5cm 处在横向的围度值分别约为 44.3cm（大腿围和膝盖围的平均值）、36.5cm（小腿围和膝盖围的平均值）。基于上述横向皮肤变形率，可以得到大腿围、膝盖围、膝盖上下 5cm 处的围度和小腿围的增加量分别为 1.5cm、3.2cm、5cm、3.2cm 和 0.8cm。考虑到传统服装在制作时已经有 5cm 的松量，没有必要在工作裤横向上放松。

（a）骑行　　　　　　（b）上楼梯　　　　　　（c）下楼梯

图 6-6-15　外卖人员几种典型动作（作者自制）

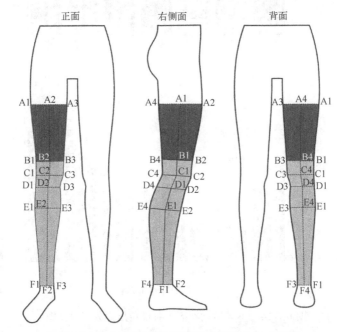

A1-A2-A3-A4：大腿围度；B1-B2-B3-B4：膝盖上5cm处围度；
C1-C2-C3-C4：膝盖围度；D1-D2-D3-D4：膝盖下5cm处围度；
E1-E2-E3-E4：小腿围度；F1-F2-F3-F4：膝踝围度

图 6-6-16　不同运动状态下各部位皮肤变形率（作者自制）

在纵向上，从膝盖线到膝盖上下 5cm 处的形变量分别为 2.5cm 和 2.6cm，总的变形量为 5.1cm。基于此，在膝盖部位设计了一个随膝盖弯曲而自行开合的折叠结构（如图 6-6-17 所示）。这个结构在打开后，总长度为 6cm，可以满足膝盖在纵向变形的需求。

作者最后评价了新款工作裤和传统工作裤的工效，雇佣了 25 位被试者进行工效评价。作者研究了人体在蹲姿、盘坐、上楼和骑行状态下的工作裤工效，并评价了工作裤的服装压力感和压力舒适性，具体评分表如表 6-6-3 所示。结果发现，相对于传统工作裤，新款工作裤可以显著改善穿着者在不同活动下的膝盖及下肢的压力感和舒适性（如图 6-6-18 所示）。

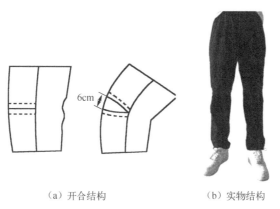

（a）开合结构　　　　　　　（b）实物结构

图 6-6-17　膝盖处的折叠结构（作者自制）

表 6-6-3　服装压力感和压力舒适性评分表

主观感觉＼评分	0	1	2	3	4
服装压力感（膝盖）	完全没有	稍许压力	中等压力	较大的压力	非常大的压力
服装压力感（下肢）	完全没有	稍许压力	中等压力	较大的压力	非常大的压力
压力舒适性（膝盖）	舒适	稍许不舒适	不舒适	非常不舒适	极度不舒适
压力舒适性（下肢）	舒适	稍许不舒适	不舒适	非常不舒适	极度不舒适

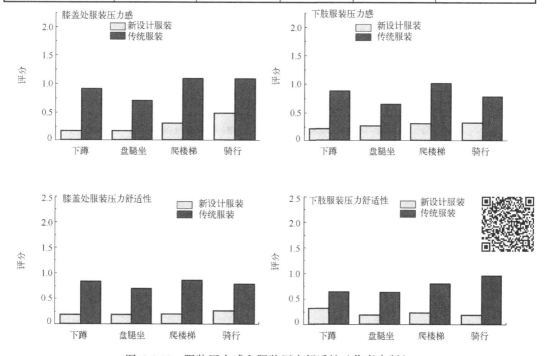

图 6-6-18　服装压力感和服装压力舒适性（作者自制）

思考题

查阅文献，分析改进人体压力舒适性的服装设计。

总结：服装压力主要来自三个方面：服装自身重量、服装形态和服装变形造成的负荷。服装压力舒适性是指来自服装的物理机械信号作用于人体皮肤，该刺激信号由皮肤中的神经末梢（力传感器）传递到神经系统末梢，此时物理的刺激信号被转换为神经系统能够识别的神经信号，再由神经末梢传送到大脑，大脑根据生理与心理过程对刺激信号形成感觉，从而着装者对所穿服装的物理机械刺激产生一个综合的主观舒适判断。服装压力与服装舒适性的影响因素主要有服装因素，即服装尺寸、服装材料和服装款式，以及人体因素，即人体形态和人体姿势。

6.7　服装热湿舒适性

6.7.1　人体-服装-环境热湿交换机理

医用防护服装对保护医护人员的健康有着重要作用，但也存在热湿舒适性差的问题：医护人员长时间作业时大多表现出热相关症状，如体温升高、大量出汗、虚脱甚至中暑（如图 6-7-1 所示）。这是因为医护人员穿的防护服装通常由致密织物或者织物层和薄膜而成，导致其不透气、不透湿，人体产生的热量和汗液不能和外界有效交换。

图 6-7-1　医护人员穿着防护服大量出汗

人体大部分被服装覆盖，人体-服装-环境的热湿交换过程显著影响人体热湿舒适性。人体产生的热量和汗液需要通过服装传递至外界环境以保持人体的热湿舒适性。人体-服装-环境的热湿交换过程如图 6-7-2 所示。人体产生的热量通过服装传递的途径主要有热辐射、热对流和热传导，同时人体又接收外界高温物体的辐射传热，而且，覆盖服装的人体通过服装开口处如下摆、袖口和领口等部位与外界对流换热。此外，皮肤表面的汗液蒸发会带走人体热量，每蒸发 1g 水可以带走 2.44kJ 热量，汗液蒸发是一种非常有效的散热方式。

人体产生的汗液通过服装的传递过程和人体出汗方式有关，如图 6-7-3 所示。人体出汗有两种形式：非显性出汗和显性出汗。人体在非显性出汗状态下，皮肤表面产生的气态汗液一部分被服装吸收，另一部分通过服装扩散到外界环境中。人体在显性出汗状态下，汗液通过服装的传递较为复杂：皮肤表面产生的液态汗液少部分沿皮肤流淌滴落；部分汗液在皮肤表面蒸发形成水汽，水汽部分在皮肤表面直接蒸发，部分被服装吸收，部分通过服装扩散到外界环境；部分汗液直接被服装吸收，部分被转移到服装外表面并在外表面蒸发至外界环境。当水汽在服装中扩散达到饱和状态时就会产生凝结形成液态水，液态水被织物吸收或者转移至外界环境中。在显性出汗状态下，服装内存在更复杂的热湿耦合传递。

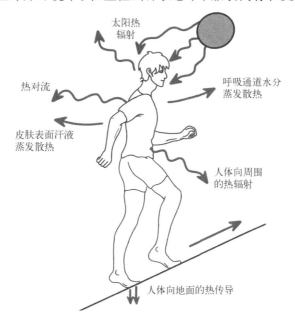

图 6-7-2　人体-服装-环境的热湿交换过程（作者自制）

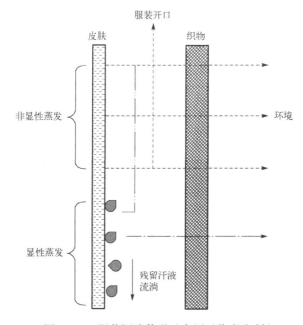

图 6-7-3　服装汗液传递示意图（作者自制）

当人体产生的热量不能有效传递到外界环境中，人体内部会积蓄热量，当热积累到一定程度时，会引起人体热应激，导致人体出现体温升高、显著出汗、心率加快和心血管压力增大等生理现象。当人体产热量小于散热量时，人体内部会产生"热债"，人体会产生冷应激，导致人体体温下降，体温下降达到一定程度时会引起人体低体温症。如果汗液不能有效通过服装传递，水汽积聚到一定程度会引起水汽凝聚形成液态汗，人体会有湿黏感和不舒适感。

思考题

简述人体–服装–环境热湿交换机理。

6.7.2 服装热湿舒适性的影响因素

服装热湿舒适性的影响因素主要有服装、人体和环境。

1. 服装

（1）织物

织物的传热性质是由构成织物的纤维及织物形态决定的。纤维的导热性能优于静止空气。例如，为了开发保暖型纤维，研究人员研发了中空纤维以增加纤维内静止空气含量，降低纤维导热性能。如图 6-7-4（a）所示为显微镜下的中空纤维横截面形态图像。

另外，纤维的吸水、导水性能影响服装的热湿传递性能。例如，人们喜欢穿纯棉服装，在人体出汗时，纯棉服装能够快速吸收汗液，保持人体干爽、舒适。但是棉织物锁水能力强，不容易干燥。为解决这个问题，研究人员研发了吸湿快干面料，其中，COOLMAX 为美国杜邦开发的一种高科技吸湿透气涤纶纤维，广泛应用于运动服装。COOLMAX 采用十字形截面的涤纶纤维，纤维纵向表面有 4 个沟槽管道，沟槽的虹吸可以将体表的汗液吸走并转移至服装外表面，蒸发到空气中，如图 6-7-4（b）所示。

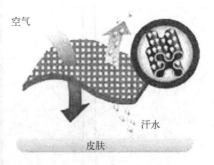

（a）中空纤维横截面　　　　　　　　（b）吸湿排汗纤维面料

图 6-7-4　中空纤维和吸湿排汗纤维面料

织物是纤维和空气的混合物，通常静止空气的含量越大，导热性能越差，保暖性能越好。另外，通常织物越厚，织物的保暖性越好，透湿性越差。

摇粒绒面料是一种保暖型面料，诞生于 1979 年，曾被美国《时代周刊》评为 20 世纪最具影响力的百大发明创造之一。美军用这种面料制成了抓绒衣，其在部队中很受欢迎。优衣库也凭借摇粒绒面料快速建立了自己的快时尚帝国。至今，摇粒绒面料仍非常受欢迎。摇粒绒面料是涤纶织物织成后，经拉毛、梳毛、剪毛、摇粒等多种复杂整理工艺加工而成的，如图 6-7-5 所示。织物正面有毛绒粒，这种结构可以锁定更多的静止空气，厚度大，透湿好，因此具备极佳的保暖性，同时兼顾质量轻的优点。目前，摇粒绒面料通常直接作为保暖大衣和风衣内里使用。

（2）服装覆盖面积

服装覆盖人体面积的大小对服装保暖性影响很大。同一件服装，增加其覆盖面积比增大其厚度对服装保暖性的影响大。一般情况下，服装的覆盖面积越大，服装的保暖性越好；覆盖面积越小，服装的保暖性越差。

图 6-7-5　摇粒绒面料

藏袍是一个典型的利用服装覆盖面积调温的例子，人们通常利用右边袖子的穿脱进行调温。藏族人民大多生活在高原上，昼夜温差大，不管是哪个季节，早上和晚上都会偏凉，而中午又会很热。藏袍一般都是用棉料做成，偏肥大，保暖性好。天热时，可脱下右边袖子露出右臂和部分躯干进行调热，天冷时就穿上袖子。

（3）服装合身性和松紧度

服装的合体性和松紧度决定人体与服装之间空气层的厚度。研究发现在无风的状态下，有一定宽松度的服装保暖性要优于紧身服装，这是因为宽松的服装能够在人体和服装之间形成静止的空气层，增加隔热效果。但是过于宽松的服装，静止空气会变成流动空气，服装保暖性又会降低。研究发现空气层厚度为 12mm 时，服装的保暖性能最佳。在有风的状态下，宽松的服装保暖性低，这是因为气流通过服装开口和面料进入，造成人体和服装空气层的流动，而宽松服装空气层厚度大，流动性强，其和人体的换热更加剧烈。例如，在有风的情况下，人们习惯把服装与服装开口收紧来保暖。

（4）服装开口

服装开口通常指衣领、门襟、袖口、下摆和裤口等衣下空气进出口。这些开口的大小、位置、方向和数量均影响服装内热湿传递和空气流动。"烟囱效应"和"风箱效应"是服装开口对服装保暖性影响的主要机制。其中，"烟囱效应"是服装内的热空气通过上开口溢出，增加了服装散热量，如图 6-7-6（a）所示。例如，人们通常通过敞开或关闭衣领来调节其热湿感觉，这就利用了服装的烟囱效应。风箱效应是人体运动时，人体与服装之间及服装层与层之间的空气层产生变化，服装内空气产生强迫对流，也会增加人体散热、散湿，如图 6-7-6（b）所示。

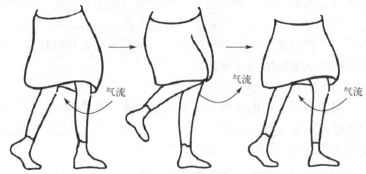

（a）服装烟囱效应　　　　　　　　　　　　（b）服装风箱效应

图 6-7-6　服装烟囱效应和风箱效应

（5）服装层数

一般来说，在总体厚度相同的情况下，多层服装比单层服装具备更佳的保暖性。这是因为多层服装的层与层之间容纳了大量的静止空气。然而，如果层数太多，会导致各层服装之间形成压缩，空气层变薄，保暖变差。有学者研究 4 层服装保暖性最佳，外层服装应宽松，减少对内层服装的压缩。

2. 人体活动及姿态

人体运动会改变服装的保暖性能。原因是，人体运动时，人体与周围空气形成相对风速，加大了对流散热量；人体与服装之间空气层对流加强，产生了"风箱效应"，促进了对流散热；空气流动增加了皮肤表面的汗液蒸发，促进蒸发散热量。例如，骑自行车时，即使无风，人们仍能够感受到风的流动。

人体姿态的变化也影响服装的保暖性能。例如，同一件服装，人体站姿状态下的服装保暖性能优于人体坐姿状态下的保暖性能。这是由于人体坐姿状态下，人体与服装之间的静止空气受到了压缩。

3. 环境

风速是影响服装保暖性的主要因素。风速会显著降低服装的保暖性，原因是，促进了服装开口部位内外空气的对流；气流会通过织物空隙渗透到服装内部，破坏织物内及衣下静止空气层；服装的某些部位可能受到风的压缩，使其对应的空气层变小；破坏服装外表面静止空气层的厚度。研究发现，当风速为 0.7m/s 时，服装保暖性比无风时降低 15%～26%；当风速为 4m/s 时，服装保暖性比无风时降低 34%～40%。例如，在寒冷的冬季，人们在有风环境下的体感温度往往比无风环境低。

 思考题

从人体-服装-环境交换机理角度说明为什么冬季有风环境下人体会比无风环境下更感觉寒冷。

6.7.3　服装热湿舒适性设计

为了改善服装热湿度舒适性,降低人体在高温环境和低温环境下的热应激和冷应激,人们从调温材料和结构设计方面开发了调温服装。

1. 热环境下的调温服装

针对热环境,人们开发了水分管理织物、相变材料服装、气冷服装、液冷服装和浸水服装等调温服装。

（1）水分管理织物

水分管理织物广泛应用于运动服装和日常穿着,可以快速有效地从皮肤表面吸收水分,并将水分迅速转移到服装外表面,在外表面铺展开并蒸发到空气中（如图 6-7-7 所示）。例如,INVISTA 开发的 Coolmax、Nike 开发的 DRI-FIT 和 ClimaCool 就属于水分管理织物。

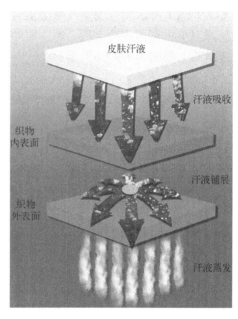

图 6-7-7　水分管理织物（作者自制）

（2）相变材料服装

相变材料是指在温度不变的情况下能改变物质状态并能提供潜热的物质。转变物理性质的过程称为相变过程,这时相变材料将吸收或释放大量的潜热。例如,冰和水的相互转变就属于典型的相变过程:由冰融化成水会吸收大量热量,由水凝结成冰会释放大量热量,而不管是从冰到水还是从水到冰,温度始终为 0℃。目前,用在服装上的相变材料主要有无机盐和石蜡。目前,相变材料被封装成胶囊形式直接植入纤维或者涂敷于织物表层,或者相变材料被密封在包装袋内形成相变材料包,置于服装口袋内,如图 6-7-8 所示。研究发现,含有相变材料包的服装可以显著改善人体热湿舒适性,而相变材料纤维或者涂敷相变材料的织物对人体热湿舒适的影响不大。

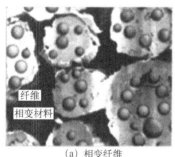

（a）相变纤维

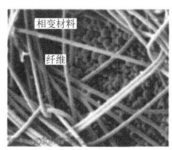

（b）相变材料涂层织物

（c）相变材料背心

图 6-7-8　相变材料纤维、面料和服装

（3）气冷服装

常见的气冷服装有风扇降温服装和压缩空气降温服装。风扇降温服装是将风扇植入服装内,开启后可以在衣内产生空气流动,从而产生热对流和汗液蒸发,促进散热,如

图 6-7-9（a）所示。压缩空气降温服装是服装通过气管连接到压缩空气源，压缩空气通过涡流降温主机可形成冷空气，通入服装，使服装内产生热对流、热传导和汗液蒸发，促进人体散热，如图 6-7-9（b）所示。

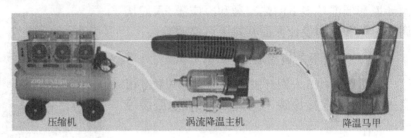

（a）风扇降温服装　　　　　　　　　　（b）压缩空气降温服装

图 6-7-9　气冷服装

（4）液冷服装

液冷服装的基本原理是将冷源产生的冷却水通过管道注入服装内，服装内设计了一系列小水管，这些小水管和人体紧贴，人体和水管内的循环冷却水产生热传导，促进人体散热。冷源有两种类型，一种是利用冰块融化产生冷却水，另一种是利用压缩机制冷产生冷却水。第一种是将冰块置于容器内，利用微型压力泵将冷却水抽出并通入服装内并将冷却水抽回，形成循环，如图 6-7-10（a）所示。容器和压力泵等可以放在背包内，重量通常在1kg 左右。第二种是利用压缩机制冷系统产生冷却水注入和抽离服装，形成循环，如图 6-7-10（b）所示。压缩机通常重量在 10kg 左右。第一种可以作为普通日常使用冷却服装，第二种一般应用在军事、航空航天领域。

（a）背包式液冷服装　　　　　　（b）压缩机制冷服装

图 6-7-10　液冷服装

2．冷环境下的调温服装

针对冷环境，人们开发了气凝胶服装、电加热服装和充气服装等。

（1）气凝胶服装

气凝胶为纳米级多孔材料，孔隙率超过 90%，比表面积高，可以有效地抑制热对流和热辐射，因此具备极佳的隔热性。气凝胶保暖性优于静止空气，目前其经常和织物复合，作为填充材料应用于防寒服装，如图 6-7-11 所示。

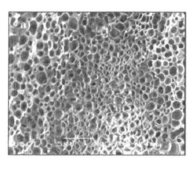
（a）气凝胶微观结构

（b）气凝胶实物

气凝胶防寒服　羽绒防寒服
（c）气凝胶防寒服和羽绒防寒服

图 6-7-11　气凝胶材料及服装

（2）电加热服装

电加热服装经常是将电加热片置于服装某些部位，通电后加热，如图 6-7-12 所示。目前，常用的电加热片有织物包覆碳纤维加热丝和石墨烯加热片。电加热服装可以更加有效地为人体提供热量，并且可以根据人体需求调节不同的供热量。

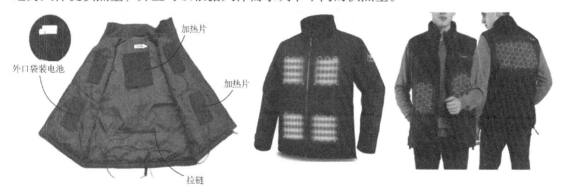

图 6-7-12　碳纤维电加热服装

（3）充气服装

充气服装是将空气充入服装的连通气囊中，调节服装厚度，以实现不同的服装保暖性，如图 6-7-13 所示。当环境温度变化剧烈或者人体活动量变化显著时，人们可以方便地调节充气服装，通过充气泵挤入不同的空气量，以满足人体保暖的需求。

图 6-7-13　充气服装

3. 服装结构设计与调温服装设计

从服装结构设计角度，可以通过设计服装开口进行体温调节。除了衣领、袖口和下摆等开口部位，也可以在服装面料上额外增加开口。例如，户外服装，在胸部两侧设置开口，可以打开或者关闭以满足人体不同的热需求，如图 6-7-14 所示。

另外，也可以根据人体的生理特点，采用拼接面料制成服装，以保持人体干燥和舒适。如图 6-7-15 所示为 Nike 开发的一款人体绘图运动服装。服装采用吸湿排汗面料，其中面料在人体胸部、后背和腋下处孔隙较大，其余部位孔隙较小。因为这些部位容易出汗，在这些部位拼接大孔隙面料可以增加空气流动，促进对流和蒸发散热。

图 6-7-14　服装胸部开口　　　　　图 6-7-15　Nike 人体绘图运动服装

　思考题

从调温材料选择和服装结构角度出发，试设计一款针对外卖人员夏季穿的调温服装。

总结：人体产生的热量通过服装传递的途径主要有热辐射、热对流和热传导，同时人体又接收外界高温物体的辐射传热。另外，覆盖服装的人体通过服装开口处如下摆、袖口和领口等部位和外界进行对流换热。此外，汗液蒸发也是一种非常有效的散热方式。影响服装热湿舒适性的因素有服装因素，即织物的导热性能、织物的吸水性和导水性、服装的覆盖面积、服装的合身性和松紧度、服装开口和服装层数，以及人体和环境因素，即人体活动状态和风速大小。

6.8　基于人体皮肤变形的实验设计

1. 实验目的

掌握人体皮肤变形测量的基本知识与方法，熟练使用测量仪器对人体上臂皮肤变形进行测量，能够利用人体皮肤变形数据进行穿戴产品设计。

2. 实验原理

采用人体体表画线法在人体上臂画投影线，测量上臂在伸直和肘部最大弯曲状态下的皮肤投影线长度，计算动静长度变形率，即皮肤变形率。

$$动静长度变形率 = \frac{动态等分线长度 - 静态等分线长度}{静态等分线长度} \times 100\%$$

计算人体上臂各等分线皮肤变形率的平均值及上臂关键设计部位的总变形量。

3．实验设备

采用曲线尺和蛇形尺（如图 6-8-1 所示）测量人体在静态和动态下的皮肤尺寸。

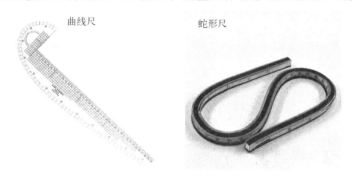

图 6-8-1　曲线尺和蛇形尺

4．实验内容和步骤

（1）实验前认真阅读本章讲述的皮肤变形内容、测量方法和案例，掌握人体皮肤变形测量方法。

（2）以班级为单位，将被试者按照每组 2 人分组，测量每位被试者上臂动态和静态尺寸，具体如下：

① 在上臂画线，形成横向和纵向网格线。

② 采用曲线尺或者蛇形尺测量上臂在肘部自然下垂和最大弯曲状态下的等分线长度数值，计算等分线处的皮肤变形量和变形率，填入下表。

位置 姓名	横向								…	纵向								…
	等分线 1				等分线 2				…	等分线 1				等分线 2				…
	自然下垂	最大弯曲	变形量	变形率	自然下垂	最大弯曲	变形量	变形率	…	自然下垂	最大弯曲	变形量	变形率	自然下垂	最大弯曲	变形量	变形率	…
张三																		
李四																		

（3）计算上臂各等分线处的皮肤变形率。

计算被试者上臂各等分线处的平均皮肤变形率及平均变形量，计算上臂关键设计部位的平均变形量。

5．数据应用

根据上臂关键部位的总变形量，设计一款袖套，材料自选，可以伸缩，满足人体上臂运动需求。

第 7 章

人机交互与人机系统 《《《

7.1 人机交互

7.1.1 人机界面交互模型

人机交互（Human-Computer Interaction，HCI）是指人与计算机之间通过使用某种对话语言，以一定的交互方式，为完成确定任务的人与计算机之间的信息交换过程。20 世纪 80 年代，人机交互的概念由 Card、Moran 和 Newell 在专著《人机交互心理学》中明确提出。人机交互在最近几十年迅猛发展并取得瞩目成就，随着科技进步，大数据、人工智能、传感等新兴技术也随之发展起来，人机交互已广泛应用到人们的日常生活中，在为人们带来巨大便利的同时，也改变了人们的工作、生活和娱乐方式（如图 7-1-1 所示）。

图 7-1-1　生活中的人机交互

人机交互过程中的操作界面即人机界面（Human Machine Interaction，HMI）。人机界面又称用户界面，是人和机器之间交换信息的媒介，人机界面不仅指软件或程序，还包括各种与人类进行信息交流的机器、设备和工具。基于不同的存在形式，人机界面可以分为硬件人机界面、软件人机界面及虚拟人机界面。

1. 硬件人机界面

在计算机科学技术发展的早期和初期阶段，用户范围狭窄，用户主要是计算机的设计师，或者是了解、熟悉计算机系统工作原理的专家或程序员。在操作使用计算机系统时，这些用户要么不需要专门提供的人机界面，要么能随意地适应厂商提供的人机界面。计算机系统的设计人员往往注重系统的性能和功能指标（如运行速度、精度、存储容量及软件配置、功能等）。这时期的人机界面很简单，主要通过硬件实现。

硬件人机界面是指产品硬件，与用户直接接触，如计算机的键盘、鼠标，显示屏，家用电器等，主要存在于实体产品。例如，通过鼠标和键盘（如图 7-1-2 所示）控制计算机；通过遥控器（如图 7-1-3 所示）控制电视机、玩具、空调设备等；通过操作控制台（如图 7-1-4 所示）的按钮开关发送启停或中断信号等。

图 7-1-2　鼠标和键盘　　　　图 7-1-3　遥控器　　　　图 7-1-4　控制台

一开始，人与机器之间通过机器语言交流沟通，随后人可以使用汇编语言甚至高级程序语言使用和控制计算机，通过语言的输入、输出，完成人机交互。但总体说来，这个时期用户对系统的运行，很少也不便于干预。系统设计中基本不单独考虑人机界面的问题。这一阶段大约持续到 1963 年。

2．软件人机界面

从 20 世纪 60 年代开始，随着超大规模集成电路（VLSI）和电视（TV）技术的发展，基于位图显示的高分辨率图形显示设备和鼠标定位设备出现，微型计算机普及，工作站被广泛使用；人工智能、软件工程、计算机图形学、窗口系统等软件技术的进步，为人机界面技术的发展与完善提供了强有力的支持。这时系统设计更多地考虑到用户对友好人机界面的需求，提出了以用户为中心的系统设计（User-Centered System Design，UCSD）。

20 世纪 60 年代中期，交互终端和分时系统的概念出现了，交互终端可以把各种输入/输出信息直接显示在终端屏幕上，分时系统使用户可以分时共享计算机系统资源。这时的系统设计开始考虑到如何方便用户的使用，例如，能够通过问答式对话、文本菜单或命令语言等方式进行人与机器之间的信息交流，以简化操作方式。

图形用户界面、直接操纵、所见即所得（WYSIWYG，What You See Is What You Get）等交互方式得以广泛应用。此时，在计算机系统中，人机界面功能更多的是依靠软件完成，如图 7-1-5 所示。

3．虚拟人机界面

随着计算机、网络技术的迅速发展，计算机的交互方式也发生了变革，自然交互方式逐渐成为主流，而虚拟现实技术是为了实现人与机器的和谐交互，因此未来发展趋势应该是将虚拟现实技术应用于人机界面。

与平面的界面设计不同，虚拟现实使用户身处于一个密闭的空间环境（如图 7-1-6 所示），所以用户、空间及界面之间的关系显得尤为重要。合理处理三者之间的关系，能够极大提升用户的舒适感与沉浸感，在设计中应充分考虑这一要点。

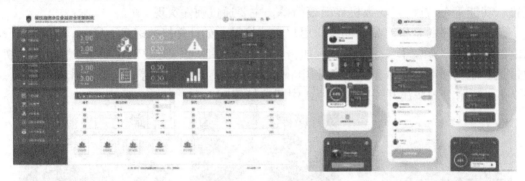

图 7-1-5　软件界面示意图

图 7-1-6　虚拟现实场景

网络游戏中的虚拟人机界面具有交互性、沉浸性和仿真性等特性。

交互性包括玩家与计算机之间的交互及玩家与游戏之间的交互。玩家与计算机之间的交互是指玩家控制鼠标、键盘、游戏柄等硬件设备，将信息输入计算机中，计算机对虚拟游戏界面发出指令进行控制的过程。玩家与计算机之间的交互反映了娱乐过程中的效率与流畅性。玩家与游戏之间的交互是指玩家在代入角色后通过虚拟游戏界面直接导向游戏发展的过程，这个互动过程直接影响玩家对游戏的体验度和满意度。

沉浸性是指玩家在虚拟游戏过程中的代入感，体验到的一种仿真的感受。游戏过程中玩家的意识是沉浸在虚拟世界里的，游戏音乐、音效、场景、服饰等细节都会影响玩家的沉浸感，良好的虚拟游戏界面可以使玩家忘记界面的存在，模糊虚拟与现实的界限。

仿真性是指虚拟人机界面的真实程度，主要包括构建的场景还原度、人物形象及服饰的细节、人物神态动作的逼真度等。在虚拟现实游戏里，可以将抽象的人物特效转换为具体的物质表现，如利用声、光、材质等展示人物攻击特效。

如图 7-1-13 所示为《轩辕剑》的虚拟游戏页面，从原画质量与场景刻画来看，页面层次清晰，景深效果得到了很好的处理，画面中的水面光影变化及船体和植物材质的设计还原度都比较高，光源特效具有真实物理特性。

 思考题

人机界面的三种交互模型通常应用于哪些场景？结合生活中的经历，思考人机信息的交互方式并与他人交流。

图 7-1-7　《轩辕剑》虚拟游戏页面

7.1.2　人机信息交互方式

随着人机界面的发展，人与机器之间可以通过多种方式实现信息交流，特别是虚拟现实、三维 CAD 与多媒体等方面的发展为人机交互的方式提供了多种可能，下面将通过具体案例介绍人机交互的常见方式。在人机信息交流过程中，用户并不是单独使用某种交互方式，而是多种方式同时使用或者交叉进行。

1．按键输入

按键输入（如图 7-1-8 所示）是指通过键盘按键、鼠标键、遥控器按键等输入。这类交互方式是最传统也是使用最广泛的，现在几乎存在于所有的电子产品中，通过按键可以传达一些设定好的命令。

图 7-1-8　按键输入

优点：简单直接，按键对应相关的指令，使用方便。

缺点：随着功能的多元化，当指令越来越复杂时，按键数量和组合会变得相当繁杂，在固定的体积下集成的按键越来越小，难以寻找和辨认，要熟练使用往往需要很多时间学习和掌握。

未来：作为基本命令的指令按键会继续存在于几乎所有电子产品中，如开关、声音控制等，而大面积的按键设备将会逐渐被淘汰，转向不占空间且集成量更大的触摸设备。

2. 触摸控制／多点触控

一种融合显示器和输入设备的交互方式——触摸控制（如图 7-1-9 和图 7-1-10 所示）在科技的不断发展下已成为现今人气最高的交互方式。目前，触摸屏已广泛应用在家庭、展馆、售票终端、通信设备、控制终端等领域，给人们生活带来了极大的便利。

优点：它满足在一个有限的平面范围内可以通过层级关系提供很多比较复杂的指令集合，将输入设备和输出设备整合在一起，减小占用体积，也更加符合人类认知和反馈的习惯。

缺点：按压的灵敏度和准确度依然是技术上要解决的问题，而且当产品本身比较小时，屏幕也变得很小，就不方便使用手指点击来选择。而且，大量大面积的液晶显示触摸屏的利用在成本上高过传统的按键装置。

 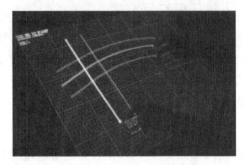

图 7-1-9　手写识别　　　　　　　　　　图 7-1-10　多点触控

未来：随着多点触摸技术和压感技术的发展，触摸屏也变得越来越直观和人性化。人们可以通过压力的大小来控制一直连续变化的量，如模仿人的笔触等。在各种媒体终端上，触摸屏技术将会进一步普及。同时，触摸屏也会在汽车、飞机、厂房等各种需要电子设备的地方发挥重大作用。

3. 手势识别

用手势来体现人的意图是一种非常自然的方式，在数千年的人类发展中已经形成了大量的、通用的手势（如图 7-1-11 所示）。手势识别是在人们普遍认知的基础上，利用信息技术实现的一种较为广泛的交互方式。

优点：通过不同形式的手势变化，能够快速实现人机信息交流；通过算法可以快速识别手势意义，并适用于大多数桌面系统。

缺点：手势识别只能识别手部整体动作，而无法识别具体的手指动作；手的位置是在三维空间，很难定位；在使用过程中可能因为用户手部的无意识举动而导致误操作。

未来：因为手部的形式多样且可以随用户所想而自由变换，未来手势识别还可以运用于不同场景，例如，设计师可以利用手势为产品建模，通过手势实现设计与艺术类活动。

4. 语音识别／声控交互

声控交互（如图 7-1-12 所示）方式经过多年的发展，技术日渐成熟，应用于电话拨号、身份认证、控制终端等。与眼球输入设备一样，它同样释放了双手。语音识别则以声带作为输入载体，通过与机器原先存储的声音进行匹配达到输入的目的。

图 7-1-11　手势识别交互方式　　　　　　图 7-1-12　声控交互

优点：只需要动口，而且忽略输入时各种身体动作产生的影响，个人适应性强。

缺点：受到全球不同语言的限制，要在全球推广，除了需开发一套模式化操作发音，还需开发多种语言内置匹配音库，同时，语音输入易受到周围嘈杂环境的干扰。除此之外，识别的准确性也是一个需要解决的问题。

未来：在安保系统中能够发挥比较突出的作用，更多的是作为其他交互方式的辅助方式来运用。

5. 眼动跟踪 / 眼球感应

眼球感应是运用红外线等技术追踪来感应眼球及瞳孔的移动,达到控制方向的目的(如图 7-1-13 所示)。目前此项技术尚未成熟，在残障人士等一些无法使用其他输入设备的人群中具有良好的前景。

优点：释放了双手，只需利用眼球就可以达到人机交互的目的。

缺点：眼球是人类接收信息的工具，通过眼球进行信息的输出，会影响到眼球接收信息的能力，同时，眼球过小、头部位置不固定、眨眼睛等人类行为习惯对眼球感应设备也是一个巨大的挑战。

未来：在残障人士群体的人机交互上会有很好的发展前途。

6. 人脸识别

人脸识别，又称人像识别、面部识别，是基于人的面部特征进行身份识别的一种生物识别技术（如图 7-1-14 所示）。采集具有人脸面部特征的图像或视频，用面部识别系统进行检测、跟踪与记录，从而对特定的人进行识别，通常用于保密装置、权限通行、刷脸支付等场景。

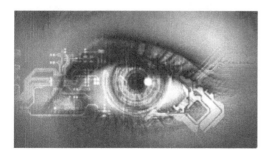

图 7-1-13　眼动仪　　　　　　　　　　图 7-1-14　人脸识别

优点：人脸识别具有自然性的特点，这也是人脸识别技术的优势所在。自然性是指人脸识别系统的识别方式与人类进行个体识别时所用的生物特征相一致，这不会被检测个体所察觉，不容易引起人的注意，便于识别。

缺点：人脸识别以生物面部特征为主要依据，而人类面部特征具有复杂性，而且多变，这使检测的相似度无法达到百分之百，因此这项技术被认为是人工智能领域最困难的研究课题之一。

未来：人脸识别产品已广泛应用于金融、司法、军队、航天、电力、工厂、教育、医疗、边检等领域。随着科技的发展与社会认同度的提高，人脸识别技术将应用于更多领域。

7. 传感器输入

以可感知无线红外线、重力感、压力感的传感器（sensors）为主的输入设备，通过内置的感应器来感知外界动作（如图 7-1-15 到图 7-1-17 所示），如光变化、重力方向、相对位移等，通过数据传输达到控制机器的目的。例如，数位板上的红外线传感、Wii 游戏机所使用的重力传感等。

图 7-1-15　海飞丝以体感游戏创新宣传　　　图 7-1-16　海尔展示"画中画"体感控制

图 7-1-17　索尼 PS3 的体感技术游戏

优点：用户不用再记忆和学习大量操作和命令，操作也变得简单和流畅，容易掌握，凭现实生活中的经验就会使用。

缺点：传感器的敏感度和精确度是不变的难题，因为很难模拟出与现实完全一样的感觉。因此，用户也不得不先适应。同时，成本也大大高于传统设备。

未来：将会在娱乐游戏方面有更广泛的应用。在教学系统、虚拟运动、家用电器上有比较好的应用前景。

8．投影交互

投影交互是指利用投影仪投影，操作者通过在投影仪与投影幕之间的阻隔产生的阴影来控制机器（如图 7-1-18 和图 7-1-19 所示）。这也是较新的未成熟的交互设备。

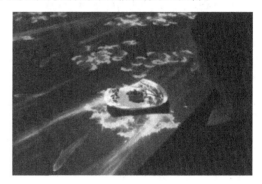

图 7-1-18　酒吧交互投影墙　　　　　图 7-1-19　东京推出投影式交互餐厅

优点：脱离输入硬件的限制。即使"手无寸铁"也能轻松操作。

缺点：在输入时会挡住一部分画面，造成对反馈信息阅读的障碍。

未来：在大型展览、娱乐方面有比较好的发展前景。

9．三维步态定位

三维步态定位是较新的适用性比较广的交互方式（如图 7-1-20 所示）。它内置有三维步态感应器，机器能够感知在三维空间内感应器的移动，进而做到在三维空间里控制机器。

优点：能够在传统鼠标二维的操作面上再加上一维，达到如同现实的三维空间操作的目的，是鼠标的扩展。更加贴近人类的生活体验。在三维平面或者立体显示器的支持下，它将大大改善人们对计算机的操作体验，所有传统的平面操作都将变成三维空间操作。

缺点：在三维空间里进行操作，支撑是一个问题，即如何才能减少人的肌肉疲劳。同时，此项技术是在鼠标上的改进，人们依然需要一个中介硬件来实现对机器的操作。

未来：因其操作方式与鼠标类似，在配套软件的支持下可能因鼠标的淘汰而成为新一代的交互方式。在娱乐、展示上也能发挥很大的作用。

10．脑电交互

随着科学技术的进步和发展，新型交互方式层出不穷，声光电一体的遥控玩具则是利用脑电技术发展起来的新型游戏方式（如图 7-1-21 所示）。

优点：相较于其他交互方式，脑电交互解放了双手，可以根据用户脑电达到实时交互的目的，具备先天的巨大优势，而且脑电玩具不需要动手能力，用户可以自然地沉浸其中，没有熟练度的限制，可操作性更强。

缺点：脑电技术在现阶段还不够成熟，而且大多成本较高，价格昂贵，不能广泛应用，因此在一定程度上也限制了用户群体，不能很好地实现人与人之间的有效互动；此外使用脑电设备需要佩戴电极帽并涂抹导电膏，这增添了使用前的复杂度，不方便使用。

未来：目前，脑电技术正在逐渐从实验室研究阶段过渡到消费级的市场阶段。这种全新的人机交互方式蕴藏着无限的创意和商机。

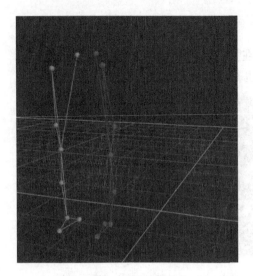

图 7-1-20 三维步态定位

图 7-1-21 沉浸式虚拟现实系统

思考题

现在我们知道了人机交互的几种不同方式，结合生活经历，思考你在使用这些交互方式的时候曾遇到过哪些困难，与他人交流并尝试寻找解决方案。

7.2 显 示 装 置

7.2.1 显示装置的类型及特征

显示装置是给人们传递信息的装置，包括机器运行状态、性能参数、工作指令及其他相关信息等。显示装置从传统意义上来讲是指生产工作过程中的各种仪表，现在显示装置的定义更为宽泛，任何将信息传递给人们的机器或装置都可称为显示装置。例如，电视、收音机甚至产品的说明书、报纸都可以称为显示装置。

1．显示装置类型

按照人接收信息的感官通道不同，显示装置分为视觉显示装置（如图 7-2-1 所示）、听觉显示装置（如图 7-2-2 所示）、触觉显示装置（如图 7-2-3 所示）、嗅觉显示装置、味觉显示装置等。其中，视觉显示装置应用场合更为广泛，通过视觉表达可以传递大多数信息；听觉显示装置对背景音有要求，使用也较为广泛；触觉显示装置等其他显示装置只针对特定器官作为辅助显示（如图 7-2-4 所示）。

2．显示装置特征

显示装置的共同特点是能够把机器设备等有关信息以人可以接收的形式显示给人。显示装置是人机系统中人机界面的重要组成部分之一。人依据显示装置所显示的机器运转状态和参数，才能对机器进行有效的控制，因此通过对显示装置的设计可以提高机器效能及效率。

图 7-2-1　视觉显示装置

图 7-2-2　听觉显示装置

图 7-2-3　触觉现实装置

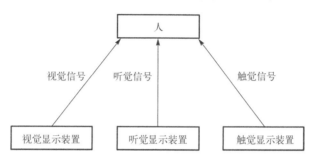

图 7-2-4　显示装置（作者自制）

7.2.2　视觉显示装置

在信息交互过程中，利用人的视觉通道向人传递信息的装置称为视觉显示装置。视觉显示装置的形式多种多样，在日常生活中的安全标志、时钟、广告牌、交通灯、电视及各种仪表和监视器，都是典型的视觉显示装置。

1．视觉显示装置的类型

根据显示装置的不同分类特性，可以将视觉显示装置分为如图 7-2-5 所示的几类。

（1）按照显示信息的时间特性

视觉显示装置可以分为动态显示装置和静态显示装置。

① 动态显示装置

动态显示装置显示的信息是随时间或状态而变化的，如温度计（如图 7-2-6 所示）和速度表（如图 7-2-7 所示）显示的数值并不是固定的，温度计随温度的变化而变化，而速度表则指示当下的速度，此外还有高度表、电视和雷达等。

② 静态显示装置

静态显示装置所显示的信息在一定时间内是保持不变的，如交通标志牌（如图 7-2-8 所示）显示的地点、距离、方向、速度规定等信息是固定的，此外还有广告牌和各种形式的印刷符号等。

（2）按照显示信息的精度要求

视觉显示装置可以分为定量显示装置和定性显示装置。

① 定量显示装置。以具体的数值来显示信息变化量，它既可显示动态信息，又可显示静态信息。如上文提到的温度计、速度表、距离指示牌和量尺（如图 7-2-9 所示），显示的皆属于定量信息。

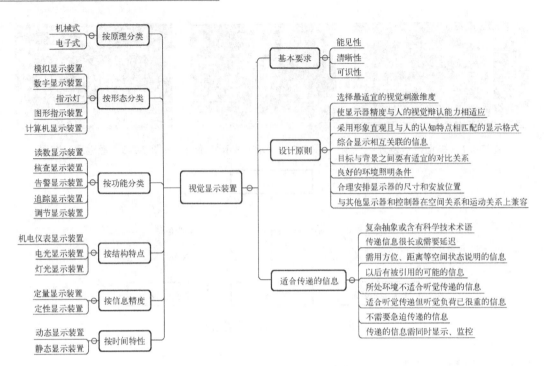

图 7-2-5　视觉显示装置的分类

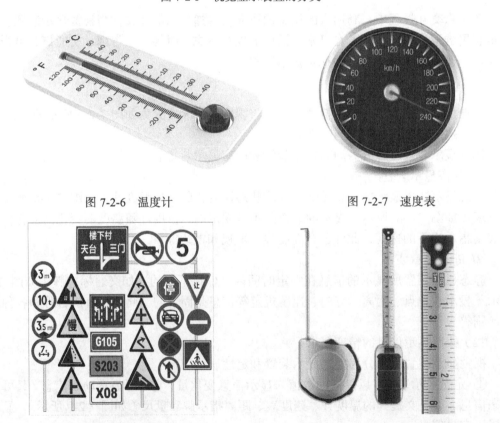

图 7-2-6　温度计

图 7-2-7　速度表

图 7-2-8　交通标记牌

图 7-2-9　量尺（定量显示装置）

　② 定性显示装置。只能显示某种信息变化的近似值或变化趋势，如用红绿灯（如图 7-2-10 所示）分别指示"禁止通行"和"允许通行"，用箭头标明机械运动的方向等。

（3）按照显示装置的结构特点

　视觉显示装置可以分为机电仪表显示装置（如图 7-2-11 所示）、电光显示装置（如图 7-2-12 所示）和灯光显示装置（如图 7-2-13 所示）。

图 7-2-10　交通指示红绿灯（定性显示装置）　　图 7-2-11　机电仪表显示装置

图 7-2-12　电光显示装置　　　　　　　图 7-2-13　灯光显示装置

（4）按照显示装置原理

　视觉显示装置主要分为机械式（如图 7-2-14 所示）和电子式（如图 7-2-15 所示）两种。

图 7-2-14　机械手表　　　　　　　图 7-2-15　电子手表

2. 视觉显示装置设计原则

　视觉显示装置的设计应遵循三项基本原则：能见性、清晰度、可识别性。下面将以汽车仪表盘（如图 7-2-16 所示）为例，分析视觉显示器设计原则。

（1）能见性

视觉显示装置的选择首先要保证能见性，例如，在交通灯的设计中采用红光作为停止信号，是因为红光波长较长，在可见度不高的雾霾天或阴雨天里能最大限度保证能见性；在速度表的设计中，从可见度出发，在黑色显示屏中用蓝光和红光显示刻度。

图 7-2-16　汽车仪表盘

（2）清晰度

清晰度是显示装置给人们传达的信息清晰程度，包括色相对比清晰度、显示精度及视觉次级维度。通过色相对比可以更好地突出要传达的重点信息，例如，油量较少或速度过高的区域用红色显示，在提高清晰度的同时可以用于提示。

（3）可识别性

可识别性是指信息传达得清晰明了，不会给用户造成认知困扰，因此应尽量采用形象直观且与人的认知特点相匹配的显示格式。显示格式越复杂，人所需要的认读和译码时间越长，越容易出现差错。

3．视觉显示装置适合传递的信息

- 复杂抽象的信息或含有科学术语的信息，如文字、图表、公式等；
- 传递的信息很长或需要延迟；
- 需用方位、距离等空间状态说明的信息；
- 以后有被引用可能的信息；
- 所处环境不适合听觉传递的信息；
- 适合听觉传递但听觉负荷已很重的场合；
- 不需要急迫传递的信息；
- 传递的信息常需同时显示、监控。

思考题

试着找出并列举生活中见到的视觉显示装置，并分析它的类型；与他人交流与讨论生活中的视觉显示装置。

7.2.3　听觉显示装置

在信息交往过程中，利用人的听觉通道向人传递信息的装置称为听觉显示装置。例如，图书馆的防盗门（如图 7-2-17 所示）则属于听觉显示装置，其通过声音信号传达信息。听觉显示装置没有视觉显示装置那么广泛，但也适用于很多场合，它可分为声音听觉显示装置和

图 7-2-17　图书馆防盗门

言语听觉显示装置两大类。与视觉相比，听觉具有易引起人的随时注意，以及反应速度快和不受照明条件限制等突出的优点。但听觉容量低于视觉，且对复杂信息模式的短时记忆保持时间较短。

1. 听觉显示装置设计原则

听觉显示装置与人的听觉通道特性相匹配，应遵循以下设计原则。

- 听觉刺激的音量、音效等所代表的意义应符合人们的认知，与人们习惯或自然的联系相一致。例如，轻柔、舒缓的音调会给人放松的感觉，而急促、尖锐的鸣叫则会给人紧张感和紧迫感，报警装置通过急促的鸣叫声给人以警醒，以便于迅速做出反应。
- 声音的强度、频率、持续时间等应避免使用极端值，而且要在使用者的绝对辨别能力范围之内，增强可识别性。
- 与视觉显示装置通过色相对比来突出信息是一样的，听觉信号的强度也应高于背景噪声，保持足够的信噪比可以防止声音掩蔽效应导致人们出现干扰。
- 要避免使用稳定信号，尽量使用间歇或可变的声音信号，这有利于接收者更快速地适应相应声音信号。此外，应分时段呈现不同的声音信号。
- 显示复杂的信息时，可采用两级信号。第一级为引起注意的信号，第二级为精确指示的信号。对不同场合使用的听觉信号也应尽可能标准化。

2. 听觉显示装置适合传递的信息

- 较短或无须延迟的信息；
- 简单且要求快速传递的信息；
- 视觉负荷过重的场合；
- 使用视觉受到条件限制的信息；
- 所处环境不适合视觉通道传递的信息。

7.3 操 纵 装 置

7.3.1 操纵装置的类型及特征

操纵装置（又称控制器或调节器）是指利用人的动作（直接或间接）使机器启动、停止或改变运行状态的各种元件、器件、部件、机构及它们的组合等。其基本功能是把操作者的响应输出转换成机器设备的输入信息，进而控制机器设备的运行状态。工厂里的缝纫机（如图 7-3-1 所示）利用人的动作来直接控制机器运转，属于操纵装置。

图 7-3-1 缝纫机——操纵装置

1．操纵装置分类

根据不同分类特征可将操纵装置分为不同类型（如图 7-3-2 所示）。

（1）根据操作所用的身体器官或行为分类

操纵装置可分为手动控制器、脚动控制器和言语控制器。

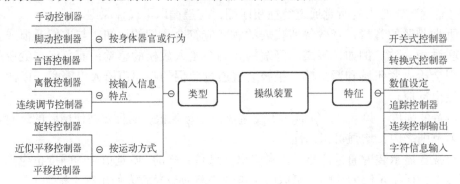

图 7-3-2　操纵装置的类型及特征

① 手动控制器

如图 7-3-3 所示，手动控制器是指用手操作来实现控制的装置，是最常用的一种方式，如各类按钮按键，通过按压旋转等方式实现功能的切换。

② 脚动控制器

如图 7-3-4 所示，脚动控制器是指用脚操作来实现控制的装置。在多数控制作业中都采用手动控制器。当手部处于高负荷状态时，可考虑采用脚动控制器。

③ 言语控制器

如图 7-3-5 所示，言语控制器采用语音输入方式来控制机器，其形式更多样，应用于许多不方便手动或脚动控制的场合。

图 7-3-3　手动控制器　　　　图 7-3-4　脚动控制器　　　　图 7-3-5　言语控制器

（2）根据输入信息的特点分类

操纵装置分为离散控制器和连续调节控制器。

离散控制器可调出有限的、确定的几种状态，状态变化是跃变式的。连续调节控制器可连续调节，状态变化是平滑、渐进式的。控制状态少于 25 种或需要输入数字、字母或开关、是否等信息时，可采用离散位选控制器。在置位时，它们可提供触觉反馈；控制状态超过 25 种或需要连续控制且控制速度比准确性更重要时，应采用连续调节控制器。

（3）根据运动方式类

如表 7-3-1 所示，操纵装置可分为旋转控制器、近似平移控制器和平移控制器。对它们的选用应考虑控制与显示、控制与系统输出的运动兼容关系。它们的操作绩效受控制器相对于操作者的位置（前、侧、高、低）和它们运动方向的影响。

表 7-3-1　根据运动方式分类

根据运动方式分类			
基本类型	动作类别	举例	说明
旋转控制器	旋转	曲柄、手轮、旋钮、钥匙等	控制器可以做 360°以下旋转
近似平移控制器	摆动	开关杆、调节杆、拨动式开关、脚踏板等	控制器受力后，围绕旋转点或轴摆动，或者倾倒到一个或数个其他位置。通过反向调节可返回起始位置
平移控制器	按压	按钮、按键、键盘等	控制器受力后，在一个方向上运动。在施加的力被解除之前，停留在被压的位置上；通过反弹力可回到起始位置
	滑动	手闸、指拨滑块等	控制器受力后，在一个方向上运动，并停留在运动后的位置上；只有在相同方向上继续向前推或者改变方向，才可使控制器作返回运动
	牵拉	拉环、拉手、拉钮等	控制器受力后，在一个方向上运动。回弹力可使其返回起始位置，或者用手使其在相反方向上运动

2．操纵装置特征

不同类型的操纵装置的特征不同，同是连续操纵装置或间断操纵装置，其实现的功能不同，特征也不相同，下面为常见的几类操纵装置及其特征。

（1）开关式操纵装置

开关式操纵装置用来实现开或关、接合或分离、接通或切断等功能，如各类电器产品的电源开关。实现开关可选用多种形式，常见的有船形开关、拨动开关、带锁定的按键等。开关式操纵装置中有急停操纵装置，这类操纵装置要求在最短的时间内产生效果，启动必须十分灵敏，具有"一触即发"的特点。所用的操纵装置与开关式操纵装置基本相同，但布置的位置不应与普通的开关式操纵装置太靠近，以免紧急操作时产生误操作，如拖拉机上的发动机熄火拉杆等。

（2）转换式操纵装置

转换式操纵装置用来把系统从一个工况转换到另一个工况，如洗衣机的洗涤方式选择开关、磁带机的琴键开关、车辆上的前大灯变光开关等。开关式操纵装置和转换式操纵装置一般都属于间断操纵装置。

（3）数值设定操纵装置

数值设定操纵装置用于在给定范围内设定一个量，如设定空调的目标温度、汽车的巡航定速。

（4）追踪操纵装置

追踪操纵装置可用于追踪控制，包括一、二、三维，如通过控制方向盘驾驶汽车等。

（5）连续控制输出操纵装置

连续控制输出操纵装置可以使系统参数稳定地改变，如汽车的刹车，人在操作时输出的是踏板位置，实际的作用是刹车的力在连续增加，车辆的速度在不断减小。

（6）字符输入操纵装置

常用手动字符输入方式有键盘输入、鼠标的虚拟键盘字符输入和手写输入。前两种为间断输入，手写为连续输入。输入的文本可作为信息存储，也可以是命令。

一种操纵装置可用于不同类型的控制输出，一种控制输出可采用不同类型的操纵装置，但从人因角度衡量，一般来说不同种类的操纵装置在实现同一种控制输出时，效果是不同的，即效率、操控性、精度等是不同的。即使是同一种操纵装置，其形态、尺度、控制力、组合方式、安装位置等也会影响其人因性能。如表 7-3-2 所示为常用操纵装置的特性比较。

表 7-3-2　常用操纵装置的特性比较

控制特性	操纵装置									
	旋钮	旋钮开关	曲柄	手轮	按钮	拨动开关	滑动开关	操纵杆	脚踏板	脚踏钮
空间需求	小—中	中	中—大	大	小	小	小—中	中—大	大	大
编码效率	好	好	较好	较好	较好—好	较好	好	好	差	差
易于视觉指示控制位置	较好—好（指针）	较好—好	差（多圈）	差—较好	差（无灯）	较好—好	好	较好—好	差	差
易于非视觉指示控制位置	差—好	较好—好	差（多圈）	差—较好	较好	好	差	差—较好	差—较好	差
一排类似操纵装置的检查	好（指针）	好	差（多圈）	差	差（无灯）	好	好	差	差	差
一排类似操纵装置的操作	差	差	差	差	好	好	好	差	差	差
组合控制有效性	好（共轴旋钮）	较好	差	好	好	好	差	好	差	差

思考题

结合显示装置与操纵装置的设计原则，思考显示装置与操纵装置在位置上的对应关系，并结合具体案例与他人交流。

7.3.2　操纵装置与人因工程学设计原则

操纵装置的设计原则如图 7-3-6 所示。

1. 操纵装置的布局原则

（1）人体尺度

操纵装置应放在人容易触及的地方。这似乎是很显然的，实际上，伸触界限并不明确。同样不明确的影响因素有座椅的背靠角度、手的方向及身体限制。目前，对各种伸触界限已有充分的研究，设计决策所需的资料也可方便地取得。在布置坐姿操作的操纵装置时，伸触考虑是非常重要的；在设计手握产品时，考虑伸触能力也是同样重要的。例如，传统照相机的使用者必须先对准镜头焦距，再按下快门键，之后立即向前卷胶卷。注意，操纵装置的位置也应避免不利的影响，如避免握持相机时，手指挡到镜头或闪光灯。因为这些不利的影响是不易预测的，在做设计定案前，以模型进行适当的测试是必要的。

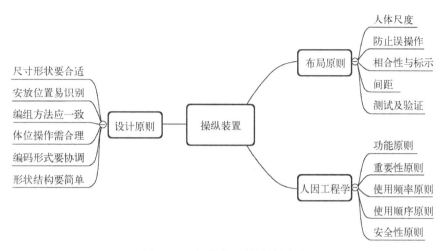

图 7-3-6　操纵装置的设计原则

（2）防止误操作

当产品是设计在开放环境中使用的时，如办公室内的复印机，要隐藏初次使用者不常用到的操纵装置。

（3）相合性与标示

操纵装置的位置或标示，应明确显示与其伴随的显示器之间的关系。当使用者的手放在操纵装置上时，不应遮挡控制器的标示。

（4）间距

不适当的操纵装置间距，会增加误操作的风险，并造成操纵装置较难使用。如果产品是在冷天户外使用的，或用于伐木或园艺，则必须假定使用距离，操纵装置必须比其他情况所需的放置得更远一些。

（5）测试及验证

操纵装置的初步安排是否适宜，应以模型加以测试与验证。测试应包含绩效量测及使用者接受度的评估。

2．操纵装置的设计原则

① 操纵装置的尺寸和形状及安放位置，应适合人的手脚尺寸及生理学和解剖学特性。

② 对操纵装置进行编组的方法应与使用者的思维方式和规律一致。操纵装置编组应遵循：按功能或相互关系编组；按使用顺序编组；按使用频率编组；按优先性编组；按操作程序编组；工艺过程的模拟编组。

③ 操纵装置的操作运动与显示器或被控对象应有正的运动协调关系，这种运动关系应与自然行为倾向一致。

④ 操纵器与相关显示器的编码形式必须协调一致，编码应与公认惯例及现有的准则相一致，如编码形状、位置、尺寸、颜色、音响、操作方法及字符等。

⑤ 形状美观，结构简单。合理设计多功能操纵装置，如带指示灯的按钮，将操纵和显示功能结合起来。

3. 操纵装置的人因工程学设计原则

人机交流过程中，离不开显示装置与操纵装置，下面将以键盘的设计（如图 7-3-7 所示）为例，分析操纵装置的人因工程学设计原则。

图 7-3-7　键盘的设计

（1）功能原则

操纵装置设计过程中，功能是需要优先考虑的因素，操纵装置的基本形态和使用方式都是由其功能决定的。例如，键盘的功能是通过敲击的方式实现信息的输入，其基本形态则是呈长方体扁平状，便于手部操作。

（2）重要性原则

在考虑基本功能的前提下，还应考虑不同功能的重要性程度，进而设定优先级。例如，键盘除信息输入的功能外，还可以通过不同的按键实现快速切换，此外还有充电（或电池）、亮度显示、指示灯指示等辅助功能。按照其重要程度，将键盘上的按钮设计在最便于操作的位置。对键盘来说，按键之间的重要性程度也是不同的，例如，Esc 键（如图 7-3-8 所示），对很多用户而言，这个键并不常用，但它可以实现强制退出或暂停的功能，因此它虽没有设计在一个最容易接触的地方，但设计在了一个最显眼、最便于找到的地方——左上角。

图 7-3-8　Esc 键位置示意图

（3）使用频率原则

根据键盘各部位使用频率不同（如图 7-3-9 所示），我们通常将最经常用到的部位设计在最便于接触的地方，键盘的主要功能是信息输入，因此字母键设计在设备正中央的位置；而在输入过程中免不了用到空格键和回车键，因此空格键设计在键盘的正下方，通过拇指的按压，可以方便地实现相应操作；而回车键则在字母键的右侧，通过右手小指按压实现对应功能。

图 7-3-9 使用频率示意图

（4）使用顺序原则

操纵装置的设计需要考虑各部位的使用顺序，使用顺序要符合用户认知，如从上往下、从左到右。在键盘设计中，字母键则是按照从左到右的顺序将数字从小到大排列的，从而减少记忆负荷（如图 7-3-10 所示）。

图 7-3-10 数字键排列顺序

（5）安全性原则

任何一件产品的设计都需要将安全性放在第一位，操纵装置与人体接触的部位不能有棱角，其尺寸与形态的设计应在使用过程中不对人体造成伤害（如"鼠标手"）。键盘的按键部分与手指接触，形态上没有尖锐的棱角，很多键盘的按键还带有一定弧度（如图 7-3-11 所示），这是从安全性及舒适度上考虑而做出的设计。

图 7-3-11 带有弧度的按键

📝 思考题

找到身边常用的操纵装置，结合操纵装置设计原则，从其布局、位置、尺寸、形态等方面分析它为什么要这样设计。

7.3.3 手动操纵装置

手动操纵装置是指通过手部操作实现人机交互的装置，包括按钮、旋钮、扳动开关、控制杆、手轮、摇柄等。

1. 手动操纵装置的类型

（1）按钮

按钮是手动操纵装置中最常用的一种方式，通过直接按压进行控制，简单快捷，适用于大多数场合（如图 7-3-12 所示）。

（2）旋钮

旋钮（如图 7-3-13 所示）分为圆形旋钮、多边形旋钮、指针式旋钮、转盘式旋钮等，如图 7-3-14 所示。按钮只能实现简单开关，而旋钮可以通过幅度的变化实现程度上的调节。

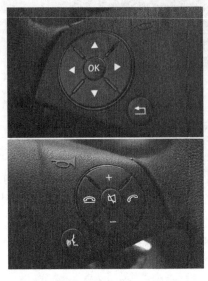

图 7-3-12　汽车操作盘按钮

图 7-3-13　汽车操作盘旋钮

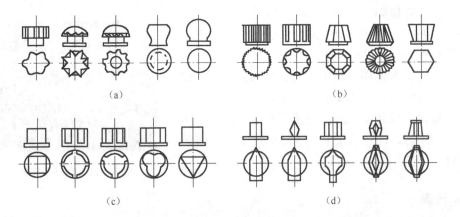

图 7-3-14　旋钮类型

（3）扳动开关

扳动开关（如图 7-3-15 所示）一般只有开和关两种功能，但有两种控制位置（开、关）和三种控制位置（关-低速-高速）之分，也适用于多种场合。

（4）控制杆

控制杆（如图 7-3-16 所示）是一种需要用较大的力操纵的控制器。利用控制杆可以进行前后推拉、左右推拉或圆锥运动，因此需占用较大的操作空间。

（5）其他

此外，手动操纵装置还有手轮、摇柄等。

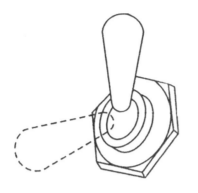

图 7-3-15　扳动开关

图 7-3-16　控制杆

2．手动操纵装置的设计原则

（1）保持手腕处于正中状态

当手腕处于掌侧屈、背侧屈、尺侧偏和桡侧偏的状态时，腕道内的肌肉会发生挤压，产生腕部酸痛和握力减小的现象，如果长时间处于这种状态，就会引起腕部的各种疾病。理想的情况是手在正中状态下操作，腕关节处于自然状态。例如，传统剪刀（如图 7-3-17所示），手腕是处于尺侧偏状态的，腕部易产生疲劳；改进后的剪刀（如图 7-3-18 所示），可以保证手腕处于正中状态操作，改善了腕部受力。有资料显示，改进后的剪刀设计在减少腕部累积性伤害方面作用显著。

图 7-3-17　传统剪刀　　　　　图 7-3-18　改进后的剪刀

（2）避免组织的压迫受力

在手工具或器具的操作中，应避免在手掌上聚集很大的压力，避免压力敏感区有重要的血管和神经，特别是尺动脉和桡动脉。避免工具抵进掌心，压迫血管，造成血流受阻或局部缺血，导致手指麻木和刺痛。

手柄应设计得具有较大的接触面来分散压力，并将这些压力引导到不敏感的区域，如拇指和食指间的组织上。例如，传统刮漆刀（如图7-3-19所示）压迫尺动脉，改进后的刮漆刀（如图7-3-20所示）手柄靠在拇指和食指间的组织上，这样就可以防止压力作用在手掌的重要区域。

图 7-3-19　传统刮漆刀　　　　　　图 7-3-20　改进后的刮漆刀

（3）避免手指的重复动作

通常应避免频繁使用食指做扳机动作，以免形成"扳机指"，应该由拇指来操作控制器。但是，不要使拇指过度伸展，那样会导致疼痛和发炎。连指控制器是优于拇指控制器的设计，这样可以让几根手指来分担负荷，拇指还可以抓握和引导工具。如图7-3-21所示为拇指操作和凹进式连指控制器的设计对比。

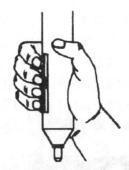

图 7-3-21　拇指操作和凹进式连指控制器的设计对比

（4）考虑女性和左撇子

女性约占全世界人口的50%，但是很多手工具的设计并不适合女性群体。与男性相比，女性的手长比男性平均短2cm，女性的平均握力大约是男性的2/3。由于女性已经越来越多地参与到那些传统上由男性支配的行业中，因此，手工具设计应反映出男性与女性在人体尺寸和工效学上的差异。工具应让操作者能用自己的惯用手来使用，而左撇子占世界人口的8%～10%，因此工具的设计应考虑到左手操作者（如图7-3-22和图7-3-23所示）的使用。

图 7-3-22　左手用剪刀

图 7-3-23　左手用鼠标

思考题

　　找出生活中常见的手动操纵装置，试结合所学内容分析该产品在哪些方面符合人因工程学设计原则。

7.3.4　脚动操纵装置

　　一般在下列情况下选用脚动操纵装置：一是需要连续进行操作，而用手又不方便的操作位置；二是无论是连续性操作还是间歇性操作，其操纵力都超出 49～147N 范围的情况；三是手的操作工作量太大，需要脚来辅助完成操作任务。脚动操纵装置主要有脚踏板和脚踏钮。当操纵力超过 147N，或操纵力小于 49N 且需要连续操作时，宜选用脚踏板；当操纵力较小且不需要连续操纵时，宜选用脚踏钮。

　　使用脚动操纵常常会限制使用者的姿势，使得转身或移动小腿的位置变得困难，因此脚动操纵较多地应用于坐姿操作的场合。

1．脚动操纵装置的类型

（1）脚踏板

　　脚踏板可分为往复式（如图 7-3-24 所示）、回转式（如图 7-3-25 所示）和直动式（如图 7-3-26 所示）三种，直动式脚踏板又分为以脚跟为转轴和脚悬空两种。例如，汽车的油门踏板是以脚跟为轴的踏板，制动踏板是悬空踏板。脚踏板多设计成矩形和椭圆形，便于施力。脚踏板的长宽尺寸主要取决于工作空间和踏板间距。

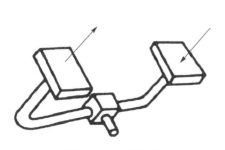

图 7-3-24　往复式

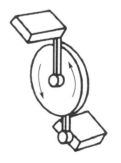

图 7-3-25　回转式

（2）脚踏钮

脚踏钮（如图 7-3-27 所示）可设计成矩形，也有圆形。在不方便用手操作的情况下，脚踏钮可取代手按钮，它可以迅速操作，但一般要占较大的面积，如圆形的直径为 13～51mm。脚踏钮阻力最小为 17.8N，最大为 88N。

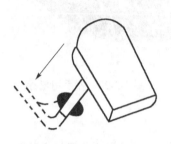

图 7-3-26　直动式

图 7-3-27　脚踏钮

2. 脚动操纵装置设计的注意事项

（1）影响脚动操纵装置绩效的因素

一些重要的设计参数会直接影响脚动操纵装置的绩效，如负载大小（对脚的施力要求）、操纵时脚与腿部胫骨间的角度、施力时支点的位置（踏板是铰接的）和操纵装置相对于操纵者的位置等。

与使用者相关的影响脚动操纵装置的绩效因素包括反应时间、动作时间、操作速度、准确度、性别、身体状况、心理素质和个人偏好等。

（2）脚动操纵装置的用力应符合人脚的施力特性

脚动操纵装置的种类较多，由于其功能特征、式样和布置的位置不同，脚的操纵方式也不同。对用力大、速度快和准确性要求高的操作，宜用右脚；但对操作频繁、容易疲劳，且不是很重要的操作，应考虑左右脚交替进行。即使是同一只脚，用整个脚、脚掌或脚跟去操纵，其操纵、控制效果也有差异。例如，当操纵力较大（大于 50N），操纵频率较低时，宜用整只脚踏；当操纵力较小（小于 50N），且需要操纵迅速和连续操纵时，宜用脚掌和脚跟踏。

一般的脚动操纵装置都采用坐姿操作，只有少数的操纵力较小（小于 50N）时才允许采用立姿操作。

📝 **思考题**

找出生活中常见的脚动操纵装置，试结合所学内容分析该产品在哪些方面符合人因工程学设计原则。

7.4　无障碍设计

7.4.1　无障碍设计的背景

当今社会"以人为本"的基本理念已越来越深入人心，需要特别强调"向弱势群体倾斜"。对肢体残障者的生理、心理和行为特性进行深入研究，并且以此为依据，为他们创建科学的、符合实际生活活动需要的无障碍室内环境，显得十分迫切和需要。无障碍卫生间（如图 7-4-1 所示）便是为残障人士设计的卫生间，便利性的扶手可以避免残障人士摔倒，方便使用。

图 7-4-1　无障碍卫生间

无障碍设计（Barrier-free Design）是联合国在 1974 年提出的设计新主张，目的是通过环境设计与产品设计为身体有障碍的人群提供最大便利。中国残疾人联合会研究指出，残疾人自身的功能代偿和残缺功能的社会补偿，可以使残疾的实际影响变得比人们想象的小得多，这也是无障碍设计的意义所在。

无障碍设计主要提供物质无障碍和信息交流无障碍。其基本思想是对人类行为、意识与动作反应进行研究，对一切与人相关的物和环境进行优化，清除人们生活过程中的干扰与障碍，在信息交流、产品使用操作及日常生活中提供最大便利。无障碍设计的根本思想是为所有人提供平等，核心是以人为本。

7.4.2　无障碍设计的原则

无障碍设计是以人为本，以产品的易用性、安全性、可达性、独立性、舒适性等为基本原则的设计方式。

1．易用性

无障碍设计的主要用户人群为肢体残障者，这类用户对环境的感知力较差，动作缓慢，因此无障碍设计需尽可能减少操作步骤，避免复杂烦琐的使用过程。

2．安全性

由于自身的生理、疾病、特殊状态等原因，肢体残障者对环境的感知能力普遍较差，这就更需要产品的安全性，尽量保证使用者的身体协调性，避免摔倒、滑落或误接触等事故的发生。

3．可达性

可达性是空间中所有使用人群都适用的原则。尤其对肢体障碍者来说，由于缺乏对空间的感知和判断能力，这类用户可能对方位的判别更为困难。因此，在空间设计上更应考虑可达性，充分运用视觉、听觉、触觉的手段，给予重复的提示。而且，通过空间层次和个性创造，以合理的空间序列、形象的特征塑造、鲜明的标识示意及悦耳的音响提示等，来提高空间的可达性。

4．独立性

即使身体存有障碍，肢体障碍者也希望能够自理和独立地完成任务。能够独立是获得自尊和平等的基础，无障碍设计要考虑产品和设施给使用者带来独立操作的可行性。

5．舒适性

对肢体障碍者的关爱应该体现在室内空间和家具细部的设计处理上，空间和家具的形态要合理匹配，行为流线要流畅，材料质感要和谐，让人在使用过程中感受到舒适、体贴和周到。

思考题

试找出生活中的无障碍设计应用。

7.4.3 无障碍设计的应用

"辅具"是对有关辅助工具的相关设备及信息咨询服务的简称，其主要目的是改善、加强、维持和提高残疾人群的生活质量与自尊，提升其自助性的重要功能。在我国，残疾人辅具主要包括8种：矫正器和假肢类、生活自理辅助工具、移动辅助工具、饮食辅助工具、信息交流辅助工具、休闲娱乐辅助工具、康复训练辅助工具、用于改善生活环境的辅具。下面以代步车（如图 7-4-2 所示）为例分析无障碍设计应用需要考虑的因素。

图 7-4-2　代步车

1．功能因素

基于老年人的运动机能中平衡能力减弱、较难长时间保持平衡、易跌倒的生理特性，代步车需帮助老年人支撑身体保持站姿平衡，老年人可用手握住代步车把手推行保持平衡，把手带有刹车功能，功能应该简单易用，符合认知，如图 7-4-3 所示。

2．尺寸和形态

设计尺寸是以老年人身体（萎缩）尺寸和脊椎（变弯）形态作为依据的，考虑代步车各功能尺寸的设计依据、选用原则、百分位、测量值和应用值。形态是由老年人的行为特性及需求（站姿推行和坐姿休息）结合人体尺寸为设计依据的。代步车的各个部件要对应人体尺寸，更加符合人体工程学，以便使用无障碍。

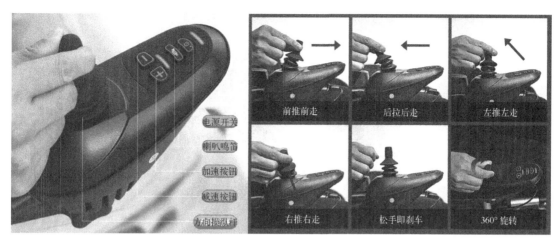

图 7-4-3　操作面板及示意图

3．材料和重量

基于老年人的四肢力量减弱的生理特性，而如今人们大都住楼房，考虑到推行和提拎重物上楼，整体材料宜轻。通过问卷调查，65～70 岁男子（城市）的单手提力在 12.6kg 以下（5min 以内不会感觉负担不了），身体强壮和职业锻炼者（务农务工者）能承受更重，本代步车样本净重 5.9kg。材料选择质量轻、强度高的铝合金型材料（如图 7-4-4 所示）。手刹握把宜用软面弹性材料，使用更加舒适；手刹宜用无棱角不锈钢材料，使用更加安全；后轮（如图 7-4-5 所示）上的荧光涂料，在光线暗处可起到提醒避让老年人的作用。

图 7-4-4　铝合金材料

图 7-4-5　代步车后轮

4．结构

考虑到代步车像轮椅一样有时需拿到公共交通工具（地铁和公交车等）和私家车中，代步车需设计成可折叠形态，便于携带（如图 7-4-6 所示）。

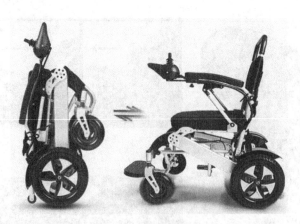

图 7-4-6 可折叠形态

试结合所学内容，结合生活中的无障碍设计的例子，分析其在设计上体现了哪些无障碍设计原则。

第 8 章

人因工程应用的设计专题 《《《

8.1　视觉信息设计

视觉信息设计是将冗杂的文字、图形图像、声音、影像等信息内容运用设计的形式将其整合、分类、编辑，并以新形式将信息更加高效、直观、易懂地进行传递。

8.1.1　信息设计

信息设计（Information Design），最初是基于平面设计提出的。随着与各个学科的不断交叉融合发展，信息设计逐渐成为一门跨学科的交叉性边缘学科。简单来说，信息设计就是用设计的方法搜索、采集、整理、传达信息。

1. 信息设计要素

（1）文字

文字作为信息传递的首要表现形式，字体的选择及文字的编排设计时刻影响观者阅读。对不同受众年龄人群，文字大小与段落间距是设计要素之一，日本工业标准中《不同年龄最小可阅读文字大小》对文字大小做出进一步规范，针对不同年龄人群对字体大小进行规范化处理，满足不同年龄人群的不同需求（如图 8-1-1 所示）。

年龄	字体展示	大小
10岁	字体展示效果供参考 工	2.5mm
20岁	字体展示效果供参考 工	2.8mm
30岁	字体展示效果供参考工	3.2mm
40岁	字体展示效果供参考 工	3.5mm
50岁	字体展示效果供参考工	4.2mm
60岁	字体展示效果供参考工	4.9mm
70岁	字体展示效果供参考工	5.6mm
80岁	字体展示效果供参考工	6.7mm

图 8-1-1　不同年龄最小可阅读文字大小

成段的文字会影响观者对信息的处理能力，因为文本中所包含的信息需要一定的分析才能得到核心内容和潜在信息。视觉心理学的研究表明，人们习惯从上到下、从左到右、由实到虚地阅读信息。当版面中文字信息横排版时，人们习惯将视线从左上到右下移动；当文字信息竖排版时，人们习惯将视线从右上向左下移动（如图 8-1-2 所示）。

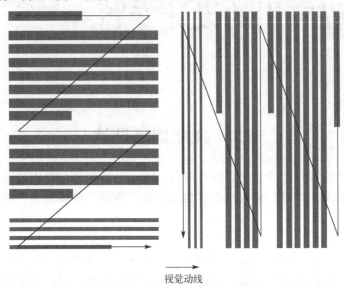

视觉动线

图 8-1-2　排版模式对视觉动线的影响

同样，对文字字号的调整不仅满足对信息重要程度的区别，在大片的文字编辑时还起到一定的视觉引导效果。以可口可乐一百周年发展史报道（如图 8-1-3 所示）为例，通过对图片、文字的排版将可口可乐发展史以线串联，从左上到右下的视觉动线有效避免混乱的阅读对文章理解造成的困扰。

（2）图形图像

标识图形作为文字交流外的另一种选择，在复杂的信息中，人的视觉具有主动选择性，相较于文字的单一性，眼睛会主动优先选择解读包含更多刺激信息的图片内容，同时，由于图形图像具有形象性的特点，容易在大脑中建立记忆表象，推动内容内在联系的梳理，因此出版物会大量使用图形图像作为视觉引导，如插图、图表。以宜家的说明书设计（如图 8-1-4 所示）为例，主要内容放弃传统文字表达方式，运用图像的形式表达产品的组装、使用等信息，省去人对文字信息的想象步骤，直接呈现具体形象，更加强调呈现清晰的逻辑关系，一定程度上减少对组装使用过程产生的误解，更好地发挥信息传递功能，同时可以增加互动内容，使顾客更好地了解产品功能。

（3）色彩显示

在当下设计环境中，色彩也是传达信息要素的一种表现形式。人的各种情绪容易在色彩的作用下被赋予不同的含义，甚至会对生理及心理产生影响。由于人眼对 555nm 左右的波长最为敏感，在心理上的影响也最为长久，因此红、黄、蓝、绿通常作为主要颜色在生产生活中使用，同时也会作为公共场合中的标识标准色与黑、白、灰一起使用。表 8-1-1 列举了在生产和交通方面色彩的含义。

图 8-1-3　报纸版式——可口可乐一百周年发展史报道及视觉动线

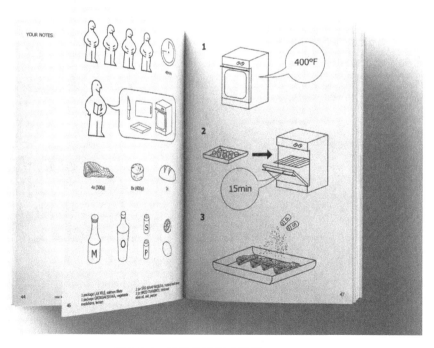

图 8-1-4　宜家的说明书设计

表 8-1-1　在生产和交通方面色彩的含义

色别	含义
红	停止：交通工具停止及设备停止； 禁止：不准操作、不准通行等； 高度危险：如高压电、交叉路口、剧毒物等； 防火：消防车及消防用具
橙	常用于危险标志及航空、船舶的保安措施，如黑匣子
黄	明视性较好，能引起注意，多用于警戒标识
绿	安全：安全出口标识用色； 卫生：救护所、保护用具常用绿色表示设备安全运行
蓝	警惕色，如开关盒外表颜色，修理中的机器、升降设备、地窖、活门等标志色
紫红	放射性危险颜色
白	表示通道、整洁、准备运行的标识色，用来标识文字、符号、箭头或作为红、绿、蓝的辅助色
黑	常用于标识文字、符号、箭头或作为白、橙的辅助色

在空间中，信息经常以位置或空间布局的形式出现，这意味着要通过平面设计的形式对空间信息进行解释设计，如空间中的导视系统。

导视系统使用具象的标识、文字、颜色或者通用标识中的一种或多种形式进行组合，将空间中的位置信息准确、清晰地传达给用户，同时可以通过设计将环境与标识相互融合，从而达到环境美化的作用。原研哉设计工作室为日本梅田医院设计的导视系统（如图 8-1-5 所示），使用饱和度较高的红色文字与白色背景，形成高对比度的导视牌，在更大程度上减少视觉距离对信息识别的错误率，一定程度上提升了信息传递准确率。同时，大量使用布材，给人以柔软、温和的心理感觉，布面部分可以根据科室调整、时间老化等更换，极大节省成本。

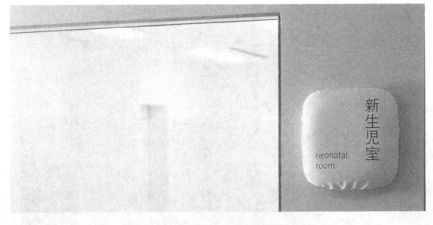

图 8-1-5　梅田医院导视系统

2. 信息设计的思路

（1）信息内容具备传播价值与使用价值

信息内容在满足受众利益的前提下，通过有意识的设计提取信息，将信息以必要的形式传播出去，实现信息的价值。以道昌咖啡旗下的 4Life 天然水源矿泉水（如图 8-1-6

所示）为例，该产品旨在让每个人都了解天
然森林水源的完整性，并表达尊重自然、尊
重生物的态度。

　　该包装以水平横线表现水面，通过动物的
生活来传达水源和动物的联系，如水面掠过的
鹤、在水中玩耍的老虎，甚至鳄鱼慢慢游来寻
找猎物等。每瓶水的特征各不相同，体现的是
动物和水源之间的美丽节奏，一方面体现良好
的水源是动物和人类生活的共同水源，另一方
面体现产品来自无污染的自然生态。

图 8-1-6　4Life 天然水源矿泉水包装

　　（2）信息设计以人为中心

　　人作为信息的接收者，其需求要被充分考虑，信息设计需要将人的参与
融入设计过程中，进一步强调设计的服务性。例如，探索海洋——交互式科
学海报（Explore The Ocean - Interactive Scientific Poster，如图 8-1-7 所示）

改造设计赫伯罗特航运公司的远征船，以细致的 3D 动画和数据可视化解
释海洋中的全球进程。海报从地球动力学、生物圈、气候和观测系统 4 个方面对海洋科
学进行科普分析，运用动画辅助声音讲解，使用户在视觉与听觉的辅助下对海洋中的变
化及相关科学有了更深的理解。同时，加入多点触控屏，充分调动人的参与互动性。该
设计对信息设计在新技术背景下的发展提供了新的设计思路。

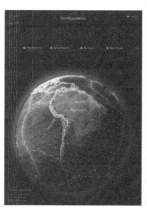

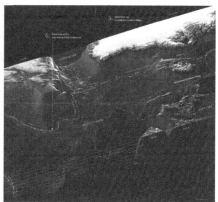

图 8-1-7　探索海洋——交互式科学海报

8.1.2　界面设计

　　界面设计（User Interaction Design）是沟通人与物之间信息交换的窗口，如图 8-1-8 所
示。界面设计是工业设计中人机工程学的一部分，从广义上来说，包括家用电器界面、工
业设备界面、计算机操作界面、网站应用界面、移动应用界面、软件操作界面等设计，其
目的是让用户操作时更好看、更好用；狭义的界面设计特指针对移动应用的设计，即我们
经常使用的软件、App、网页的界面设计，利用对颜色、排版的设计，使界面信息分布更
加人性化，促进人接收信息的效率，使用更加愉悦。

图 8-1-8   界面设计案例

1. 实体界面设计

在数字化时代，实体界面设计逐渐与新科技、新技术融合，使得当下产品界面设计不再单纯依托物理按键来控制，还加入软件来辅助。以富士胶片株式会社设计的 iViz 无线超声肺部诊断成像仪（如图 8-1-9 所示）为例，通过简化医疗体系中的超声诊断设备，将产品最大化简化，仅保留设备开关及必要的声波按钮，并将按钮放置在显眼位置，便于使用者控制、操作装置；取消传统连接的线缆，尽量提高使用效率。

互联网时代，应对专业工具进行设计简化，减少物理按键，有效降低用户学习成本，结合软件设计应用，最大化发挥出互联网的优势，强化万物互连的科技生态概念。

物理界面并不会因虚拟按键的出现而被淘汰，车内饰在驾驶员视角中，触控屏幕不利于驾驶员在短时间内快速识别其中内容，会分散驾驶员的注意力去调节，往往造成意想不到的交通事故。因此，物理按键的存在可以保证驾驶员在最短的时间内，在不移动视线的情况下做出反馈。以宝马七系汽车内饰（如图 8-1-10 所示）为例，在触控屏幕流行的当下，宝马保持物理按键在车饰中的传统设计，保证安全驾驶的同时，给予驾驶员在驾驶过程中的良好体验。

通过上述两个案例我们可以看出，在实体界面设计中，即便存在实体界面虚拟交互的发展趋势，物理按键在当下设计环境及应用环境中依旧有不可替代的作用。实体界面设计中，虚拟按键与物理按键的优缺点如表 8-1-2 所示。

表 8-1-2   虚拟按键与物理按键的优缺点

按键	优点	缺点
虚拟按键	界面简单美观	容易产生误触，造成安全隐患，发生故障无法关闭机器
物理按键	在关键领域，物理按键有效地减少事故发生，反馈清晰，利于盲操	对较多的物理按键学习成本高

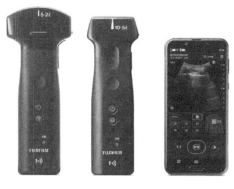

图 8-1-9　iViz 无线超声肺部诊断成像仪

图 8-1-10　宝马七系汽车内饰

2．软件界面设计

对软件界面设计，首先，设计师要知道为什么要开发这个软件（产品）；其次，要知道开发的是什么，将用户需求和产品目标以范围的形式呈现；然后，通过对用户需求进行排列，罗列产品的信息框架，将产品功能按照关键次序排序，这样软件的最终产品就有大致框架了；最后，对框架进行提炼，确定详细的外观，即界面设计。因此，软件界面设计从根本上说是根据用户在行为心理学中的表现，即以用户视角出发，利用软件功能及交互实现的一种设计，如图 8-1-11 所示。

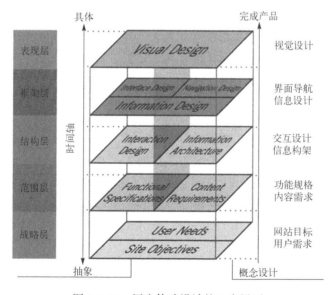

图 8-1-11　用户体验设计的 5 个层面

下面以高德地图为例，说明高德地图的设计流程。

（1）背景分析

我国手机地图用户规模的快速上升与手机地图自身的发展是密不可分的，这一时期国内移动互联网处于高速发展时期，4G 网络极大地提高移动网络的速度。同时，智能手机设备用户也在逐年增加，这些因素共同推动我国手机地图用户规模逐年上升。科技发展促进技术变革，同时带来新的需求，目前国内手机地图用户数达到 7 亿，手机地图逐渐成为日常出行必备的 App。

（2）用户画像

如图 8-1-12 所示，从高德地图用户年龄的分布来看，用户年龄集中在 20～50 岁。其中，20～29 岁占比最高，达到 40%；30～39 岁次之，介于 30%～40%；小于 20 岁和大于 50 岁的用户量均较少，占比均小于 10%。

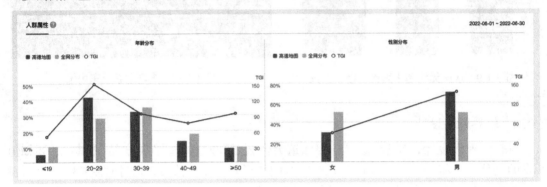

图 8-1-12　高德地图人群属性分布

从宏观角度来说，手机地图用户的年龄分布与我国的国情是密切相关的。当 00 后步入 20 岁，90 后步入 30 岁，这种分布特征会发生变化。

从性别比例来看，男性使用占比高于女性，这里主要考虑以下两个因素：

● 在出行时，以开车为例，男性开车的频率较高；

● 国内男性总人数高于女性总人数。

随着社会的发展，可以预测女性开车出行的频率会逐渐增加，与此同时，女性手机地图用户量也会逐渐增加。

（3）用户需求分析

路线规划是手机地图最常用的功能，使用量占比 58.3%，同时结合手机地图使用场景分布可以看到手机地图解决"在哪里"及"怎么去"这两大基本需求。

"在哪里"属于定位问题，手机地图可以帮助用户确定某一个人／事物的位置；"怎么去"属于导航和路线规划问题，帮助用户选取最佳方式到达目的地。

两个基本需求不断优化，如加入语音导航、AR 实景导航等功能，还有国产导航卫星系统北斗，导航定位精度会进一步提升。

基本问题有效解决，基于手机地图的服务功能也逐渐丰富起来，周边服务就是比较典型的衍生服务。

（4）产品功能结构

高德地图产品功能结构如图 8-1-13 所示。

从高德地图产品功能结构可以看出，其设计符合大部分主流软件的基本功能分级及设置，同时根据用户调研及行为研究，不断推出新的功能，将与出行相关及更加个性化的功能加入进来，满足用户从出行衍生出的相关需求。

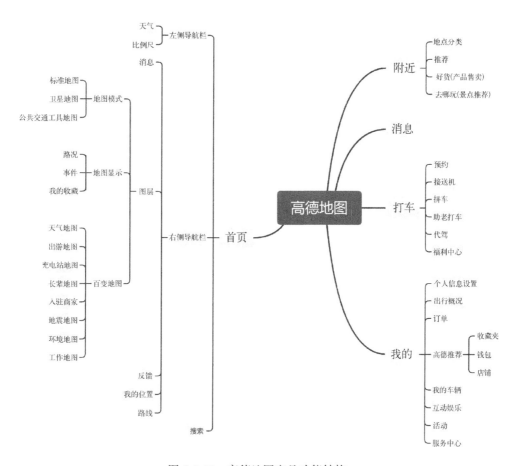

图 8-1-13　高德地图产品功能结构

（5）界面布局

软件界面设计中最主要的部分是 UI 设计，最常见的表现形式以日常使用的手机界面为主。软件界面设计最关注用户体验，高德地图首页将布局划分为三个主要区域，如图 8-1-14 所示，即地图、底部信息栏及右侧信息栏。将地图作为界面第一关注点，使用户在进入程序时知道自己所处位置；通过二等分页面将扩展功能作为第二视觉点，引导用户使用，形成从上到下的使用习惯及视觉动线；将右侧信息栏作为补充，次要功能放置右上角，不仅有效区分功能先后次序，对单手操作用户来说，还能轻松触发路线导航。

随着手机屏幕尺寸越来越大，手指所触及范围也随之改变，以 iPhone 左手操作为例，拇指热区分布图和高德地图热区分布图分别如图 8-1-15、图 8-1-16 所示。

根据图例可知，绿色区域是我们手指最容易轻松达到的；橙色区域是伸长手指才能触及的，操作相对较难；红色区域为难以触及的区域。手指到绿色区域的时间最短，到红色区域的时间最长。因此，在设计时需要将重要层级高的按钮放到拇指热区的绿色部分中，让目标靠近手指，从而提高操作速度。高德地图的界面布局很好地打破了传统设计中将搜索栏置于顶部的设计，一方面缓解手部操作区域过大带来的不便；另一方面，在驾驶场景中，减少眼球在界面中的寻找时间，快速进行地点搜索，同时将语言输入与扫一扫加入搜索框中，对需要扫码用车及驾驶途中的用户而言，这个位置是直接快速的。

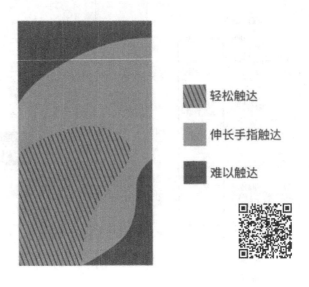

轻松触达

伸长手指触达

难以触达

图 8-1-14　高德地图首页　　　　　图 8-1-15　拇指热区分布图

从高德地图的界面设计不难看出，界面设计不仅仅需要我们掌握设计方法，更需要我们充分了解行为心理学、交互、社会学等相关知识，才能更加深刻地理解界面设计的底层逻辑及为什么要这样设计，在根本上满足从用户角度出发的设计初衷。

思考题

1. 选取一款软件并分析该软件的设计逻辑及为什么这样设计。

2. 举出信息设计的例子并分析其表现形式的优势。

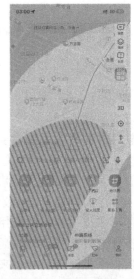

图 8-1-16　高德地图热区分布图

　　总结：人作为视觉动物，视觉是感知世界的窗口，从信息设计到界面设计，其核心在于优化信息结构，不断探索及引导我们的视觉，让我们在信息爆炸的时代更好更快地筛选适合我们的信息，合理的视觉设计可以有效地提升设计的效率，为人们的生活及工作带来巨大便利。

8.2　智能装备设计

8.2.1　智能装备设计的概念

如图 8-2-1 所示为 WHCQ1600 卧式加工中心，是武汉重型机床公司与沈阳梵天工业设

计公司在 2014 年联合设计的智能装备，整体
设计的基调为白色，黑白对比的色彩搭配更
具有高科技感，在重要部位辅以红色点缀，
造型简约美观，功能更加全面，增加了可操
作性。WHCQ1600 卧式加工中心曾获得红点
设计大奖，它是我国第一个获国际工业设计
大奖的智能制造装备，标志着我国智能装备
的设计越来越成熟。

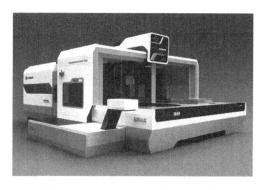

图 8-2-1　WHCQ1600 卧式加工中心

　　智能装备又称智能制造装备，是指与智
能技术相结合，同时具备预测、感知、分析、
推理、决策等多种功能的制造类装备。智能制造装备分为金属切割机床装备、金属成型机
床装备、机床附件装备及其他自动化装备。

　　如图 8-2-2 所示为德国德玛吉公司的数控机床，技术先进，设计合理。所有机床都采
用白色和灰色作为主色，辅以少许提示色点缀，色彩搭配简洁，结合可见的精密机械结构，
展现出一种简约精致的美感。日本设计注重人文关怀，重视人类行为方式的分析，关注用
户体验层面。如图 8-2-3 所示为日本大限机床，整体给人简约质朴的视觉感受，其控制界
面的设计也较为美观，充满人性化细节，宽大的观察窗增加了可操作性，同时考虑了操作
者在不同作业区的操作因素及各部件安装的要点，通过策略性的设计提升装备的生产效
率、操作舒适性及安全性。

图 8-2-2　德玛吉公司的数控机床

图 8-2-3　日本大限机床

8.2.2　智能装备设计思路

　　设计的最终目标是促进美好生活，完善人们的生活方式，协调人、产品、环境之间的
关系，创造更加舒适有效的生活方式。智能装备由于产品特殊性，在设计过程中需要侧重
考虑装备的高技术性、环境适应性、用户与装备之间的交互性，以便用户能够更简单高效
地使用智能装备。

1. 高技术性

　　智能装备具有高技术性，工业 4.0、智能设备、数字工厂、先进传感等技术的应用提
高了生产自动化与智能化水平。

在"中丽杯"纺织智能装备设计大赛中，北京中丽的两个参赛作品"大数据驱动的化纤高速卷绕机（如图 8-2-4 所示）智能运维系统"和"化纤长丝信息化管理系统（如图 8-2-5 所示）"均体现了高技术性的设计理念。其具有多种传感器，通过人工智能算法与信息技术，对设备整体运行状态进行全方位检测，并能够自动识别、检测并预警。其具备完善的信息管理系统，可以实现物料、设备、工艺、生产、成本、质量等的管理，有效提升经济效益。

图 8-2-4　高技术智能装备——化纤高速卷绕机

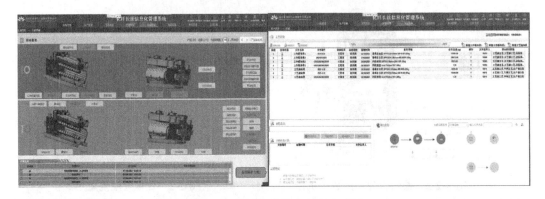

图 8-2-5　化纤长丝信息化管理系统

2. 环境适应性

为满足环境适应性，智能装备的设计需要同时考虑到对象（用户）、目的（需求）、情景（场景）这三个关键因素，如图 8-2-6 所示。

（1）对象（用户）

美国设计师 Alan Cooper 将用户分为专家用户、新手用户及中间用户三大类，适用于依附大众需求的产品。智能装备结构比较精密，不同类别的装备用户群体也不相同。根据装备使用属性，智能装备的用户对象可分为操作用户和消费用户，其中，操作用户又可分为经验型用户和高教型用户两种；而消费用户又可分为企业决策用户和市场大众用户（如

图 8-2-7 所示）。在设计智能装备时，应考虑到不同用户需求不相同，设计师可根据用户需求调整设计装备的操作功能性与结构复杂性。

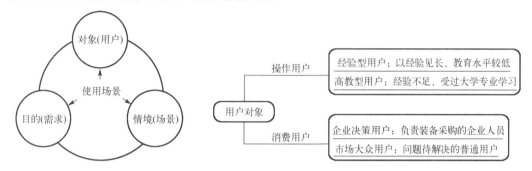

图 8-2-6 使用场景的三个关键因素　　　图 8-2-7 智能装备用户对象分类

（2）目的（需求）

针对不同的用户群体和使用场景，消费者对产品的需求也不同。例如，上文介绍的操作用户与消费用户对产品的需求是不一致的。

操作用户是指与智能装备相接触的用户。经验型用户以经验见长，教育水平较低，不需要太强烈的视觉感受，对创新型较强的设备可能会不太适应，但操作能力普遍较强。对这类用户设计的产品应以简单实用为主，操作方式上可做一些简化的改进，减少设备复杂性。高教型用户受过高等专业教育，更倾向于设备的专业性，不会排斥高精尖设备，审美也比较超前，对这类用户可以在设备技术应用和形式上进行创新设计。

（3）情景（场景）

为协调设计方案的各个方面，针对不同目的对方案进行问题描述，设计师应关注产品的使用场景。不同于普通消费品，智能装备的使用场景更加单一，但需要应对更加复杂的情况，智能装备的使用场景分为静态场景和动态场景。

静态场景是指装备主体在位置不变的场景下工作，如智能数控机床（如图 8-2-8 所示）、固定式的海洋工程装备、检测类医疗装备等。这种情况下装备可能需要承受自身工作产生的震动或来自外部的冲击，操作上容易受到外界干扰，所以设计时应考虑装备的稳定性、抗震性及抗干扰性。

图 8-2-8 智能数控机床

动态场景是指装备主体在移动的场景下工作，如智能运输平台。这类装备大多具备较好的移动性，并且视觉上的设计会更加流畅。相较于静态环境，动态环境下的设计形式更加多元化。例如，英国智能救护车（如图 8-2-9 所示），采用共情体验、沉浸式研究和追踪拍摄观察等方法，救护车内设计了中央担架的形式，使临床医生可以 360°接触患者，设计更具灵活性，为治疗过程提供便利性与安全性。

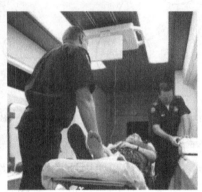

图 8-2-9　英国智能救护车

3．交互性

交互是指人与产品之间的信息交流、实体互动和服务交换。对智能装备而言，交互是一种使用行为，相较于形式，其更难以观察和理解。智能装备与用户之间的交互方式分为感官交互、行为交互与情感交互，感官交互可以直接影响情感交互，也可以通过行为交互间接影响情感交互，如图 8-2-10 所示。

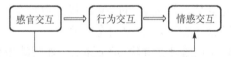

图 8-2-10　感官交互、行为交互、情感交互之间的关系

智能装备与人之间交互的基本层次是感官交互，即通过装备的外观、材质触感、工作音效等来评价智能装备的美观性、可用性和舒适度。行为交互是指智能装备达到使用效果的过程。产品的设计具有明确的目的，智能装备也不例外，其目的是满足行业、社会或国家战略发展的需求。设计师可以通过设计改善使用行为，通过人性化设计提高使用者的产品满意度。智能装备多属于高精尖产品，结构复杂，对功能也有更多要求，如此一来，造成很多产品设计的功能多而不精，增加了记忆负荷，学习更为困难，并容易误导操作者；而且，许多装备没有完善的反馈调节机制，不能及时向操作者传递错误信息，导致更多误操作的发生。

情感交互与用户满意度紧密相连，是指使用者在操作过程中对产品的体验，可以理解为良好的感官交互和行为交互让用户产生良好的情感反馈。唐纳德·诺曼认为好的产品一定是吸引人的、有用的、便于理解的，分别从本能、行为和反思三个设计维度表示智能装备情感化设计，并阐述了情感在设计中的重要作用，如图 8-2-11 所示。本能层是装备的外在形式，人们根据装备的造型与色彩搭配来做出判断；行为水平则是装备行为设计中的功能性、可用性及用户体验；反思水平受品牌、环境和价值认同感的影响。这三个维度分别对应形态、操作和装备特质的情感化。

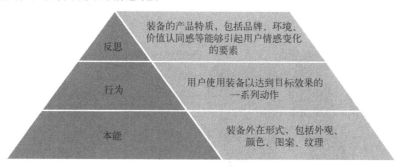

图 8-2-11 智能装备情感化设计的三个维度

思考题

1. 讨论智能装备的设计都需要考虑哪些因素。
2. 现代智能装备给生活带来了什么改变？
3. 你还知道国内国外的哪些典型智能装备设计？

8.2.3 可穿戴设备设计

2012 年，Google Project Glass（如图 8-2-12 所示）与文字信息处理、语音拍照、方向辨别等功能相结合，重新定义了人们对传统眼镜的理解，"拓展现实"成为传统眼镜的修饰词。可穿戴设备的概念也随之步入人们的生活。Google Project Glass 材质轻巧，感应能力强，使人们在观念和使用方式上感受到了新体验，从而使可穿戴设备不断渗透到人们生活中。可穿戴产品具有的生命特征识别、情境环境识别、极致体验感知等技术支撑，满足了人们的高诉求。

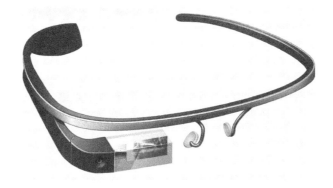

图 8-2-12 Google Project Glass

可穿戴在人身体上或附近的智能设备称为智能可穿戴设备。其获取、传递并发送信息可通过信息传感器来实现，在与互联网相连后，能够实现人和物随时随地交换信息。

近年来，由于信息产业、用户需求和电子消费市场的推动，可穿戴设备受到了大众欢迎。作为一种与智能手机连接使用的便携式电子设备，可穿戴设备通过应用支持及数据交互来实现健身活动、医疗卫生、休闲娱乐和移动支付等功能。常见的可穿戴设备有手环、手表、耳机等（如图 8-2-13 所示），其不同以往的产品形态和交互方式给消费者带来了独特的体验。

图 8-2-13　代表性智能可穿戴设备

可穿戴设备一经问世就大受欢迎，这离不开友好的用户体验。在可穿戴产品的设计中，需要考虑以下设计原则。

1. 人性化设计

可穿戴设备与人体密切接触，应以人性化设计原则为核心，注重用户体验。例如，福特开发的老龄模拟衣（如图 8-2-14 所示），设计师借助于心理共情理论，以人性化设计为中心，通过整合老年病学、材料学、设计学、行为学等多学科知识设计研发出"老龄模拟衣"。设计师穿上这套"模拟衣"能够切身体验到老年人在认知、机能、行为、心理上遇到的各种困难，进而更全面地理解老年用户的需求。

图 8-2-14　老龄模拟衣

2. 快速迭代升级

缩短研发周期，依据用户的使用需求和标准决定迭代中是继承还是创新。苹果耳机（如图 8-2-15 所示）的设计通过快速迭代升级，吸引用户购买。

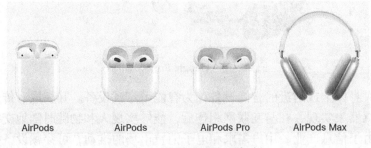

AirPods　　　AirPods　　　AirPods Pro　　　AirPods Max

图 8-2-15　苹果耳机的迭代升级

3．形式美感

设计可穿戴产品，可以吸收一些时尚元素，在兼顾使用功能的同时从饰品的角度增加消费群体的购买欲望。可穿戴产品的界面和外观颜色要选择符合消费者认同的寓意文化所属的色彩，并通过色彩加强人们对品牌和产品的认知行为；在形态布局方面，可穿戴产品的界面和外观都要遵循均匀对称的布局方式，使界面布局更加稳定可靠。Apple Watch（如图 8-2-16 所示）的设计采用了简洁圆润的方形大屏幕，表盘界面设计上与时尚元素相结合，色彩搭配上采用靓丽有朝气的绿色和粉色，迎合当代年轻人的喜好。

图 8-2-16　Apple Watch

4．安全性与舒适性

在所有的产品设计原则中，安全性应当是首要原则，在此基础上，可穿戴设备还需要提高产品的佩戴舒适性，这也在一定程度上能够提高产品的易用性。可穿戴上肢外骨骼设备（如图 8-2-17 所示）依据人体仿生原理设计，具有柔性和刚性之分。柔性可穿戴外骨骼腕关节设备，可将气动肌肉均匀分布到前臂周围，以气动肌肉的收缩带动腕关节运动，完成伸展、弯曲及旋转等动作，使人体能够很好适应并配合医疗装置运动，确保患者穿戴的舒适性。

5．科技与体验相结合

可穿戴设备需要采用合理的技术支撑。运用合理的技术可以增加可穿戴设备的识别灵敏度，使之能灵敏地连接人体与智能设备，从而提高用户满意度。Clear Pad 电容式触感技术比较成熟，在业界中已有超过 10 多亿个设备使用了该技术，如图 8-2-18 所示为华为智能触控手表。

图 8-2-17　可穿戴上肢外骨骼设备

图 8-2-18　华为智能触控手表

思考题

可穿戴设备设计过程中都需要考虑哪些因素。

8.2.4　智能家居设计

> 随着科技进步，人们的家居设计也逐渐智能化，智能家居在满足人们基本生活需求的同时，也满足用户个性化的需求。

家庭智能管家（如图 8-2-19 所示）具有生活服务、智能监控、超级视野、人机共创等功能。结合逻辑流程演绎对家庭智能管家的正负反馈，设计其操作方式、结构、功能等，因此家庭智能管家上部的主体设计为电子屏幕，为方便移动，其底部安装有万向轮。智能管家可以结合智能家居的设计功能，造型简洁明了，可操作性强，也具有更加灵活的室内活动空间。

图 8-2-19　家庭智能管家

（1）生活服务

通过网络，智能管家可与房间里的智能设备相连接，进行数据处理并提供立体化服务。采用语音交互方式，不需要按钮操作，更加便捷易用，同时也拉近了用户与产品的距离，智能管家的底部具有精准定位的功能，可以智能移动。

（2）超级视野

家庭智能管家可以控制房间里的智能设备，通过一键启动和紧急制动，为用户提供便利性的同时也增加了安全性。也可以单独控制某一智能设备，如智能电视、智能台灯、智能空调等。还可以检测温度、湿度、煤气含量、烟雾浓度等，时刻检测周围环境。

（3）智能监控

家庭智能管家不仅可以控制智能家电，还可以为智能设备排除故障，便于用户维修，甚至可以自主监控并分析故障，为用户提供解决方案，方便维修或替换。

（4）人机共创

人机共创是指人机之间的协作互动，如语音对话、手语互动或读故事书等。家庭智能管家可以通过人机共创的方式实现娱乐、学习与沟通交流等功能。

1. 智能家居的设计思路

（1）以满足用户需求为前提

智能家居的设计应以满足用户需求为前提，不同用户的喜好、倾向的功能特征都不相同。例如，儿童更喜欢明亮的色调、有趣的音效；而老年人对视觉追求不高，更倾向于操作的便捷性和易用性；年轻人更倾向于丰富多样的功能、多种模式调节。在智能家居的设计过程中，应分析不同用户人群的特征，从需求出发进行设计。

（2）提供个性化服务

在满足用户需求的前提下，还要提供个性化服务。通常有多个家庭成员共同使用一套智能家居，这就要求从各方面分析不同家庭成员的需求特征，并对每位家庭成员提供个性化服务；根据不同用户的性格特征及行为习惯，提供差异化服务。此外，部分功能还应协调家庭成员共同的需求，如环境、空间、照明、温度、湿度等，因此智能家居的设计应分为两部分，即为每位用户提供个性化服务、协调家庭成员所共享的功能。

2．智能家居的设计原则

（1）以用户为中心

以用户为中心也就是以人为本，是指把用户放在核心位置，从用户需求出发设计产品，以提高用户满意度。智能家居的设计是为了给用户营造一个舒适、便捷、愉悦的家庭环境，因此更需要把用户放在核心位置，分析用户的情感需要和行为习惯，进而设计更合适的功能与产品。

（2）自动化与控制统一

智能家居在运行中，会将视觉、听觉、嗅觉等信息反馈给用户，从而使用户能够通过触摸或语音等方式有针对性地与家居互动（如图 8-2-20 所示），进而管理与控制设备。

图 8-2-20　智能家居操作形式示意图

由于智能家居的种类与数量越来越多，功能越来越广泛，操作也越来越复杂，因此更需要实现自动化与控制相统一，借助自动化来减少操作步骤，为用户提供便利性。

（3）使用频率平衡性

一般情况下，用户刚接触智能家居时，会因为好奇或有趣而频繁使用，但遇到问题会大大降低他们的使用积极性。因此，在智能家居的设计中，要考虑使用频率的平衡性，在用户初次使用时，给予适当的引导与反馈，并提供一键还原操作，这可以大大提升用户的安全感，在用户熟悉产品的功能及操作方式后，再形成相应的模式，方便用户操作，这在一定程度上可以规范用户的使用行为，平衡使用频率。

📝 **思考题**

针对不同的人群（如老年人、年轻人），智能家居在设计上应有哪些不同。

8.2.5　智能出行设计

随着我国经济的发展，城市人口随之增加，交通出行显得至关重要。随着人工智能技术的发展与应用,智能出行方式已成为时代潮流。相比于传统的汽车,智能汽车(如图 8-2-21 所示)增加了智能化功能,更安全、舒适、便捷。通过加装车载感应系统、执行器、传感器及控制器,智能汽车能够高效传输人、车、路的信息数据,通过对内外部环境的感知,可以提高操作的高效性与便捷性。

图 8-2-21　智能汽车

1. 出行需求分析

智能汽车在出行过程中,需要更加自主地规划甚至驾驶,因此需要对出行需求进行分析。出行需求主要有语音操作、搜索、定位等功能,如图 8-2-22 所示。

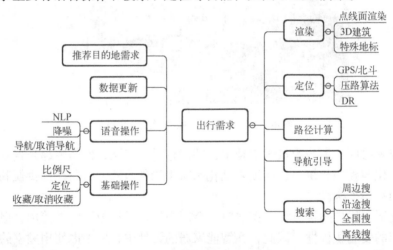

图 8-2-22　地图模块基础功能示意图

2. 娱乐需求分析

在车载环境中,驾驶员需要留意路况等信息,注意力高度集中,因此音乐与收音机等听觉设备提供主要娱乐功能(如图 8-2-23 所示)。娱乐功能主要有听歌识曲、模糊识别、音乐缓存等功能,此外还应具备多用户端同步收听的功能。

 思考题

讨论智能装备可以应用到哪些领域。

图 8-2-23　车载娱乐系统

总结：随着信息化、智能化时代的到来，人工智能技术得到广泛应用，智能装备已不仅仅限于制造领域，从智能可穿戴设备、智能出行方式到智能家居，人工智能已渗透到我们生活的方方面面，将为我们的生活提供极大的便利。

8.3　功能服装设计

随着科技与经济的发展、社会文明进步和人民生活水平的提高，人们日益重视生活环境和工作空间。一方面，在新科技的推动下，人们接触的自然、地理和人为环境更复杂，越来越多的行业需要特殊功能的服装，以适应和改善生活及工作环境。另一方面，随着人民生活水平的提高，人们不再满足于服装的保暖和舒适性需求，还追求服装额外的功能。当前，功能服装的研究领域在不断扩大，内容涵盖人体工效学、人体生理学和心理学、功能性纤维材料开发、功能性服装款式设计等。

本节在介绍功能服装的概念、分类、设计方法的基础上，重点介绍功能服装中的户外运动服装、医用防护服装、消防服装、宇航员服装、残障人士服装的工效学性能设计。

8.3.1　功能服装的概念和分类

功能服装不同于普通服装，其能够在特定环境甚至恶劣环境下，保护人体，使人体尽可能安全、舒适、健康。

功能服装一般分为防护功能服装和发生功能服装两类。防护功能服装是指人体暴露在恶劣环境（如高温、低温、高压、低压等）、经常接触危险物品（如放射性、腐蚀性、毒性）、可能遭受物体击打或液体飞溅物的伤害（如子弹冲击、高温液体喷溅）时，能够尽可能保护人体安全、降低人员伤亡率的防护服装，如防火服、隔热服、宇航服、电磁屏蔽服、医用防护服、防化服、防弹服和潜水服等。发生功能服装通常是指服装本身散发某种物质或产生某种现象，主动保护或保健人体的服装，如调温服装、抗菌除臭服、防晒服、发光服、隐形服、美体塑身衣等。

8.3.2　功能服装开发和设计思路

不同于以设计师创意灵感为主的时尚服装设计，功能服装的开发和设计流程始终是以用户需求为中心的，而用户的需求主要取决于周围环境和人体活动情况。

在功能服装开发方法领域，D. Gupta 提出的"五步法"（如图 8-3-1 所示）被广泛应用于功能服装开发，具体步骤如下。

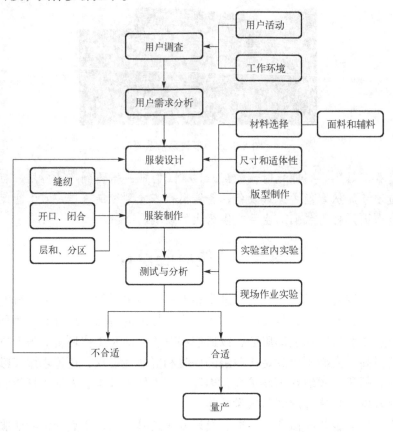

图 8-3-1　功能服装开发"五步法"流程图

第一，用户调查（User Survey）。用户调查主要调查人体活动与周围环境。其中，人体活动主要包括人体形态、力量和代谢活动等；周围环境包括物理环境（温度、湿度、太阳辐射、风速等）和人文社会环境（文化、生活习惯、道德、审美等）。

第二，用户需求（User Requirements）分析。在用户调查的基础上，开展用户需求分析，主要包括四点。一是生理需求分析，主要与人体生理和解剖学有关，涉及人体形态、尺寸、质量、力量和代谢活动等，这些影响人体着装时的舒适性。生理需求满足主要取决于服装的形态、尺寸和设计，材料选择及其对内部和外部刺激的反应（如极端冷、热等）。二是生物力学需求分析，主要涉及人体的机械特性和人体运动学、动力学、行为分析。生物力学的应用强调机械结构、力量和人体的活动性。需要明确这些因素，分析人体和服装之间的机械作用力，如压力和摩擦力等。三是人体工效分析，与半裸人体比，着装人体在动作速度、精度和范围方面都会降低，例如，宇航员的整体关节灵活性降低了 20%。服装工效方面的考虑是指服装的机械性能必须和人体运动、运动范围和力量、关节运动等匹配，而且，服装的尺寸必须适合人体尺寸。四是人体心理需求分析，需要充分考虑用户对服装外观和美学方面的心理期望与偏好，以创造符合用户社会和文化背景、地理位置、年龄、性别等的服装。

第三，服装设计（Garment Design）。在分析用户需求后，选择合适的材料（包括面料和辅料），确定服装尺寸、款式和纸样设计。在服装设计方法上，美国学者 R. F. Goldman 提出了 4F 原则：Function（功能性）、Feel（舒适性）、Fit（适体性）和 Fashion（时尚性），被广泛应用于功能服装设计。在 4F 原则设计基础上，学者又增加了穿脱方便性、实用性、经济性等，以更加全面有效地指导功能服装设计。

第四，服装制作（Garment Assembly）。纸样设计包括确定二维纸样形状和尺寸，最终形成三维壳体。这些二维纸样需要被剪裁、组合和连接。它们还必须连接衣服上打开和闭合的组件（纽扣、拉链、扣件）及构成完整衣服组件的其他配件。纸样的形状及连接和组合技术（缝纫、黏合、熔合）的选择同样取决于用户操作的活动、姿势、环境及所用材料的特性。另外，还要考虑多层服装的层合和分区技术。

第五，测试与分析（Testing & Analysis）。服装制作完成后，需要进行性能评价。在功能服装性能评价方面，主要采用实验室内实验和现场作业实验。

实验室内实验包括面料性能测试、假人穿着实验及真人穿着实验。其中，面料性能测试是利用实验设备测量织物的一系列物理性能，包括织物热湿传递性能、机械性能、光学性能等，这些测量可以用来评估服装材料的质量和性能，为选择服装材料提供科学依据。假人穿着实验是利用假人对服装的性能进行测试，预测服装的适用范围，对服装进行功能性评价。真人穿着实验是在环境受控（温湿度、风速等可控）的实验室内，利用真人穿着获取实际的数据，对服装功能进行评价，对服装的设计提供改进意见。

现场作业实验包括小规模的现场穿着实验和大规模的现场穿着试验。实际作业现场环境和人体活动都是不可控的，这些都会影响功能服装的评价。开展现场穿着试验，可以更准确、全面地评价服装性能。小规模的现场穿着试验以较少的人力和物力对服装性能进行评价，这样可以及时发现问题，对服装进行改进。在此基础上，开展大规模的现场穿着试验，可以全面评估功能服装。

在功能服装测试后，要分析测试结果。如果功能服装设计合理，可以量产；否则，要回到服装设计阶段，对服装重新设计、制作、测试和分析。

思考题

列举你知道的功能服装并说明其作用。

总结：功能服装不同于普通服装，其能够在特定环境甚至恶劣的环境下，保护人体，使人体尽可能安全、舒适、健康。功能服装的开发可以采用 D. Gupta 提出的"五步法"，即用户调查、用户需求分析、服装设计、服装制作、测试与分析。功能服装设计可以采用美国学者 R.F. Goldman 提出的 4F 原则：Function（功能性）、Feel（舒适性）、Fit（适体性）和 Fashion（时尚性）。

8.3.3 功能服装设计案例——登山运动装设计

随着社会的发展和物质生活水平的提高，人们越来越追求贴近自然、休闲、娱乐和健康的生活方式，登山运动成为现代人们生活重要的休闲活动之一。登山运动的备受推崇使登山运动装的市场不断扩大，但目前我国的登山运动装市场大部分份额由国外户外品牌服装占据，如始祖鸟（加拿大）、拨鼠（美国）、猛犸象（瑞士）、北面（美国）、哥伦比亚（美国）和狼爪（德国）。国内登山运动装品牌代表有探路者、奥索卡和骆驼等。

登山运动装就是适合在登山运动中穿着的服装。按照不同的登山运动类型，登山运动装可分为竞技登山服、探险登山服、旅游登山服。不同运动类型对登山运动装的要求也不同。

1. 登山者形态、生理和心理特征

（1）人体形态和运动特征分析

登山运动者需要考虑人体成长阶段体型的变化：4~6 岁（小童）时，儿童腹部较为凸出，身体向前弯曲、呈现弧状形态；7~17 岁（中童和大童）时，体型匀称，凸肚消失，体型稳定；18 岁后，人体体型稳定。

竞技和探险登山主要涉及登高徒步、跳跃、攀爬等动作，运动幅度较大且频率高，特别是肘关节、肩关节、腰关节、髋关节和膝关节的运动幅度较大。另外，膝盖、肘部等部位在登山过程中弯曲频繁，更容易受到服装压力，产生不舒适感。在登山运动时，身体前倾的幅度要大于向后或向侧部的倾斜幅度。普通的旅游者以娱乐休闲为主，主要以徒步为主，身体运动幅度和频率相对其他类型的登山者来说较低。

（2）生理和心理特征分析

登山运动活动强度大，特别是竞技和探险登山活动，人体能量消耗大。在长时间登山的过程中，人体容易失去热平衡，引起生理变化，如心率变大、汗液增多等。登山运动通常是非功利性的，主要以提升人的身体素质、健康水平及轻松娱乐和自由休闲为目的。在登山过程中，人们会获得充分的刺激感和挑战。

（3）环境分析

登山活动的天气复杂、环境多变且地势环境复杂。在登山过程中，人们可能会遇到恶劣天气，如太阳辐射和强烈的紫外线照射、狂风暴雨、毛毛细雨、微风、雾霾和超低温环境等。另外，天气突变的情况也很多，例如，闷热潮湿的天气突然变得寒风刺骨；随着海拔的升高，气温逐渐降低。除此之外，地势环境复杂，如缓坡、陡坡、芒草和碎石山间小路等。

2. 登山者对服装的需求

在研究登山者运动、生理和心理特征及运动环境的基础上，分析登山者对服装的需求，从而指导登山运动装的设计。下面主要从功能性、舒适性、合体性、实用性和审美性五个方面进行分析。

（1）功能性

登山运动装首先要具备安全防护功能，这体现在以下几点。

① 登山运动的主要危险来自恶劣的自然环境，低温、暴雨、大风使人体热量大量散失是登山运动者面临的首要危险。这要求服装具备防风、防水和保温作用。

② 登山者面临的自然环境复杂多样，一旦发生危险，获得救援的难度还是比较高的。这要求登山运动装有警示作用。

③ 登山运动装需要有调温功能，因为登山时经常遇到气温突变的情况或者海拔高度升高引起的气温降低情况。

（2）舒适性

服装的舒适性也是登山运动者的重要需求。登山运动装应具备优良的热湿舒适性。由于登山者活动量较大，即使在外界环境温度较低的情况下，通常也会产生汗液。服装必须具有吸湿快干性，保持人体的干爽，否则人体会感觉不舒适，还可能会造成人体冷应激。这种冷应激是由于服装潮湿后导热系数增大，造成人体向外界的传导热量增大，在人体运动量较小或者外界环境温度较低时，人们会感觉到极大的冷感。

登山运动装应具备优良的压力舒适性。登山运动幅度较大且肢体运动频率较大，这要求服装整体和局部宽松设计应适当，特别是肩、肘、膝等一些活动部位需要留有适当松量，不能对人体造成压力而产生不舒适感。另外，服装质量要轻，以减少对人体的压力。另外，服装的长度要适宜，上衣长度不宜超过大腿。

登山运动服应具备优良的接触舒适性，主要体现在：人体与服装接触的部位无刺痒感和尖锐感，如领口、袖口和门襟拐角部位；服装面料质地要柔软，不宜采用过硬的材料。

（3）合体性

在兼顾服装压力舒适性的基础上，服装尺寸要合体。服装太紧会增加人体压力，阻碍人体运动；服装太松不仅影响人体活动，还会降低服装的防风保暖性能。

另外，服装的设计要考虑不同年龄阶段的体型特征，需为不同年龄阶段的人提供合体的设计。

（4）实用性

由于登山运动环境复杂，登山运动装应具备优良的耐磨性、抗撕裂性和防污性。同时，服装口袋储物能力要强，内层口袋可放置重要证件，外层口袋容量较大，方便拿取。

（5）审美性

登山运动装的设计还要注重美观性与时尚性，以迎合大众审美。可以在服装色彩、图案、款式和曲线分割等处进行细节设计。

3. 登山运动装的工效设计

下面主要从面料、款式、色彩上分析登山运动装的工效设计。

（1）面料

登山运动装面料的典型结构分为三层：排汗层（内层）、保暖层和防水防风层（外层）。其中单独由外层防风防雨层制成的服装一般称为冲锋衣。

① 排汗层（内层）

排汗层主要用于保持皮肤干爽，提供保暖需求且不会摩擦皮肤。此层的面料需要将人体产生的汗液从皮肤表面转移到外部。棉纤维虽然能快速吸收人体汗液，但是保水能力强，干燥很慢，当人体在低温下大量运动后，其会紧贴于人体，带走人体热量。登山运动装的面料可以采用吸湿排汗良好的涤纶面料，如杜邦公司的 Coolmax、东洋纺的 Tiractor 和中兴的 Coolplus 纤维面料等，或者此类化纤和棉混纺的面料。内层面料也可以采用羊毛纤维，因为羊毛纤维保暖性强，即使汗湿后仍具备较强的保暖效果。羊毛纤维的吸水能力比棉纤维更强，干燥时间更长，只是整个干燥过程中温暖舒适，适合低温环境穿着。

另外，内层服装应该贴身，以增加保暖性，并且采用针织面料，增加弹性（如图 8-3-2 所示）。在炎热的夏季，只需穿着宽松的内层服装即可。

（a）始祖鸟（ARCTERYX）排汗层　　　（b）北面（The NorthFace）排汗层

图 8-3-2　排汗层

② 保暖层

保暖层的作用是在面料内部及内外层之间形成更多的静止空气层。羊毛保暖面料在早期备受登山者喜爱，但是其价格过高、偏重又不易干，已被其他材料替代。目前常用的保暖面料主要有抓绒衣、羽绒填充衣和化纤填充衣。抓绒衣主要采用涤纶纤维制成，由针织坯布经过拉毛、梳毛、剪毛、定型后得到，还有些抓绒衣采用防静电、防泼水、防紫外等整理。美国 Malden Mills 的产品 Polartec 是目前受欢迎的户外抓绒面料，被《世代周刊》誉为世界上 100 种最佳发明之一。它比一般的抓绒衣更轻、软，保暖性强，并且不掉绒，透湿性好且干燥快（如图 8-3-3 所示）。

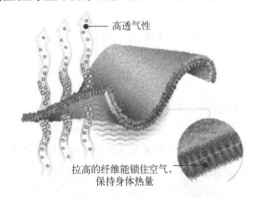

高透气性

拉高的纤维能锁住空气，
保持身体热量

（a）Polartec抓绒面料

（b）Polartec抓绒面料服装

图 8-3-3　Polartec 抓绒面料

③ 防水防风层（外层）

防水防风层的主要面料是一层防水透气薄膜。1976 年，美国戈尔公司（W.L.Gore & Associates，Inc.）发明了一种微孔薄膜 Gore-Tex（如图 8-3-4（a）所示）。这种薄膜类似人类的皮肤，材料为聚四氟乙烯（PTFE），其表面有 14 亿个微孔（如图 8-3-4（b）所示），能够阻止外部水和风的渗透，又能使体表汗液蒸发到薄膜外。这种面料经过超过 500 小时的洗涤，仍有防水性能。Gore-Tex 性能好，价格昂贵，广泛应用于顶级户外运动品牌。除 PTFE 外，其他材料如聚氨酯（PU）和弹性聚氨酯（TPU）也有广泛应用。

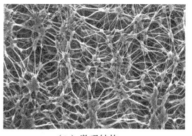

（a）微孔薄膜 Gore-Tex　　　　　（b）微观结构

图 8-3-4　Gore-Tex 微孔薄膜和微观结构

　　一般防水透气薄膜不能单独使用，必须和其他面料层合。目前，防水防风层可分为两层面料和三层面料。两层面料是由防水透湿薄膜层贴合一层外层面料形成的（如图 8-3-5（a）所示），其中外层面料通常采用涤纶和锦纶纤维。在实际使用中，通常在两层面料里面加上一层活动内衬，以保护防水透湿膜。三层面料是由防水透湿膜两面都贴合面料形成的（如图 8-3-5（b）所示）的，看上去像一层面料。如图 8-3-6 所示为采用两层和三层面料制成的冲锋衣，可以看到三层面料的内衬在缝合处需要贴防水密封条。

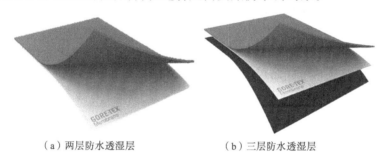

（a）两层防水透湿层　　　　　　　（b）三层防水透湿层

图 8-3-5　两层和三层防水透湿层

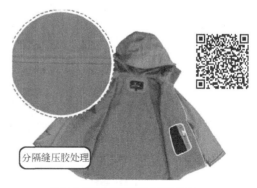

（a）两层防水透湿层制成的冲锋衣　　　（b）三层防水透湿层制成的冲锋衣

图 8-3-6　两层和三层防水透湿层制成的冲锋衣

（2）款式

① 服装廓型设计

如图 8-3-7 所示为四种冲锋衣廓形。对小童来说，O 型和 A 型的廓形设计更适合其体型特征，使其穿着更舒适。青少年和成年人大多穿着 H 型廓形，这种廓形以肩部为受力点，不会对胸部和腰部造成压迫，使人感觉宽松、舒适且美观。女性登山服也有许多 X 型廓形，满足其美观性需求。登山运动裤以直筒裤为主，不会对人体造成压力而产生不舒适感。

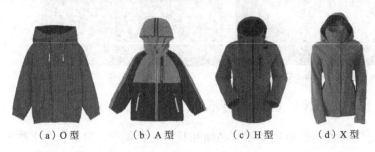

(a) O 型　　　(b) A 型　　　(c) H 型　　　(d) X 型

图 8-3-7　四种冲锋衣廓形

② 服装结构和细节设计

为了确保服装的防风防水性能，除面料外，还需要考虑服装开口、面料接合处的防水防风性能。开口部位的设计主要有，帽子一般采用带有护脸的立领结构，帽子颈部和后部采用收缩装置使帽子紧贴头部，如图 8-3-8（a）所示，这样避免了大风对头颈部位的侵扰，同时更加符合人体形态特征；服装的下摆和脚口部位采用收缩拉绳以防止冷风的倒灌，如图 8-3-8（b）所示；袖口采用魔术贴黏合，如图 8-3-8（c）所示；袖口处小挂扣，可以把手套挂住；可设防风裙，如图 8-3-8（d）所示，进一步增加服装对腰部以下部分的防护性能；在面料拼接处或者结合处（如门襟）需要防水拉链和密封条，如图 8-3-8（e）、（f）所示。

(a) 可收缩带护脸帽　　　(b) 可收缩的服装下摆　　　(c) 带魔术贴的袖口

(d) 防风裙　　　(e) 防水拉链　　　(f) 接缝处有密封条

图 8-3-8　登山运动服装的防水防风的结构设计

为保证人体热湿舒适性，服装还需有优良的透湿透气性。例如，可以在人体的胸、背、腋下等部位设置透气网格内里，如图 8-3-9（a）所示；可以在大腿外侧、腋下设置透气拉链，方便透气，如图 8-3-9（b）、（c）所示。

（a）透气网格　　　　　　　　（b）腿部拉链　　　　　　　　（c）腋下拉链

图 8-3-9　登山运动装的透湿透气的结构设计

为增加服装压力舒适性，可以在人体运动幅度较大的部位（如肘部和膝关节部）设计出更多的活动量，采用加大松量的立体式设计，同时在这些部位采用加厚面料，增加耐磨性，如图 8-3-10（a）、（b）所示。在腰部可以采用松紧带，减少弯腰时对人体的束缚，如图 8-3-10（c）所示。

（a）肘部大松量耐磨设计　　　（b）膝关节大松量耐磨设计　　　（c）腰部松紧带设计

图 8-3-10　登山运动装的压力舒适性设计

另外，为增加服装在多个场景下的穿着性能，经常会出现一衣多穿的可拆卸式设计，如图 8-3-11 所示。例如，登山运动装的中层抓绒衣可以和外层冲锋衣结合成一件服装，也可以拆开，以满足不同温度环境人体对保暖性的需求；登山裤可以拆分成短裤，也可以组合成长裤，增加服装的实用性。

（3）色彩

在登山运动装的设计中，尽量选择高明度的色彩，登山者穿着醒目颜色的服装可以与周围环境做到区分，增加获救机会，如红色、黄色、橙色等。同时，尽量考虑耐脏部位的色彩搭配，通常会选用灰色、褐色、黑色、土黑色等深色减弱脏污所形成的色差，例如，在容易与外界接触的肩膀、袖口和下摆处，设置黑色和灰色，提高了服装的耐污性。颜色拼接也加强了服装的时尚性。

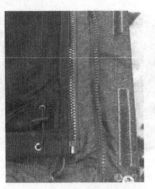

（a）可拆卸冲锋衣   （b）可拆卸登山裤

图 8-3-11　登山运动装的实用性设计

另外，服装反光色的设计尤为重要，起到了安全警示的作用，有利于穿着者在较暗的环境中被他人发现，保障人身安全。

8.3.4　功能服装设计案例——医用防护服设计

医用防护服能够阻止各类可能携带病原体的分泌物、喷溅物、颗粒物等接触人体，保护医务人员的健康与安全。但是，医用防护服也存在工效差等问题，例如，热湿舒适性差，穿脱不便，阻碍人体运动；医护人员长时间作业时大多表现出热相关疾病，如头痛、虚脱、皮肤损伤、晕眩甚至中暑等。本节主要介绍医用防护服的分类，分析医护人员动作、生理和心理特征及其对服装的需求，以及医用防护服的工效设计。

1. 医用防护服分类及应用场景

医用防护服的分类有多种：按使用寿命可分为一次性使用型和多次重复使用型；按照用途可分为一次性医用防护服、手术衣和隔离服，其使用对象和作用如表 8-3-1 所示。本节主要介绍应用于感染风险较高的环境且技术标准要求较高的一次性医用防护服及其功能性设计。

表 8-3-1　按照用途的医用防护服分类

分类	使用对象	作用
一次性医用防护服	进入传染病区、电磁辐射区等特殊区域的人员	阻隔具有潜在感染性患者的血液、体液、分泌物和空气中的微细颗粒等
手术服	进入手术室内的医护人员	阻隔病人血液和体液，防止患者血液中携带的具有传染性的病毒进入人体
隔离服	接触患者、家属探视病人等场合的医护人员	保护医护人员避免感染的服装

2. 医护人员动作、生理和心理特征分析

医护人员在作业时常做的动作有弯腰、伸展和抓取等，也有大幅度的动作，如下蹲和快跑等。医护人员作业强度高且作业时间长，容易疲劳。特别是医护人员穿着密闭的一次

性医用防护服，容易失去热平衡，产生热应激，加剧人体疲劳。另外，医护人员承担着巨大的工作量和心理压力，其生理和心理面临着更严峻的考验，容易出现敏感、恐惧、焦虑甚至抑郁等心理问题。因此，需要采取措施积极干预，保障医护人员的生理和心理健康。

3. 外界环境分析

一次性医用防护服是医护人员进入特殊区域时所穿的服装，这些特殊环境包括甲类或者按甲类传染病区、电磁辐射区等。医护人员可能接触的传染源主要是感染性患者的血液、体液、分泌物、飞沫等生物污染源及环境中的微颗粒物质，目前已被证实传染性血液病原体高达 50 多种。

除传染源外，室外工作的医护人员还经常面临高温环境。

另外，医护人员还经常接触医疗设备，两者之间经常会有机械性刮擦等。有些医疗设备存在火险隐患，如激光器、手术电刀等，当环境中氧气含量增高时，可能会燃烧。

4. 医护人员对服装的需求

（1）功能性

一次性医用防护服的主要功能是针对病菌、电磁辐射和有害粉尘等的防护。因此，医用防护服的设计主要考虑面料的防护性及服装开口处的密封性。

同时，医用防护服需要具备抗静电性。这可以防止手术服携带静电吸附大量的灰尘和细菌，对患者伤口不利，也可以防止静电产生的火花引爆手术室内的挥发性气体。另外，静电还可能影响精密仪器的准确性。注意，医用防护服还需要有阻燃性。

（2）舒适性

由于作业时间长、医用防护服的密闭性，加上有时面临的高温环境，医护人员容易受热应激的影响。热应激会引起人体显著出汗、脱水、体温升高、心率加快等生理现象。因此，在确保医用防护服防护功能的基础上，如何提高其热湿舒适性是需要探索的问题。

医用防护服还需满足人体在不同动作下的压力舒适性。这要求服装面料具备一定的伸长率，在人体和服装开口处密封的基础上减少对人体的压迫感。

另外，医用防护服也需要满足人体和服装的接触舒适性，特别要注意的是皮肤和服装直接接触的部位，如袖口、裤口等。这些部位在人体出汗的情况下与服装摩擦加剧，容易造成皮肤损伤。

（3）实用性

由于人和医疗器械之间存在机械性刮擦等，医用防护服需要具备较好的耐磨性和强度，否则，服装会因为破损而失去防护性能。

（4）合体性

医用防护服需要满足合体性要求。如果医用防护服在袖子、裤腿与躯干接合处较为肥大，在肢体伸展时容易刮到其他物体，影响工作，而且在上肢自然下垂时，腋窝处容易形成衣物堆叠，不利于人体活动。另外，医用防护服除有针对男性尺寸的设计外，还要有适合女性尺寸和形态的设计。

（5）穿脱便利性

由于服装阻隔性能要求高，一次性医用防护服大多为连体式，穿着者需首先从上衣处将腿部伸入服装中，然后上拉防护服拉链，一次将手臂穿入，接着将裤脚盖住脚踝及安全鞋，并一次佩戴好护目镜等其他防护用具，最后完成戴防护帽、拉拉链等一系列操作。由于服装穿脱的复杂性，医护人员如厕不方便，为了减少去厕所的次数，医护人员不得不控制食物和水分的摄入，这在一定程度上损害了健康。

5. 医用防护服的工效设计

我国制定的一次性医用防护服国家标准 GB 19082—2009 规定了医用防护服的防护功能，即液体阻隔性能（抗合成血液穿透性、抗渗水性和表面抗湿性）和颗粒阻隔性能（过滤性能）、断裂强力、阻燃性、抗静电性、透湿透气等。同时，还在服装款式、结构和细节上做了规定。除我国国标外，世界上主流的医用防护服标准还有美国 NFPA 1999—2018、美国 ANSI/AAMI PB70—2012 标准及欧盟 EN 14126—2003 标准。不同国家在医用防护服性能指标标准制定方面有较大的不同。下面从面料、服装款式和结构及色彩等方面介绍医用防护服的工效设计。

（1）面料

目前，医用防护服的面料主要有单层非织造布、复合非织造布和覆膜非织造布三种类型（如图 8-3-12 所示），其中能够满足 GB 19082—2009 标准的面料通常为覆膜非织造布。覆膜非织造布在非织造布的基础上贴合一层薄膜，其形式有一层布加一层膜和两层布夹一层膜。常用的薄膜有微孔聚四氟乙烯（PTFE）和聚乙烯（PE）透气膜（如图 8-1-13 所示），其中，非织造布复合 PTFE 材料的防护服具备更佳的透湿性、耐磨性和柔韧性等特性，但是 PTFE 制备难度大且成本高，限制了其广泛应用。

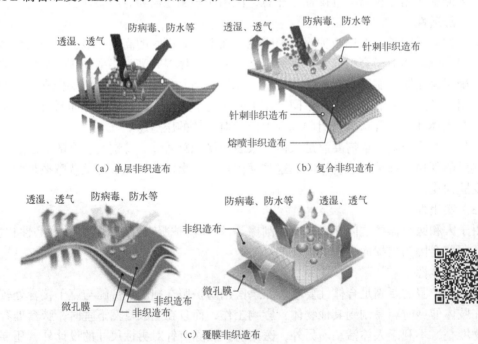

（a）单层非织造布　　　　　（b）复合非织造布

（c）覆膜非织造布

图 8-3-12　常用的医用防护服面料

（2）服装款式和结构

一次性医用防护服按款式可分为连体式和分体式，如图 8-3-14 所示。连体式医用防护服密闭性更好，一般应用于甲类或按甲类管控的传染病防护。为了确保医用防护服的防护性，一般在袖口、脚踝口处采用弹性收口；在帽子面部采用弹性收口、拉绳收口或搭扣；在面料接缝处采用密封胶条；在门襟处增加密封胶条，保证服装在门襟处的密合性；另外，为了防止衣袖在医护人员在作业过程中上下滑动，杜邦和 UVEX 公司在袖口部位增加了弹性的拇指圈（如图 8-3-15 所示）。

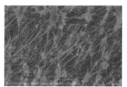

（a）PTFE 微观结构及实物图　　　　　　　　（b）PE 透气膜微观结构及实物图

图 8-3-13　医用防护服用薄膜

图 8-3-14　一次性医用防护服款式

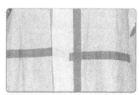

（a）袖子弹性收口　　　　　（b）帽子弹性收口　　　　　（c）拼接处密封条

（d）门襟处密封条　　　　　（e）弹性拇指圈

图 8-3-15　一次性医用防护服防护结构设计

在医用防护服肘部、膝关节和连帽结构处设计了足够的松量，以减少服装压力。另外，在腰部设置弹性松紧带，满足不同身型（如图 8-3-16 所示）。

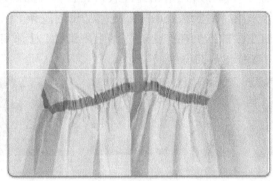

图 8-3-16　一次性医用防护服压力舒适性设计

（3）色彩

在色彩方面，国内医用防护服主要采用白色和淡蓝色，而国外医用防护服的色彩有红色、绿色、紫色、黄色、粉色橘色和拼接色等，如图 8-3-17 所示。不同服装色彩的设计主要是考虑了职业分工、医护人员的心理特征等。例如，红色防护服适合医院管理人员及在实验室和药房工作的人员；紫色常与皇室联系在一起，代表力量，可以使患者振奋；绿色常与和平宁静联系在一起，病人也视其为治愈色，有助于稳定血压，对患者有镇静作用。

图 8-3-17　一次性医用防护服色彩设计

（4）新材料和新技术的应用

虽然各类标准都规定了医用防护服的透湿透气性能，但是学者们发现人体穿着一次性医用防护服在凉爽环境（20℃）下短时间（约 1 小时）内也会产生热应激，说明现有医用防护服存在热湿舒适性差的问题。已有学者致力于研究如何将新材料、新技术与服装结合，改善人体穿着防护服时的热湿舒适性。

Korte 等人设计了穿在医用防护服内部的相变材料马甲。相变材料马甲在胸部部位设置 16 个格子，背部设置 20 个格子，每个格子装入相变材料，如图 8-3-18（a）所示。该学者通过人体穿着实验证明相变材料马甲可以降低人体在室温环境下的心率，改善人体舒适性。而且，该马甲使用方便：从低温箱内取出马甲，直接从头上套入并系上两侧的带子，穿上医用防护服工作；脱下时解开带子从头部脱下，消毒，再放入低温箱，如图 8-3-18（b）所示。然而，相变材料马甲能否推广使用还需要进一步进行人体穿着实验，综合评价该服装的有效性、重量感和运动便利性等。

（a）相变材料马甲

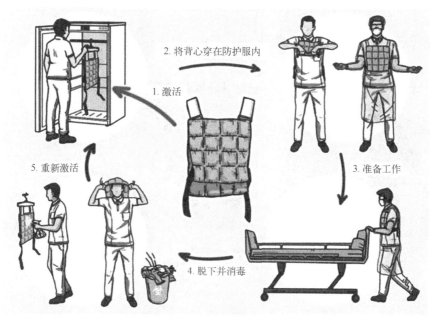

（b）相变材料马甲使用步骤

图 8-3-20　相变材料马甲

正压医用防护服是通过积极送风的方式改善人体热湿舒适性的，如图 8-3-19 所示。该服装在腰部设置送风装置（如图 8-3-20 所示），送风装置内置风机产生的气流通过送风口，经过和服装连通的管道进入防护服内部，在服装内部形成空气流动，促进汗液蒸发带走热量，减少人体热不适感。气流被送出送风口之前，需要经过防喷溅盖板和过滤装置，保证清洁空气进入服装内部。送风装置使用弹性腰带挂在后腰部，并使用背带固定。正压医用防护服已用于医护人员作业现场。然而，目前缺乏针对正压医用防护服的人体穿着实验，需要开展实验评价其有效性、舒适性、穿脱便利性等。

另外，医用防护服的智能化也是学者关注的热点方向。例如，智能医用防护服可以监视防护性能并做出危险提醒；感应器与医用防护服的连接用于实现温度、气体等监控，将数据实时传送到手机屏幕等电子器件上以进行远距离监测。

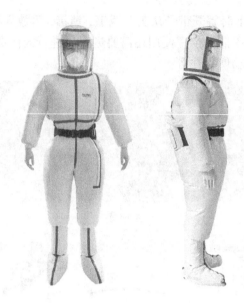

图 8-3-19　正压医用防护服

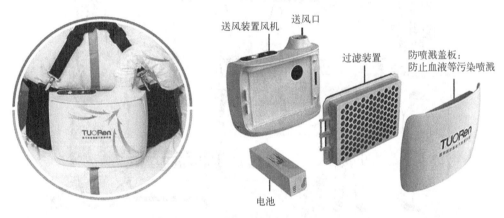

图 8-3-20　正压医用防护服的送风装置

8.3.5　功能服装设计案例——肢体残障人群服装设计

有关数据显示，肢体残障人群在各类残障人群中所占比例最高，约为 29.07%。根据残障部位的不同及所需要外界辅助的程度，肢体残障人群分为上肢残障者、下肢残障者、偏瘫或卧床者。其中，上肢残障者包括使用单拐和使用双拐的上肢残障者，下肢残障者包括需要拄杖行走和需要乘坐轮椅出行的下肢残障者，偏瘫或卧床者分为久坐和久卧型、站立型。不同于普通服装，残障人群服装必须符合其生理和心理特征，才能对人体起到辅助作用，维护其尊严。

1. 残障人群形态、生理和心理特征

（1）人体形态和运动能力变化

上肢残障者手的活动范围小于正常人且难做较为复杂的动作，持续力差，通常无法完成双手并用的动作。另外，上肢残障降低了人体上半身骨骼和肌肉的运动能力与身体平衡性，并减少了躯干肌肉、胸围、肩宽和肩厚。研究发现，上肢残障者的左右肩的高度差可达 2.5cm；前后腰节长度差达 1.5cm；人整体更加窄，但是下肢更发达。

需要拄杖行走的下肢残障者包括使用双拐和使用单拐的人群。其中，使用双拐的人群头部前倾，眼睛看地，造成耸肩；使用单拐的人群一侧肩膀较另一侧偏高，高低肩严重，通常肩低的一侧下肢短缩，上肢肌肉较正常人发达，胳膊变粗，且肩膀一直提高，使斜方肌短缩。

乘坐轮椅出行的下肢残障者长期处于坐姿状态，活动量少，导致腰腹部与臀部有较多皮下脂肪堆积，腰部与臀部围度相对增大，腰臀差变小，同时诱发脊椎弯曲，导致脊柱严重侧凸。另外，这类人群操作轮椅时上半身经常会前倾，因此颈部长时间处于前倾状态，导致颈部较常人稍粗。肩部的运动较多，造成斜方肌和三角肌肌肉较为发达，肩宽大。肩臂部沿前后方向运动较多，导致背部前倾，后背长度增加，前胸长度减小。除此之外，膝盖弯曲使膝盖前方腿部长度增加，下肢关节尤其小腿会发生肌肉萎缩，导致下肢粗细不一致。

偏瘫或卧床者分为两类：第一类是站立型，这类人群下肢无器质性病变或残缺，可以短距离行走，但是长距离行走时，因身体虚弱而需要借助轮椅代步，与正常人形态差别不大；第二类是久坐和久卧型，这类人群完全不能走，长期处于坐姿或卧床状态，下肢变化较大。研究发现，长时间卧床的老年人长期卧床不动，导致出现肌肉萎缩、腿部纤瘦、易骨折等现象。

（2）人的生理变化

肢体障碍者通常活动量较少，血液循环变慢，特别是长期坐轮椅者，下肢血液循环不良，肌肉活动少。目前对卧床病人生理特征的研究较多：长期卧床病人内部机体调节控制作用降低，表现为脏器功能减退和基础代谢降低等；自主神经系统活动不够，难以保持独立运动平衡状态；肌肉问题表现明显，血压肌张力体力减退，肌力缺失，肌肉萎缩；骨骼系统、心血管系统、呼吸系统、内分泌与泌尿系统及皮肤系统发生变化，使卧床老人的身体容易出现各种慢性疾病及并发症。

（3）人的心理变化

肢体残障者由于生理状况特殊、生活自理能力受限和社交困难等，容易表现出敏感自卑、挫败感强、孤独、情绪化且时常抱怨等负面情绪。特别是长期卧床的病人，由于生理的痛苦，加上长期的封闭状态，更容易出现心理问题，表现出精神不振、情绪多变、少言寡语、心气郁结、智力和应变能力下降等现象。

2. 残障人群对服装的需求

在研究残障人体形态、运动能力、生理和心理特征的基础上，分析残障群体对服装的需求，从而指导下一步功能服装的设计。下面主要从穿脱方便性、舒适性、功能性、合体性、实用性和审美性方面进行分析。

（1）穿脱方便性

服装穿脱方便性是所有肢体残障者最重要的"痛点"之一，主要表现在洗澡、起床和上厕所时服装穿脱非常不便。偏瘫和卧床者通常还需要他人的协助来完成服装的穿脱，特别是长期卧床老年人，穿衣时即使有护理人员辅助仍然较为困难，而且老年人极易被弄疼甚至扭伤。残障人群服装的款式结构、开口和系结方式要尽可能满足穿脱便捷及小范围活动的需求。例如，上衣领部、肩部及袖部设计开口；裤子前后裤片不缝合；用拉链、磁扣或魔术贴代替烦琐的纽扣。研究还发现，弹性面料可以减少下肢残障者穿裤子的时间，提高裤子穿脱便捷性。

另外，针对轮椅使用者和长期卧床人群，如厕时，裤子的穿脱方便性问题更为突出。在设计时，通常需要对裤子裆部设置开口及遮挡布来解决如厕问题。

（2）舒适性

研究调查发现，残障人群对服装舒适性的要求高于服装穿脱便捷性。服装的舒适性主要包括接触舒适性、压力舒适性和热湿舒适性。为满足接触舒适性的需求，需要选择柔软的面料，如棉、天丝等。为满足压力舒适性的需求，应选用宽松的服装，同时避免局部压力。例如，需要拐杖行走的下肢残障者通常使用拐杖类辅助器械帮助行走，如果肘部的宽松量不足，则会造成服装拉扯，使肩背部过于紧绷，造成压力增大。残障人群对服装热湿舒适性的要求比正常人高，特别是长期使用轮椅者和卧床者，这是因为这两类人群臀部和背部与座椅接触或者长期与床接触，容易产生闷热感、出汗、长褥疮，滋生细菌加重病情，因此应选择吸湿排汗、透湿透气好的面料。

（3）功能性

残障人群体温调节能力弱于正常人，一方面是因为其运动少且运动量小，因此产热量少，特别是轮椅肢残者和截瘫者产热量更少；另一方面是因为人体血液循环减慢。服装应具备良好的调温性能：在低温环境下，服装要有足够的保暖性来维持人体所需的热平衡，特别是要加强服装对下肢和腰腹部的保暖；在高温环境下，服装应该具有良好的水分管理性能、透湿透气性等。

（4）合体性

由于残障人群形态及运动特征与普通人不同，需要特别注意其服装的合体性。在形态上，肢残人士身体通常存在左右不对称、上下比例不协调等问题，所以可以通过服装设计细节和手法塑造服装的外形，让人们的视觉焦点集中在服装造型和细节上，而忽略穿用者本身的缺陷，例如，设计时运用色块分割、超大翻领、夸张肩部、精致装饰等方式。

肢体残障者在运动时，其局部反复重复某个动作，和服装拉扯的作用力强，因此会造成人体局部压力较大和不舒适感。例如，下肢障碍者要注意袖肘部位的合体性，过紧会造成肩背部、肘部和袖口的压力过大。

另外，残障人士长期保持一个姿势时，要注意服装的局部合体性。例如，轮椅使用者的上衣要前片短、后片长，裤子前裆要略短但后裆需较长，否则前片和前裆会堆积在人体前部造成不舒适感。

（5）实用性

针对肢体残障人群特别是长期使用拐杖者和轮椅者，要特别注意服装的局部耐磨性。例如，长期拄拐杖人群所穿服装容易在肘部、前臂外侧、大腿部和腋窝处出现磨损，这些部位的面料应具有一定的耐磨性。长期使用轮椅者的肘部、臀部和背部与轮椅反复摩擦，这些部位也应配置耐磨性好的面料。

针对残障人群特别是长期轮椅使用者和卧床者，要特别注意服装的局部抗菌和易洗快干等功能，尤其是特别注意腰腹部和臀部面料的抗菌性和易洗快干性等。

（6）审美性

肢体残障者特别是 40 岁以下的残障者对服装的审美性有较高要求。肢体残障人群通常希望服装对其身体有遮盖和美化作用，使其看起来和正常人没有区别。例如，可以通过色彩设计、款式设计和细节设计实现服装的美观舒适设计。

3．残障人群服装设计案例

（1）轮椅使用者服装设计

从开襟方向和位置设计、紧固件的选择、服装口袋位置、服装宽松度方面，Shurong 等人设计了生活可以自理的轮椅使用者下装，如图 8-3-21 所示。裤子开口设置在腰部两侧向下 16cm 处，以魔术贴连接，便于穿脱；开口两侧布料重叠遮挡；腰部搭配 3 个可调节的暗扣，解决如厕问题，保持坐姿即可上厕所；上装采用大的磁扣代替塑料扣。

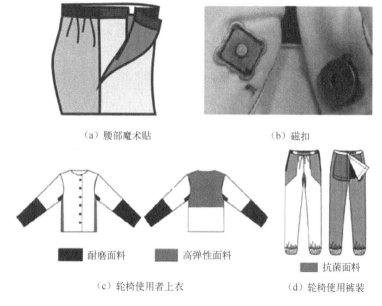

（a）腰部魔术贴　　　　　　　　　　（b）磁扣

耐磨面料　　　　高弹性面料　　　　　　抗菌面料

（c）轮椅使用者上衣　　　　　（d）轮椅使用裤装

图 8-3-21　轮椅使用者易护理服装设计

在面料方面，由于轮椅使用者经常转动轮椅，袖子部分必须用耐磨性好的涤纶/棉混纺织物；背部、肩部和身体侧边采用高弹性织物；臀部和裆部应该用抗菌性好、耐磨的涤纶/棉织物，以防压疮和脓性感染。作者通过真人穿着实验证明新设计的服装在穿脱便利性方面明显优于传统服装。

Wang 等人基于一衣多穿的理念设计了一款面向轮椅使用者的功能服装，如图 8-3-22 所示。上衣采用方形袖窿拉链，后背设计横向拉链，方便调节；肘部外侧设计褶裥，符合肘部弯曲形态，使肘部运动更加灵活。下装在大腿根部设置前后开口和拉链，可以安装或拆卸，方便如厕和清洗；在膝盖的前部设计褶裥，以适应坐姿时膝盖弯曲状态，减少裤装对膝盖的压力；在臀部、下背部、膝盖等需要特别保暖的区域增加可添加层。

（2）上肢残障者服装设计

Chang 等人设计了上肢残障者服装，如图 8-3-23 所示。在色彩上，上衣和裤子使用相同颜色的材料和面料，以减少上半身和下半身的视觉不平衡性。

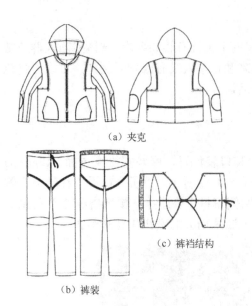

（a）夹克

（c）裤裆结构

（b）裤装

图 8-3-22　轮椅使用者功能服装设计

图 8-3-23　上肢残障者服装设计

上衣结构设计上的重点是利用不同的尺寸来加强人体的厚度和宽度特点，并利用填充材料来平衡视觉效果。设计的核心要素是肩部设计，应将肩部做成弯曲形状，并用三维方法进行修正。垫肩可以弥补左右肩高差 2.5 厘米，在垫肩中间设计一个凹面，在 1/3 位置处设计一个较高的肩尖。外侧材料做成翘曲肩的形状，肩垫两侧加宽袖孔和肩部，肩垫将肩宽和肩厚拉长 2cm。

裤装主要考虑人体运动功能，上下水平分割设置在腰线最细的位置，便于运动，也减少了服装的不对称性并美化服装外观。

（3）卧床老年人服装设计

潘力等人设计了不同程度的卧床老年人的服装。如图 8-1-24 所示为轻、中度卧床老年人服装设计。为配合医用导尿管的使用，在裆部做了特殊结构设计：在裤前裆处留有开口，以放入导尿管；在裤裆开口下方有托袋，以支撑接尿器；在外层设计遮挡布，遮盖接尿器及隐私部位。另外，在裤管侧面设置固定导尿管的拉链，顺着导尿管向下设有盛放尿液容器的立体口袋。其中，口袋表面为两层，里层是透明的 PVC 材料，方便随时观察尿量；外层是起遮挡作用的口袋布。裤子后方挖空臀部位置，并外接一片可拆卸的遮挡布，方便随时换洗。

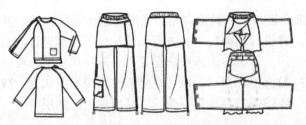

（a）轻、中度卧床老年人服装款式图　　（b）轻、中度卧床老年人服装实物图

图 8-3-24　轻、中度卧床老年人服装设计

如图 8-3-25 所示为重度卧床老年人服装设计。为穿脱方便，上衣插肩袖只与前片缝合，后衣片单独存在。穿着时先将后衣片铺在床上，然后把老年人翻身到后片上，接着盖上前片并分别穿上两个袖子，最后将后片的侧摆交叉粘到前衣片上即可。另外，因重度卧床老年人大小便一直在床上完成，污物容易倒流弄脏衣服，所以其上衣的前片稍可盖住腰腹。裤子采用剪掉前中、后中腰部及裆部的"裤裙"方式，只留腰部两侧及裤管，裙片用于遮盖，这样既方便护理人员更换纸尿片，又能防止裤管下滑。

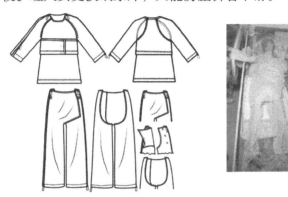

（a）重度卧床老年人服装款式图　　　　（b）重度卧床老年人服装实物图

图 8-3-25　重度卧床老年人服装设计

思考题

1. 探讨老年人服装的工效设计。
2. 探讨消防员服装的工效设计。
3. 探讨宇航员服装的工效设计。

8.4　游戏交互叙事设计

游戏交互是指玩家与游戏之间所产生的实时双向交流。通过人机交互，让游戏和玩家之间建立起有机的联系，使玩家能快速达成目标与获得满足感。本节通过人因工程的理论知识，来解剖游戏交互叙事下的底层逻辑。

8.4.1　叙事的全新关系：游戏交互

1. 游戏的特性

游戏能够简单、快速地激发人的兴趣。相较于其他娱乐方式，游戏快乐的获取来得更加简单。随着近几年手机游戏的快速发展，人们通过游戏进行娱乐的限制进一步减少。而且，游戏不需要考虑环境、对象等可变因素，玩家可以充分利用碎片化时间体验游戏。游戏独特的交互方式使玩家能够根据自己的意识行动参与到游戏的互动中，还可以与朋友同台竞技，这满足了人们复杂多样的心理需求。

2. 反馈与刺激

游戏能够及时反馈结果，满足人的行为刺激。平日，许多事情通常需要长时间的努力才能获知结果，但所产生结果的不确定性很高。例如，学习行为是一个日积月累的过程，通过消化才能理解所学的知识，而在学习过程中，通常会遇到知识瓶颈等问题，使得学习反馈周期变得越来越长，结果的不确定性开始增加。而游戏在短时间内就可以得知所产生的结果，并且其结果极具引导性。玩家在结果的引导下还有重来的可能性，使玩家更加沉浸在游戏中。

斯金纳的强化理论（如表 8-4-1 所示）指出，强化是指对一种行为的肯定或否定的后果，在一定程度上会决定今后是否会重复发生这种行为。游戏的即时结果反馈就是对玩家行为的最好强化刺激，不论输赢都会增加玩家行为再发生的可能性。游戏机制巧妙地利用了这一人类的特性快速实时给予玩家反馈，刺激其继续行动。

表 8-4-1　斯金纳强化理论

斯金纳强化理论		行为发生频率	条件
强化	正强化	↑	呈现一个愉快刺激
	负强化		撤销一个厌恶刺激
惩罚	正惩罚	↓	呈现一个厌恶刺激
	负惩罚		撤销一个愉快刺激
消退			不理睬

3．游戏的目标性

目标性是游戏吸引玩家的核心要素。很多人之所以沉迷游戏，是因为其能提供明确的目标，并且这些目标能够快速完成，进度直观，容易产生快感。

根据目标理论，游戏由目标、挑战、奖励、满足感组成，如图 8-4-1 所示。在游戏过程中需要给予玩家相应的目标，玩家会用自己的方式应对各种挑战，完成最后的目标。在这个过程中，挑战会对完成目标的过程产生相应的阻碍，而奖励会刺激玩家继续应对挑战。而奖励、目标、挑战这三个要素都完成以后，玩家会得到最后的满足感。

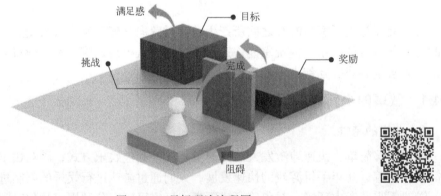

图 8-4-1　目标理论流程图

为了验证游戏的目标性强烈的特性，刘卓做了一个游戏目标性实验，如表 8-4-2 所示。其中，为 A 组制定了"用最短时间获得最高分"的目标；而对 B 组则不设任何目标，玩家可以自由操作。得出的结果是，A 组的平均持续游玩时间比 B 组的平均持续游玩时间多了近 30 分钟。分析得出，游戏是否存在相应的目标，会对玩家的游戏意愿产生直接影响。

表 8-4-2　游戏目标性实验

游戏名称	连连看	
组别	A	B
目标	用最短时间获得最高分	不设目标，玩家可以自由重来或离开
平均持续游玩时间	37.35min	8.12min

4．游戏的参与感

游戏中，玩家不再是信息接收者，而成为信息的创造者。玩家可以凭借自身的意识与行为参与到与游戏的互动中，游戏参与度变高，搭建玩家与游戏的潜在良性关系。如今网络技术的发展，打破以往游戏的空间限制，玩家不只愿意与计算机对抗，更愿意与真实玩家竞争。而且，玩家可以在游戏中合作，在游戏上获得更强参与感。

以《英雄联盟》为例，其中每一个英雄都有自己独特的属性，玩家需要通过自己的操作、玩法，发挥属性优势，弥补属性劣势。而且，《英雄联盟》需要玩家互相配合来获取游戏资源，扩大经济收益，掠夺敌方经济收获来源，从而摧毁敌方基地水晶，获得游戏胜利。由此，玩家的操作与配合也提高了玩家与玩家之间的参与感。

如图 8-4-2 所示，如果玩家选择的是辅助位置，玩家就需要保护好队友的生命值，帮助队友防守反击。当敌方进攻时，辅助就发动技能来抵挡敌方的进攻，避免队友受到伤害。玩家互相配合，制定相应的战术，大幅提高了玩家的参与度。

图 8-4-2　《英雄联盟》游戏对战截图

5．游戏的娱乐性

游戏的娱乐性可看成一种通过游戏互动，在过程中让自己感到喜悦、放松的形式。娱乐性是指游玩过程中产生的愉悦感。玩家在意的是游戏过程所带来的愉悦感，而胜利作为游戏水平的一个衡量标准并没有那么重要。游戏作为人们减压的一种生活娱乐的方式，其本质是在特定时间、空间范围内遵循某种特定规则的人机互动，追求精神世界需求满足的社会行为方式。如今年轻人的工作生活中，打游戏能够让其解压放松，还不会受到时间、空间的限制，利用碎片时间就能解决压力过大无法释放的问题，满足了人们娱乐的需求。

6. 游戏的竞争性

游戏的竞争性是指在尽可能保证游戏公平性的前提下，高技术参与者相对于低技术的参与者在游戏中处于一种优势的地位。主要特征是玩家在游戏中的对抗行为。竞争性是当游戏发展到一定阶段延伸出来的，当获胜目的大于娱乐性时，竞争性就出现了。竞争性出现了，玩家心态也就发生了变化，会因为游戏局势而产生更多的情绪。游戏通过内部的规则机制，快速激发人的胜负欲望，玩家之间的竞争能够满足玩家胜利的快感。

刘卓通过观察法来证实游戏的竞争性。该实验所用的游戏选择《魔兽世界》，实验对象为甲、乙两个玩家。从表 8-4-3 的数据可以看到，在多人参与的游戏中，玩家都会根据对方的状态，在无形中进行等级、装备等多方面的竞争。甲乙两人在能够查看对方状态的情况下都在最短的时间内完成了相应的目标，心理状态高度集中。因此，玩家之间的相互竞争也是游戏吸引玩家的重要因素之一。同时，在游戏中不断提高自己的等级，或者展示玩游戏的技术，赢得其他玩家的尊重与肯定，也可以满足玩家的心理需求。

表 8-4-3　游戏竞争性实验数据

游戏名称	魔兽世界		游戏名称	魔兽世界	
实验一			实验二		
实验内容	双方各自将游戏等级从 1 级升到 10 级，但无法观察对方状态		实验内容	双方各自将游戏等级从 1 级升到 10 级，能够随时查看对方状态	
玩家	甲	乙	玩家	甲	乙
游戏用时	5h	8h	游戏用时	3h	4h
状态	轻松	前期轻松，后期感到无聊	状态	持续心流	持续心流

实验题

选择一个游戏作为测试项目，设定目标，记录玩家在游戏过程的不同时间所产生的状态。

总结：游戏具有娱乐、反馈及时、明确的目标指引等特性，并且玩家能够有非常高的参与度，还能与其他玩家产生竞争行为。游戏能够满足玩家的心理需求，玩家在游戏中就能得到满足感。

8.4.2　游戏的沉浸体验与认知科学

1. 沉浸认知过程

游戏沉浸感的形成包含三个主要阶段：参与、投入、沉浸。在第一阶段，玩家参与游戏。玩家通过视听感知的方式进入游戏世界，通过故事情节、游戏教程，慢慢进入下一个阶段。例如，《英雄联盟》的新手教程，系统会向用户介绍游戏基本操作；有的游戏还会通过语音提示，给予游戏玩家更流畅、更系统的学习过程。与此同时，游戏教程还会通过图像告诉玩家需要进行什么操作，减少玩家阅读文字再思考的过程。

如图 8-4-3 所示，在《英雄联盟》的新手教程中会弹出一个鼠标样式的图标（圆圈标注），提示玩家需要单击右键来进行移动、攻击等操作。用简单、具象、清晰的方式呈现游戏的玩法，让玩家方便学习游戏操作，更快融入游戏中。

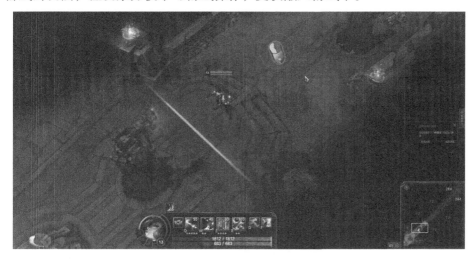

图 8-4-3　《英雄联盟》新手教程截图

在第二阶段，玩家投入游戏。玩家已经对游戏玩法已经深入了解，逐渐沉浸在游戏中，开始寻找游戏的意义。以《英雄联盟》为例，新手教程结束后，游戏会自动匹配系统或低级别的玩家来战斗。此时，玩家开始沉浸在游戏内，在挑战与技巧的边缘不断摸索，寻求刺激感。

在第三阶段，玩家沉浸游戏。玩家通过与其他玩家的配合，达成游戏内的某些成就与挑战，使自己完全沉浸在游戏里。例如，在《英雄联盟》中，玩家与队友配合，摧毁敌方基地水晶，取得胜利，满足了玩家对胜利的需求，如此一来玩家便会完全沉浸在游戏世界中，达到心流的状态。

2．即时视听感知

人认知世界的初始方式是视觉与听觉，通过视觉和听觉完成对外界事物的第一感知。人通过听觉、视觉、触觉来获得外界环境信息，经过长期的进化，人类的各种感觉器官都是高度协作的。游戏利用了人的视听感知，通过与玩家交互产生快速反馈，给玩家带来全新的感官体验。

视觉效果能够烘托游戏氛围，给予玩家延伸的游戏感受。例如，在恐怖游戏中，视觉画面会把整体色调压得很暗，甚至会有"全黑"的处理，利用玩家对黑暗的原始恐惧，增加游戏的恐怖氛围。在听觉方面，背景音乐搭配场景音效，从听觉上刺激玩家，如伴着冰冷阴森的回音的敲打声、若隐若现的诡异笑声等。这种听觉带来的刺激感能够第一时间被玩家接收到，以达到"恐怖"的效果。借助这种视听体验，玩家与游戏空间的交互拓展到了多个向度，更多的感官被调动起来，使玩家更好地沉浸在游戏中。

3．需求层次理论

马斯洛关于人类动机的需求层次理论，根据人类需求的迫切程度，将需求类型分为不同等级，形成金字塔，如图 8-4-4 所示。从下到上依次为：生理需求、安全需求、情感需求、尊重需求、自我实现的需求。马斯洛认为人的需求可以按照先后顺序排成一个阶梯，只有在满足低层次的需求后才会产生高层次需求。

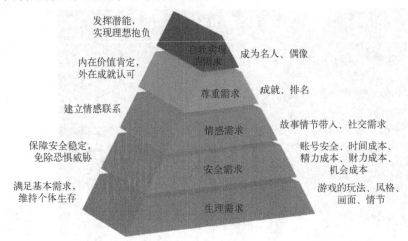

图 8-4-4　马斯洛需求层次金字塔

如果把马斯洛需求层次理论与游戏结合，可以发现游戏能满足人类精神上的需求。游戏的玩法、游戏的风格、游戏的画面、游戏的情节在一定程度上满足人的生理需求；在游戏中都是匿名玩家，保护了个人隐私，满足了玩家参与各样活动的安全需求；在线游戏提供社交等功能，使玩家在游戏中可以交流，满足了情感需求；游戏中提高自己的等级，获得较高的排名，从而赢得其他玩家的肯定，满足玩家的尊重需求；玩家通过不断练习完成挑战，激发出自己的成就感，或有的玩家成为该领域的佼佼者，满足自我实现的需求。马斯洛需求层次理论泛指人类社会的宏观需求层次，当我们将该理论运用到局部细分场景时同样适用，因为该理论揭示的是人类作为智慧生物的需求本质。

4．成就感需求

成就感是基于马斯洛需求层次理论所提出的，玩家会因为成就感而不断游戏。库利提出"镜中我"的概念，指人们对自我的认识主要通过与他人的互动形成，人们需要在与他人的互动中获得赞赏来满足自身成就感的需要。在游戏中，有些玩家会在游戏中投入金钱、时间来获取稀有装备，赢得别人对自己的赞赏，满足自己的成就感需求。

例如，在《王者荣耀》手游中，玩家可以购买皮肤，获得稀有装备与属性加成，缩短升级周期，以获得更丰富的奖励及他人的赞赏。在某种程度上说，许多人玩游戏就是因为游戏能简单快速地满足尊重需求，而这种反馈也刺激玩家不断重复购买行为。

5．心流沉浸体验

心流在心理学中是指一种人们在专注某行为时所表现的心理状态，同时在该状态下会保持高度的兴奋及充实感。心流的概念最初源自心理学家米哈里·齐克森米哈里（Mihaly Csikszentmihalyi）。他通过观察科学家、作曲家等人，发现他们在工作时经常忘记时间和对周围环境的感知，与爱因斯坦忘记了吃饭达到了忘我的境界相同，这种全神贯注的状态就是心流状态。随着研究的深入，马西米尼（Massimini）等人提出八区间心流体验模型，对挑战和技能进行梳理，如表 8-4-4 所示。因此，制造心流体验的关键，是调整挑战和技能的相对关系。

表 8-4-4　八区间心流理论技能与挑战对照表

八区间心流理论				
区间	挑战等级	技能等级	状态	备注
1 区	高挑战	中等技能	激发（Arousal）	学习
2 区	高挑战	高技能	心流（Flow）	玩游戏
3 区	中等挑战	高技能	掌控（Control）	驾驶
4 区	低挑战	高技能	厌倦（Boredom）	做家务
5 区	低挑战	中等技能	轻松（Relaxation）	阅读
6 区	低挑战	低技能	淡漠（Apathy）	看电视
7 区	中等挑战	低技能	担心（Worry）	争论
8 区	高挑战	低技能	焦虑（Anxiety）	重复性

　　目前，心流理论已被广泛用于游戏设计，成为衡量用户体验的重要因素之一。心流也解释了当人们在进行某些日常活动时，为何会完全投入情境中，集中注意力并且过滤掉所有不相关的知觉，进入一种沉浸的状态。

◤ 讨论题

　　列举一个游戏，试着总结游戏中所用到的认知理论，并列出不同的侧重点。

　　总结：通过对游戏沉浸感认知的了解，结合马斯洛层次需求理论与心流理论，可知游戏与心理学有密切的关系。在游戏中，可以改变现实不可预测和无法操控的无力感，运用游戏角色实现现实无法实现的行为和意愿，并且游戏能够让玩家的身心获得前所未有的解放，激发心流体验的产生，保持深度沉浸，激发玩家的幸福感与娱乐性。

8.4.3　游戏策划与叙事设计

1．游戏策划

（1）游戏激励机制的设计

　　激励理论是指由外部的主动或者被动的刺激，来激发一个人内在的欲望，使其自发地实现某个预期的行为。玩家在游戏过程中的积极性与游戏奖励有直接关系，而游戏奖励则取决于玩家需要的满足程度和激励因素。

　　从游戏进程的角度来说，奖励可分为预期奖励和意外奖励。预期奖励是指玩家在达成目标后给予的阶段性奖励。例如，玩家完成不同等级的挑战，会获得相应的游戏技能、生命力等。意外奖励是指在玩家预期外的奖励，即在挑战的过程中，随机触发了某个机制，获得了特殊的能力。相较于预期奖励，意外奖励能够让玩家获得更多的新鲜感，让玩家不断摸索游戏底层的奖励机制。激励机制是一种评估玩家表现后的反馈机制。游戏激励系统可以调动玩家的积极性，吸引玩家，鼓励玩家，最大化刺激玩家的内在动机。

（2）挑战与技能的平衡关系

挑战与技能的平衡关系是玩家能进入心流状态的重要因素。在游戏中，挑战或技能要求过高会使玩家产生焦虑和枯燥的情绪，因此游戏设计需要考虑挑战与技能的平衡，来达到最佳的沉浸体验。将心流理论应用到游戏设计中，会使玩家更着迷、更沉浸。心流通道并没有严格的边界限制，在心流通道区域内，技能和挑战基本呈平衡关系，过大的挑战或过强的技能都会让玩家失去对游戏的兴趣。

如图 8-4-5 所示，产生心流体验的条件是一个恰好能匹配玩家技能的活动，要求的能力略微高于玩家的能力。因此，一个合理的游戏挑战难度是玩家能获得心流体验的重要因素。游戏所覆盖的心流区域越大，越能让更多玩家达到心流状态。心流沉浸是一种贯穿整个游戏过程的感觉，是玩家把游戏过程改变为自己情感的体验。

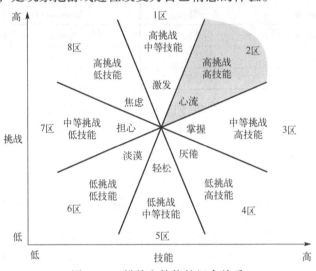

图 8-4-5　挑战和技能的组合关系

（3）挫折回避机制设计

挫折感是指个人要求得不到满足，使成就感、安全感消失，并出现消极的情绪。如今人们的生活压力越来越大，若玩游戏像现实生活一样容易让人感到挫败感，会让玩家感到不适，且人们在一个游戏上投入的时间有限，若游戏门槛太高，会直接打击新手玩家的积极性。玩家在游戏中不愿意承受挫折，因此，在游戏设计中设计师应慎重把握游戏挑战的难度，强烈的挫败感会使玩家回避挑战。例如，《生化危机8》游戏内部会有隐藏分机制。当玩家的死亡次数、未通关次数的增加时，游戏会根据玩家现有水平自动平衡游戏挑战难度，如增加子弹补给的地点、减少对玩家的伤害等。通过降低游戏难度回避挑战给玩家带来的挫折，为玩家带来更好的游戏体验。

（4）玩家成就感的获得

成就感是玩家达成自我实现的一个重要体现。玩家在游戏里拿到稀有装备，成为高手等都是成就感的体现。这种自我满足并得到别人认同的需求也是玩家继续游戏的动力。成就感的设计需要注意度的把握，太容易得到会丢失成就的意义，太难得到会让玩家产生挫败感。因此，在成就感的设定时，要让玩家看到希望但同时又不能太容易得到。例如，《英雄联盟》的排位分为七个段位：青铜、白银、黄金、铂金、钻石、大师、王者。玩家所在的段位就是其实力的体现，而最终的成就是"王者"。这是游戏玩家能够看到却又不容易得到的成就。

2. 游戏叙事设计

（1）叙事情感设定

游戏是一种情感传播媒介，是一种玩家感情的表达工具。游戏可以为玩家持续提供不同互动形式的叙事设计，这些叙事互动不仅直接影响玩家在游戏过程中的情感体验，而且能让玩家从不同的文化背景和角色与自身中打破时间、空间、精神上的界限。在游戏设计的过程中，通过游戏叙事来实现情感交流。游戏的情感传播功能的意义是非凡的，它蕴含着对自我的表达、对身份的认同、对艺术的审美等意义。

游戏叙事的情感与悬念需要满足人的心理需求。在游戏叙事中所要表达的情感因素非常重要，因为只有贴近人类最原始的人性，才可以触动人心，和玩家达到一种心理共鸣，使玩家沉浸于游戏中。例如，在 2014 年，育碧发行了《勇敢的心：世界大战》这款冒险类反战题材的游戏。这款游戏主要描述了战争中 4 个主角和 1 只猎犬之间发生的故事，虽然他们分别从不同的国家来到战场，但是都怀抱着让世界早日恢复和平，能够与家人团聚的心愿。

《勇敢的心：世界大战》虽然是战争游戏，但游戏开发者并不想还原战争的表象，游戏中没有血腥的场景，而是用二维卡通的方式体现战争内在，用感受战争的残酷来描述战争。这款游戏是根据真实故事改编的，由于欧洲是第一次世界大战的主战场，所以欧洲国家的大多数玩家都会对此产生共鸣。该游戏在当时满足了玩家"爱"的心理需求。因为玩家对叙事的情感使其长时间沉浸在游戏中，所以一段好的故事对玩家来说就是一次纯粹的、直击心灵的吸引。

（2）互动情节叙事

互动情节的形成需要人们的认知能力、记忆和个人的亲身参与。例如，互动式对话是引起玩家注意最好的方法，并且能够填补故事叙事的内容，玩家可以通过互动式对话来影响游戏的结果。

如图 8-4-6 所示，在《F1 2020》中，当排位赛结束后，游戏会出现互动式对话的界面，像现实世界一样给予玩家赛后采访。玩家所选的答案就是采访的结果，而这个结果会影响后续叙事情节的发展。图中采访的问题是"你认为有哪些地方你比竞争对手更有优势呢？"下面选择了"绝对是动力单元！它强劲如猛兽！"。当玩家选择了这个答案后，会影响部门的士气，进而影响游戏内部情节的进程。互动情节叙事的加入会使整个游戏内容更加丰富、饱满，玩家的体验感也更强。在游戏中提供两个或两个以上的互动选项让玩家选择，选择最符合想法的选项会推动故事情节的发展，要让玩家结合现实世界中的个性与实际情况选择如何完成游戏的内容。

📝 **思考题**

根据上述方法，制定一个游戏策划案，确定游戏主题与风格，通过设计游戏激励机制、挑战与技能平衡等，总结一个符合人因工程的游戏方案。

总结：游戏策划不仅要考虑故事的叙事情节，还要了解玩家的心理感受与需求。优秀的故事情节能够带动玩家的情绪，直击心灵；而玩家的自我实现能够促进叙事的发展。

图 8-4-6 《F1 2020》游戏截图

8.5 数字化文博展示设计

8.5.1 VR、AR科技介入文化传播

数字技术的快速发展，给文化传播带来了新的机遇与挑战。将 VR（虚拟现实）技术和 AR（增强现实）技术应用到文化传播，不仅为文化传播提供了新的途径，而且使文化传播的展现形式更加多样化。面对数字技术的发展，文化需要结合技术传播，以全新的方式展现文化的独特魅力并摆脱传统传播的困境。

1. VR 技术

VR（Virtual Reality，虚拟现实）技术，是综合数字图像处理、计算机图形学、多媒体技术、模式识别、网络、人工智能及传感器等技术，融视觉、听觉、触觉为一体，生成逼真三维虚拟环境的信息集成技术系统。虚拟现实系统可分为桌面式 VR 系统、沉浸式 VR 系统（如图 8-5-1 所示）、增强式 VR 系统、分布式 VR 系统等。

图 8-5-1 沉浸式 VR 系统

2．AR 技术

AR（Augmented Reality，增强现实）技术是借助信息技术、传感技术、计算机视觉技术及多媒体技术，把计算机生成的二维或三维的虚拟数字内容信息（文字、图形图像、动画、音频、视频、虚拟三维物体等）准确地"叠加"到用户所要体验的真实环境中的一种技术。目前 AR 技术主要应用在汽车行业、旅游行业（如图 8-5-2 所示）、医疗行业、教育行业、零售行业、游戏行业等。

图 8-5-2　宋城导览软件

3．VR、AR 技术在文化传播的应用优势

（1）内容形式多样性

在创造的内容形式方面可以实现多样化，利用 VR、AR 技术，将文字、图像、视频等融合起来，并把最丰富的信息展现出来。《头号玩家》是虚拟现实题材电影，故事发生在未来世界，科技高度发达，但是现实世界破败不堪。人们沉迷虚拟游戏"绿洲"，他们只要戴上虚拟现实设备，就能够暂时逃离失意的现实，在虚拟世界体验不同的奇幻人生，结交新的朋友甚至在虚拟世界成为超级英雄，如图 8-5-3 所示。

图 8-5-3　《头号玩家》电影

（2）调动参与互动性

从过去遥不可及的文化到现在触手可及的文化产品，以前隔着屏幕、隔着书本认识的

事物,如今人们可以通过 VR、AR 技术亲自体验,在互动的过程中人们的主动性被充分地调动起来接收新的知识和内容。《故宫金榜题名》以清代科举考试为故事,描绘古人读书修身情景,模拟古代考生从童试、乡试、会试、殿试到进士及第的过程,并且按照江南贡院的号舍真实还原,如图 8-5-4 所示。

图 8-5-4 《故宫金榜题名》

（3）虚拟世界仿真性

VR、AR 技术利用特有的视听效果打造真实感极强的虚拟现实世界,让人们沉浸在虚拟世界的场景里,或将虚拟现实图像叠加到现实世界场景中。以黄鹤楼公园为载体,围绕着黄鹤楼的千年历史文化,采用激光投影、激光互动、前景纱屏、演员影像互动、三维动画灯、高压水雾等多项高科技光影技术,实现艺术与技术完美融合,打造武汉城市新地标黄鹤楼,如图 8-5-5 所示。

图 8-5-5 武汉的黄鹤楼

（4）网络技术发展性

随着 5G 网络时代的到来,在国家大力推动下,文化与技术进行深度的融合,新兴的 VR、AR 技术将迎来与文化结合的长远发展。例如,《唐宫夜宴》,在场景里将现实舞台和虚拟场景紧密结合,使得歌舞融入博物馆场景,营造出一种让人置身其中、身临其境的感觉。随着场景的切换,舞蹈完美地融入历史,营造文化底蕴衬托,将盛唐风貌展现无疑,如图 8-5-6 所示。

图 8-5-6　《唐宫夜宴》舞蹈

举出几个将 VR、AR 技术应用到文化传播的例子。

8.5.2　数字博物馆设计

现在，人们不仅仅注重物质文化水平的提高，更加注重精神生活的享受，而博物馆逐渐成为人们提高精神文化水平必不可少的场所。人作为博物馆受众，是博物馆展厅设计时考虑的主要因素。实体博物馆是文物展出的最初形式，数字博物馆是在实体博物馆的基础上发展起来的，在一定程度上弥补了实体博物馆的不足，但是还需要修改和完善。

1．实体博物馆设计

（1）照明设计

在博物馆设计中，如果展厅的光照强度较低，会增加人们对展品辨认的时间并产生视觉疲劳。改善展厅的光照强度不仅可以增强展品的轮廓立体视觉，还可以增强眼睛的辨色能力。按照光源类型，照明可分为三种：自然照明、人工照明、混合照明，如表 8-5-1 所示。

表 8-5-1　照明按光源类型分类

类型	特点	情况
自然照明	明亮柔和舒适	设计首选，但是会受到时间和环境的影响
人工照明	接近自然照明	补充照明，使所用场景保持稳定的光量
混合照明	直接照明与间接照明	将直接照明与间接照明结合，避免投影散光

博物馆展品的本色，只有在日光照明的条件下才会不失真地显示出来，我们通常将日光或者接近日光的人工光源作为标准光源，这些光源的显色指数一般使用 100 表示，其余光源的显色指数都低于 100。光源的光色包括色表和显色性，色表是光源所呈现的颜色，而显色性是指照明光源对物体色表的影响。物体颜色随着光源颜色的不同而变化，显色指数越低则显色性就越差，如表 8-5-2 所示。

表 8-5-2　各种光源的显色指数

光源	显色指数	光源	显色指数
日光	100	白色荧光灯	56
白炽灯	97	金属卤化物灯	54
氙气灯	96	高压汞灯	23
日光荧光灯	76	高压钠灯	21

在博物馆的照明设计过程中，考虑在不同的照明环境情况下，色温对人舒适度的影响，色温偏暖给人一种舒适的感觉。光源处于不同的色温，所表现出来的颜色冷暖不同，当相关色温小于 3300 时，呈暖色；当相关色温在 3300 到 5300 之间时，呈中性色；当相关色温大于 5300 时，呈冷色。在色温的使用方面，偏暖的光源适合在居住环境或休闲环境中使用，偏中性的光源适合在办公场所或阅览室中使用，偏冷的光源适合在高光照强度的特定场所中使用，如表 8-5-3 所示。

表 8-5-3　光源颜色及使用场所

光源特征	相关色温	使用场所
暖色	<3300	客房、卧室、酒吧、餐厅
中性	3300～5300	办公室、阅览室、检验室
冷色	>5300	加工车间、高照度场所

在博物馆这样的公共空间里，通常要求照度应该尽量均匀，否则会导致人的眼睛因光环境不断变化而引起不适。光照强度简称照度，是指单位面积上所接收可见光的光通量，通常考虑最大照度和最小照度，二者与平均照度之差应该都小于平均照度的 1/3。如果过大，说明照度的均匀度不够好，容易引起视力下降、视觉疲劳，还有眼胀、头痛等其他影响人体健康的疾病。在博物馆照度设计里，应该找到合适的照度平衡点、照度范围及作业类型，当照度超过某种范围时，会极大地提高视觉的观看能力，但是容易引起视觉疲劳，照度范围及作业类型如表 8-5-4 所示。

表 8-5-4　照度范围及作业类型

照度范围	作业类型
100～150～200	一般视觉要求的作业
200～300～500	一定视觉要求的作业
300～500～750	中等视觉要求的作业
500～750～1000	费力的视觉要求的作业
750～1000～1500	很困难的视觉要求的作业

布置玻璃展柜的展品时，要避免眩光。眩光是视野内极高亮度的光源发出的光，或者光源与背景亮度对比过大而引起视觉感受性降低的光。将展柜内的照度与明暗的对比设定在 10：1，展品与背景的亮度设定在 2：1，被观察的展品与背景亮度设定在 5：1 以下，可以减少视觉疲劳。眩光分为三种：直接眩光、反射眩光和对比眩光，如表 8-5-5 所示。

表 8-5-5　眩光类型

类型	情况
直接眩光	由极亮的光源直接照射到眼睛而产生的
反射眩光	光经过光滑物体表面反射到眼睛引起的
对比眩光	被观察目标与背景差别过大造成的

（2）空间设计

个人空间是围绕在人们周围可移动的无形的区域，它是随着人们的移动而变化，根据特定的条件和环境及个人的心理状态变化而变化的。例如，餐厅拥挤的忍耐程度相对低，如果隔壁桌太靠近会引起不安和烦恼。学者霍尔对个人空间区域进行了专门研究，如表 8-5-6 所示。

表 8-5-6　霍尔研究的个人空间区域

类型	距离范围
亲密距离	0.00～0.45m
个人距离	0.45～1.20m
社交距离	1.20～4.00m
公众距离	在 4.00m 以上

在博物馆展厅里，展品的陈列密度会影响人们观看的效率，合适的空间设计可以使人们在舒适的环境里参观。当陈列密度超过 60%时，容易造成人流拥堵，观看效率降低；当陈列密度低于 40%时，就会让展厅变得空旷无内容，达不到理想利用空间的目的。因此，展品与展具所占面积为展厅地面与墙壁总面积的 40%最佳，如图 8-5-7 所示。

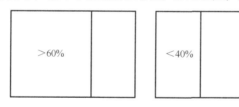

(a) 展厅空间狭窄　　　　　　　(b) 展厅空间宽阔

图 8-5-7　展厅陈列密度

（3）陈列设计

在博物馆陈列设计里，展品要按照人的视觉习惯摆放，确定最佳的陈列位置让人们观看到最佳的视觉效果。根据人的视线移动习惯，从左到右、从上到下按照顺序来摆放博物馆的展品，如图 8-5-8 所示。人的视野主要包括水平视野和垂直视野，水平视野的效率比垂直视野高，因此在摆放展品的时候，可以增加水平视野的展品数量。

目前，我国的平均身高是，男性的平均身高是 167.1cm，女性的平均身高是 155.8cm。文物陈列高度宜为 1.5～1.6m，小件文物的陈列高度以 1.1～2m 为宜。人眼睛的视觉张度大约为 45%，所以每组陈列展品占用横向跨度不宜过长，展品距离眼睛不超过 0.5m，橱柜距离地面 0.8m 左右，如图 8-5-9 所示。

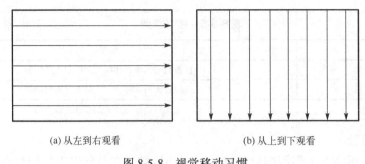

(a) 从左到右观看　　　　　　　(b) 从上到下观看

图 8-5-8　视觉移动习惯

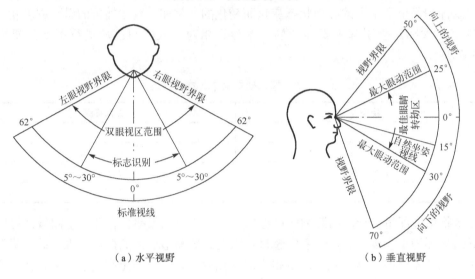

（a）水平视野　　　　　　　　（b）垂直视野

图 8-5-9　人的水平视野和垂直视野

（4）色彩设计

由于不同的色彩对人眼睛的影响不同，所以人眼的色觉视野也不同。正常情况下，人的眼睛色觉视野中，白色的视野是最大的，在水平方向上可以达到 180°，在垂直方向上可以达到 130°；其次是黄色、蓝色、红色、绿色；绿色的视野是最小的，在水平方向上可以达到 60°，在垂直方向上可以达到 40°，如图 8-5-10 所示。

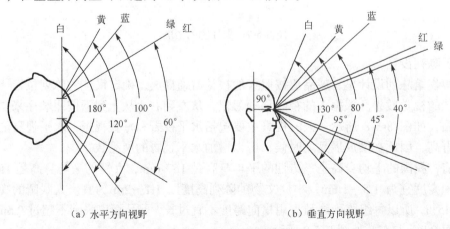

（a）水平方向视野　　　　　　　（b）垂直方向视野

图 8-5-10　人的色觉视野

在博物馆色彩设计里，应考虑色彩本身对人们带来的影响。常见的色彩影响有，红色给人的感觉是愤怒的，绿色给人的感觉是平和的，蓝色给人的感觉是冷静的。人们对色彩的感觉是复杂的，博物馆可以通过色彩的温度感、轻重感、硬度感、胀缩感、远近感及情绪感来进行色彩设计，如表 8-5-7 所示。

表 8-5-7　色彩感觉类型及影响

类型	影响
温度感	红色体温升高，蓝色体温降低
轻重感	浅色轻飘游动，深色沉重稳定
硬度感	灰色的感觉软，黑色的感觉硬
胀缩感	暖色面积膨胀，冷色面积收缩
远近感	色调的暖近冷远，明度的亮近暗远，纯度的高近低远
情绪感	暖色兴奋感，冷色沉静感，明度活泼感，黑暗抑郁感

2．数字博物馆设计

（1）情境式的体验设计

情境式的体验是让观众体验到事物发展的时间过程，让观众通过体验场景全面认识展示物体或展示主题的核心内容。人在环境中的行为习性对应的是人的行为内容，例如，人的流动模式和状态模式，流动模式反映人在行为过程中时间变化的关系，而状态模式反映人在行为过程中动机和状态变化的因素。因此，可以利用人的感觉特性和知觉特性及信息处理来增强人在博物馆的情境效果。

人的感觉分为外部感觉和内部感觉，视觉、听觉、嗅觉、味觉及触觉属于外部感觉，平衡感、运动感则属于内部感觉。每一种感受类型只对应一种感觉器官，例如，视觉对应眼睛，通过光的刺激眼睛可以辨别色彩、形状、位置及运动等；听觉对应耳朵，通过声波的刺激耳朵可以辨别声音的强弱、快慢及方位等。这种能够引起感觉器官有效反应的刺激称为感觉器官的适宜刺激，如表 8-5-8 所示。

表 8-5-8　人体主要感觉器官及适宜刺激

类型	器官	适宜刺激	辨别内容
视觉	眼	光	色彩、形状、位置、运动等
听觉	耳	声波	声音的强弱、快慢、方位等
嗅觉	鼻	挥发于空气中的气味	各种气体，香气、臭气、酸气等
味觉	舌	附着于物体上的味道	各种物体的甜、酸、苦、辣、咸等
肤觉	皮肤	物理或化学现象作用于人	触觉、痛觉、温度觉强弱等

人在感觉外部刺激时，通常会存在感受性和感受阈。其中，感受性是指人感受特定刺激信号的能力，感受阈是指感受所能够受到的限度，它们是互相关联、互相影响的。德国心理物理学家费希纳提出了刺激强度与感受强度是对数关系的理论，即感受强度与刺激强度的对数成正比，如图 8-5-11 所示。例如，当博物馆光照强度达到某种程度后，需要考虑提高人们光觉的感受强度，而不是提高光照强度来解决光照问题。感受性和感

受阈在数值上是成正比的；反之，若感受性越高，感觉阈越低，则它们在数值上是成反比的。

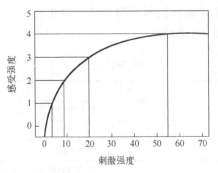

图 8-5-11　费希纳定律

数字博物馆设计要注重知觉组织原则，感觉是对外部刺激信息的察觉，是心理活动的开端。而人体知觉是更高级的心理活动，它是在感觉的基础上，对感觉到的刺激信息的系统性认知和把握。格式塔心理学派对知觉的组织原则归纳如表 8-5-9 所示。

表 8-5-9　格式塔心理学派的知觉组织原则

类型	原则内容
图形与背景原则	物体比背景突出形成图形与背景的关系
接近与邻近原则	接近或邻近的物体更容易被看成整体
相似性原则	物体的物理属性相似容易被看成整体
封闭性原则	人们习惯将不是闭合的形状或物体填补完整
共向性原则	共同运动部分更容易被知觉看成整体
熟悉性原则	删繁就简是认知特点，人们倾向经验解释
连续性原则	图形连接起来容易被知觉看成整体

在数字博物馆里，人机发生相互关系的过程本质是信息的交换。人在物理环境里首先通过感觉器官进行辨别，从而进行信息处理，这是识别、决策、适应及时间分配的过程，然后传入行为和语言等反应子系统，最后是信息处理后的输出，如图 8-5-12 所示。

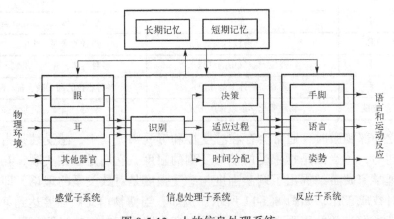

图 8-5-12　人的信息处理系统

在信息交换的传输过程中需要考虑信息传递的速度。传递信息的刺激维度越多，信息的传递速率越高，信息传递速率是信息通道中单位时间内所能传递的信息的总量。可利用颜色、声音、响度、高度等多个维度进行信息传递，如图 8-5-13 所示。

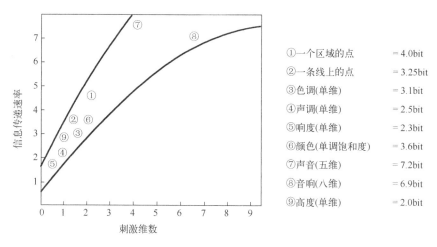

①一个区域的点	= 4.0bit
②一条线上的点	= 3.25bit
③色调(单维)	= 3.1bit
④声调(单维)	= 2.5bit
⑤响度(单维)	= 2.3bit
⑥颜色(单调饱和度)	= 3.6bit
⑦声音(五维)	= 7.2bit
⑧音响(八维)	= 6.9bit
⑨高度(单维)	= 2.0bit

图 8-5-13　人的感觉通道信息传递速率

（2）交互式的体验设计

互动式的体验是人作为主体与计算机进行交互的多媒体技术，如互动影像、震感体验演示、全息投影成像、体感平台、动作体验等。人在与环境长期的互动过程中逐渐形成了许多适应环境的本能，如从众性和聚集的环境行为习性。因此，要利用人的向光性本能及声音，并采用合适的交互界面类型来指导人们的行为。

当外界亮度发生变化时，人眼的感受性随之发生变化，这种感受性对刺激发生顺应性的变化称为适应，适应分为暗适应和明适应。人从黑暗环境进入明亮环境时视觉逐渐适应明亮环境的过程称为明适应，反之称为暗适应。暗适应过程大约需要 30 分钟，而亮适应过程大约需要 1 分钟，如图 8-5-14 所示。但是，人们在数字博物馆里，眼睛频繁适应会增加眼睛的疲劳，使视力迅速下降，因此要求照明均匀和稳定。

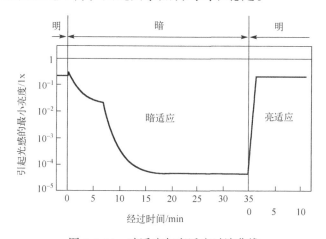

图 8-5-14　暗适应与亮适应过渡曲线

物体的振动产生声音，振动发声的物体称为声源，声源发出的声音通过声波传入耳朵的时间及强度不同，低频声的方位可以根据时间差来判断，高频声的方位可以根据声音强度差来判断。成年人听觉频率范围在 20～20000Hz，如图 8-5-15 所示。随着年龄的增长，听力的频率会降低，在数字博物馆设计时可以考虑使用低频声进行信息传递。

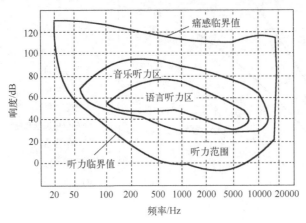

图 8-5-15　人的听力范围

人机交互离不开交互界面设计，人机交互界面设计的效果会直接影响用户体验，因此交互界面设计已经成为人机交互系统设计的重要内容。交互界面类型包括命令式语言界面、问答式对话界面、菜单界面、查询界面、图形界面及多媒体界面。各种交互界面有不同的特点及作用，如表 8-5-10 所示。

表 8-5-10　交互界面类型及作用

类型	作用
命令式语言界面	使用机器语言及汇编语言提供操作命令
问答式对话界面	相关语句对话检索，问答系统生成问答信息
菜单界面	将系统可以执行的命令以阶层的方式显示
查询界面	用来定义检索修改和控制数据的工具
图形界面	使用窗口、菜单、图标等作为图形界面的元素
多媒体界面	除静态的文本和图像外还引入动画、音频、视频等

 思考题

数字博物馆与传统实体博物馆相比具有什么优势。

8.5.3　数字文创产品设计

1. 沈阳故宫 App

沈阳故宫 App 有参观导航的功能。统计分析显示，参观者多数为初次参观，对经典参观路线及常设展馆的位置并不熟悉，参观导览方式主要依靠门票地图和园区指示牌，这种方式的弊端是不够直接明确和智能化，导致参观者走马观花。

人们按照视觉习惯从左到右、从上到下地查看信息，或受到信息本身的影响从彩色到黑白、从标题到内容地查看等。沈阳故宫 App 首页上面显示沈阳故宫博物馆名称；中间显示整个沈阳故宫博物馆的地图；下面显示游客服务的功能选择图标，包括景点、路线、美食、游客中心、停车场；左下角有建议与反馈及当前定位的图标；右上角有语言类型、地图离线、使用帮助的图标，如图 8-5-16 所示。

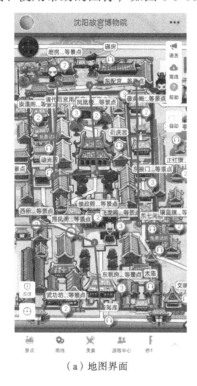

（a）地图界面

（b）选项界面

图 8-5-16　沈阳故宫 App 界面

沈阳故宫 App 首页界面排版，根据人们的视觉逻辑流设置，简洁易懂，视线与界面设计有着密切关系，注意到了人们视线流动的规律、人们的兴趣和任务的不同、视觉对象的自身特征的不同。视觉逻辑流的排布与设计直接关系到界面设计的成败，如图 8-5-17 所示。

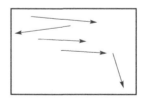

（a）相对清晰的视觉逻辑流

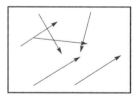

（b）相对混乱的视觉逻辑流

图 8-5-17　视觉逻辑流

为了便于信息的识别，可以将同时出现的多个信息分别处理。沈阳故宫 App 采取视觉记忆原则，根据人对信息的瞬间记忆能够在 3 个到 7 个之间，在首页下面设置 5 个图标，从左到右依次排列为景点、路线、美食、游客中心、停车场。面对大量的视觉刺激数目的选择，选择的刺激数目视觉对象的多少会直接影响人们对信息的反应时间，随着刺激数目的增加，反应时间出现快速增加的趋势，如图 8-5-18 所示。

2. 云观博 App

云观博 App 是国内首款基于 AR 技术的应用软件，它通过音频、视频、图像、文字、AR 和三维互动等多种手段把文物从说明牌上"解放"出来，突破了传统博物馆藏品展示陈列的时空限制，以一种富有人情味的方式讲述它们的故事。云观博的界面图标从左到右依次为文创、导览、社交、我的，在导览页面的搜索栏中输入文字进行博物馆搜索，打开界面后单击 AR 功能图标，使用扫描功能识别藏品，体验新的观看模式，让走进博物馆的参观者能够更好地理解每件藏品背后的故事，如图 8-5-19 所示。

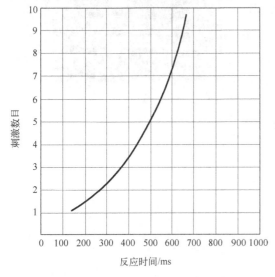

图 8-5-18　可选择的刺激数目对反应时间的影响　　　　图 8-5-19　云观博 App

目前云观博 App 新添加了数字绘本的板块。这为国内外博物馆提供了面向公众服务的展内导览、绘本社教、智能终端、文创应用四大方面的整体解决方案。它已经与国内知名的博物馆合作，帮助文化知识传播，实现博物馆文化内容的传播与延展。

在人机交互界面设计时，还要依据施耐德曼提出的八大黄金定律的人机交互界面原则，包括保持一致性、提供快捷方式、提供有效的信息反馈、设计对话提示、提供恰当的错误处理机制、允许撤销、满足用户的控制需求、减少短期记忆负荷，如表 8-5-11 所示。

表 8-5-11　施耐德曼八大黄金定律

定律	作用
保持一致性	规范信息表现的方式，减少用户认知负荷
提供快捷方式	提供用户需要使用的更快速完成任务的方法
提供有效的信息反馈	用户完成操作后要给出适当的人性化反馈
设计对话提示	信息反馈系统运行状态和用户操作的情况
提供恰当的错误处理机制	提供简单的容易理解的处理错误的手段
允许撤销	为用户提供明显的恢复之前操作的方式
满足用户的控制需求	按照用户预期的方式来获得他们的信任
减少短期记忆负荷	保持界面的简洁及适当的信息层次结构

讨论题

谈谈如何将文化和数字技术结合起来，做出更好的数字文创产品。

总结：将 VR、AR 技术应用到文件传播，不仅为文化传播提供了新途径，而且使文化传播的展现形式更加多样化。无论是数字博物馆还是数字文创产品，最终的设计都是为广大人民群众服务的，并且结合最新的技术方法进行文化传播，让我国优秀的传统文化在当代社会以新的展现形式焕发出新的光彩。

[1] 王鑫，杨西文，杨卫波. 人体工程学[M]. 北京：中国青年出版社，2012.

[2] 祝琳，王婷. 人因工程在校车内设施环境中的应用[J]. 技术与创新管理，2018，39，05：537-542.

[3] 左文明，黄静云，黄秋萍，等. 基于人因角度的商务网站用户体验研究[J]. 图书情报工作，2012，
56（04）：131-135.

[4] 严贤钊. 浅谈人因工程与公交站台智能系统的运用[J]. 智能建筑与智慧城市，2020，09：79-80.

[5] 卫萌. 基于人机工程的家用植物生长箱的造型设计研究[D]. 郑州大学硕士学位论文，2012.

[6] 刘俊艳，时蒙蒙，马肖，等. 便携式塑料水杯的人因工程分析与设计[J]. 技术与创新管理，2020：
41.

[7] 陈善广，李志忠，葛列众，等. 人因工程研究进展及发展建议[J]. 中国科学基金，2021，35.

[8] 杨琨钰. 我国用户体验设计发展研究分析[J]. 设计，2020，13：117-119.

[9] 辛向阳. 从用户体验到体验设计[J]. 包装工程，2019，08：60-67.

[10] 何媛. 基于用户体验的产品设计研究[J]. 设计，2016，23：50-51.

[11] 张绮曼，郑曙旸. 室内设计资料集[M]. 北京：中国建筑工业出版社，1999.

[12] 郭宜章，谭美凤，赵杰. 色彩构成[M]. 北京：中国青年出版社，2015.

[13] 郑哲. 视觉元素在展示空间中的信息传达研究[D]. 合肥工业大学硕士学位论文，2014.

[14] 何人可. 工业设计史[M]. 北京：高等教育出版社，2019.

[15] 洪雯，敖芳，罗倩倩. 平面构成[M]. 北京：中国青年出版社，2015.

[16] 李莎，高禄，赵岩，等. 智能服装的应用及发展[J]. 纺织科学与工程学报，2020，04.

[17] 许嘉慧. 视触觉在食品包装设计中的应用研究——以“一点石”坚果包装为例[D]. 南华大学硕士
学位论文，2021.

[18] 范丽青. 基于视障者的触觉日用瓷设计研究[D]. 湖北工业大学硕士学位论文，2017.

[19] 郭宜章，孙宇萱，徐慧丽. 立体构成[M]. 北京：中国青年出版社，2015.

[20] 邓露. 基于触觉情感下的幼教品牌形象设计——以萌丫幼教中心为例[D]. 武汉纺织大学硕士学位
论文，2019.

[21] Paul P, Helen P, Chetz C, et al. The Haptic Perception of Texture in Virtual Environments:an
Investigation with Two Devices[C]. Haptic Human-Computer Interaction, Glasgow, UK, Springer, 2000:
25-30.

[22] 麻睿. 味觉通感在视觉传达中的设计表现研究[D]. 苏州科技大学硕士学位论文，2019.

[23] 张梦莹. 嗅觉在情感化设计中的运用类型及方式[J]. 设计，2019，32（15）：72-75.

[24] 陈越红，王烁尧. UI设计中的视觉心理认知与情感化设计分析[J]. 艺术设计研究，2021，02：74-79.

[25] 解雨歌，洪婉婷，马特奥·波利，等. 人因视角融入的景观认知研究进展及展望[J]. 风景园林，2022，29（06）：63-69.

[26] 张利，邓慧姝，梅笑寒，等. 城市人因工程学：一种关于人的空间体验质量的设计科学[J]. 科学通报，2022，67（16）：1744-1756.

[27] 刘乙力. 心理工作负荷及其研究方法[J]. 外国心理学，1985，02：49-54.

[28] 庞诚，顾鼎良，武建民，等. 不同气温和体力负荷下身体各部位体表温度的变化[J]. 航天医学与医学工程，1991（04）：245-252，318-319.

[29] 卫宗敏，郝红勋，徐其志，等. 飞行员脑力负荷测量指标和评价方法研究进展[J]. 科学技术与工程，2019，19（24）：1-8.

[30] 刘莉，郭伏，吕伟，等. 不同自动化水平行业对体力和脑力负荷的影响研究[J]. 人类工效学，2021，27（03）：40-47.

[31] 廖建桥，王文弼. 时间长短对脑力负荷强度影响的研究[J]. 人类工效学，2005，3（4）：16-21.

[32] 郭伏，钱省三. 人因工程学[M]. 2版. 北京：机械工业出版社，2018.

[33] 冯国红，杨慧敏. 人因工程学[M]. 2版. 武汉：武汉理工大学出版社，2013.

[34] 董明清，马瑞山. 脑力负荷评定指标敏感性的比较研究[J]. 航天医学与医学工程，1999，12（2）：106-110.

[35] 林崇德. 心理学大辞典[M]. 上海：上海教育出版社，2003.

[36] 肖元梅. 脑力劳动者脑力负荷评价及其应用研究[D]. 四川大学硕士学位论文，2005.

[37] Wei Z, Zhuang D, Wanyan X, et al. A Model for Discrimination and Prediction of Mental Workload of Aircraft Cockpit Display Interface[J]. Chinese Journal of Aeronautics, 2014, 27(5): 1070-1077.

[38] Sirevaag E J, Kramer A F, Reisweber C, et al. Assessment of Pilot Performance and Mental Workload in Rotary Wing Aircraft[J]. Ergonomics, 1993, 36(9): 1121-1140.

[39] Vidulich M A, Tsang P S. The Confluence of Situation Awareness and Mental Workload for Adaptable Human-machine Systems[J]. Journal of Cognitive Engineering and Decision Making, 2015, 9(1): 95-97.

[40] Caitlin Thurber. Extreme Events Reveal an Alimentary Limit on Sustained Maximal Human Energy Expenditure[J]. Science Advances, 2019, 5(5).

[41] 孙崇勇. 认知负荷的测量及其在多媒体学习中的应用[D]. 苏州大学硕士学位论文，2012.

[42] 完颜笑如，庄达民，刘伟. 基于非任务相关 ERP 技术的飞行员脑力负荷评价方法[J]. 中国生物医学工程学报，2011，30（4）：528-532.

[43] 孙庆伟. 人体生理学[M]. 北京：科学出版社，2017.

[44] 李毅. 服装舒适性与产品开发[M]. 北京：中国纺织出版社，2002.

[45] 薛媛，冀艳波. 服装人体工效学[M]. 北京：中国纺织出版社，2018.

[46] 高淑敏，王永进. 基于皮肤形变的短道速滑服结构优化设计[J]. 北京服装学院学报，2020，40：21-28.

[47] 陈晨，许宇傲. 人体工效学下的青年男性运动上衣结构分析[J]. 轻纺工业与技术，2020，10：76-78.

[48] 陶文铨. 传热学[M]. 5版. 北京：高等教育出版社，2019.

[49] Smith C J, Havenith G. Body Mapping of Sweating Patterns in Male Athletes in Mild Exercise-induced Hyperthermia[J]. European Journal of Applied Physiology, 2010, 111(7): 1391-404.

[50] 马艳柳，王云仪. 织物刺痒感的形成与作用机制的研究进展[J]. 毛纺科技，2020，48：78-83.

[51] Brophy-Williams N, Driller M W, Shing C M, et al. Confounding Compression: the Effects of Posture, Sizing and Garment Type on Measured Interface Pressure in Sports Compression Clothing[J]. Journal of Sports Sciences, 2015, 33: 1403-1410.

[52] 孙远波. 人因工程基础与设计[M]. 北京：北京理工大学出版社，2010.

[53] 冯国红. 人因工程学[M]. 武汉：武汉理工大学出版社，2013.

[54] 颜声远. 人因工程与设计[M]. 哈尔滨：哈尔滨工程大学出版社，2012.

[55] 陈晓燕. 智能家居在未来居住空间设计中的发展研究[J]. 住宅与房地产，2019，31.

[56] 黄琦，毕志卫. 交互设计[M]. 杭州：浙江大学出版社，2012.

[57] 惠阳. 中国传统文化影响下的网络游戏虚拟现实界面设计——从艺术特性和审美体验角度浅析[J]. 新西部，2020，07.

[58] 江南. 人工智能技术在无人驾驶汽车领域的应用[J]. 时代汽车，2021，5：29-31.

[59] 李菲，杨雪. 人机交互的载体变迁进展分析[J]. 大众标准化，2021，20：52-54.

[60] 刘婉莹，侯磊，伍星光，等. 基于 VR 技术的大型储罐火灾爆炸仿真软件设计[J]. 中国安全生产科学技术，2019，15（4）：167-173.

[61] 任大凯. 看 L4 无人驾驶汽车如何大显身手[J]. 知识就是力量，2021，10.

[62] 孙林岩，崔凯，孙林辉. 人因工程[M]. 北京：科学出版社，2011.

[63] 孙远波. 关注人因工程教学研究培养学生的人体主义理念[J]. 北京理工大学高等教育研究，2002，1：18-19.

[64] 王晓臣. 虚拟现实应用展示场景交互界面设计要素及交互行为研究[D]. 北京邮电大学硕士学位论文，2021.

[65] 赵超. 设计意义的建构：设计心理学研究综述与案例分析[J]. 装饰，2020，04：42-53.

[66] 赵菡菲. 基于虚拟现实技术的交互式界面设计系统[J]. 单片机与嵌入式系统应用，2020，10：22-26.

[67] 方兴. 如何使信息设计的产出更有效地为受众服务是首要命题[J]. 设计，2021，34（14）.

[68] 鲁道夫·阿恩海姆. 视觉思维[M]. 朱疆源，译. 成都：四川人民出版社，1998.

[69] 沈德立，陶云. 初中生有无插图课文的眼动过程研究[J]. 心理科学，2001，04.

[70] 吴旭敏. 界面设计[M]. 北京：清华大学出版社，2020.

[71] 刘晓. 网络游戏行为及其影响因素研究[D]. 武汉大学硕士学位论文，2018.

[72] 刘卓. 电子游戏的娱乐体验与交互设计[D]. 江南大学硕士学位论文，2008.

[73] 纪元. 视觉游戏媒介的吸引力：快感机制与叙事性[J]. 媒介批评，2018，00：87-96.

[74] 郭文文. 基于心流体验的手机游戏设计研究[D]. 北京服装学院硕士学位论文，2013.

[75] 李虹. 游戏设计中的设计心理学研究[J]. 大众文艺，2021，18：218-219.

[76] 任雪雯. 关于电子游戏叙事设计的研究[D]. 武汉理工大学硕士学位论文，2017.

[77] 张雅祺，朱剑飞. VR 技术在中医药文化传播中的应用[J]. 华北水利水电大学学报（社会科学版），2019，35（06）：103-107.

[78] 余日季，唐存琛，胡书山. 基于 AR 技术的文化旅游商品创新设计与开发研究[J]. 艺术百家，2013，29（04）：181-185.

[79] 武杨，王静. 浅析博物馆陈列设计中人因工程学的应用[J]. 艺术品鉴，2015，11：21.

[80] 廖宏勇. 信息设计[M]. 北京：北京大学出版社，2017.

[81] 孙皓琼. 图形对话——什么是信息设计[M]. 北京：清华大学出版社，2011.

[82] 李四达. 信息可视化设计概论[M]. 北京：清华大学出版社，2021.

[83] Gupta D. Design and Engineering of Functional Clothing[J]. Indian Journal of Fibre and Textile Research, 2011, 36(4): 327-335.

[84] Goldman F. The Four "Fs" of Clothing Comfort[J]. Elsevier Ergonomics Book Series, 2005, 3(C): 315-319.

[85] 靳向煜，赵奕，吴海波，等. 战役之盾：带您走进个人防护非织造材料[M]. 上海：东华大学出版社，2021.

[86] Park S H. Personal Protective Equipment for Healthcare Workers During the COVID-19 Pandemic[J]. Infection & Chemotherapy, 2020, 52(2): 165-182.

[87] De Korte J, Bongers C, Catoire M, et al. Cooling Vests Alleviate Perceptual Heat Strain Perceived by COVID-19 Nurses[J]. Temperature, 2021.

[88] Chang W M, Zhao Y X, Guo R P, et al. Design and Study of Clothing Structure for People with Limb Disabilities[J]. Journal of Fiber Bioengineering and Informatics, 2009, 2(1): 62-67.

[89] Hu S R, Wu X X. The Design and Evaluation of Easy-care Clothing for Disabled[C]. Proceedings of the 2016 2nd International Conference on Architectural, Civil and Hydraulics Engineering, 2016.

[90] Wang Y Y, Wu D W, Zhao M M, et al. Evaluation on an Ergonomic Design of Functional Clothing for Wheelchair Users[J]. Applied Ergonomics, 2014, 45: 550-555.

[91] 潘力，杨玉洁，朱春燕. 基于卧床老人功能性服装的设计研究与实践[J]. 装饰，2018，11：116-119.

[92] 陈莉，张艳琳，刘皓，等. 智能可穿戴产品用柔性传感器研究进展[J]. 针织工业，2021，11：81-85.

[93] 陈祖尧，刘艳阳，刘玮. 智能家居照明产品适老化设计[J]. 家具，2021，42（06）：32-36.

[94] 邓开连，刘晓洁，高生，等. 浅析 5G 技术在智能可穿戴设备中的应用[J]. 物联网技术，2021，11（06）：65-67.

[95] 韩宁. 虚拟现实技术在智能家居设计中的应用研究[J]. 科技传播，2020，12（21）：116-118.

[96] 纪文煜. 智能汽车出行娱乐系统需求分析及系统设计研究[J]. 信息通信，2020，08：102-105.

[97] 姜霄，杨亚萍. 智能汽车控制 App 中求助界面的设计与应用[J]. 包装工程，2022，43（2）：159-164.

[98] 焦慧芳，何梅. 基于 ACSI 模型的可穿戴设备用户满意度研究——以智能手表为例[J]. 商场现代化，2021（19）：1-5.

[99] 井秋实，娅伦，姜德求. 可穿戴设备的设计原则[J]. 中国高新科技，2020，5：38-38.

[100] 李君华，刘子豪. 基于系统性思维的智能家居设计[J]. 设计，2021，04：96-98.

[101] 廖岑卉珊，钱智炜，黄雪锋，等. 智能可穿戴设备在视障患者中的研究[J]. 信息记录材料，2020，21（04），108-109.

[102] 饶飞云. 智能装备美学创新原理及设计方法研究[D]. 武汉理工大学硕士学位论文，2020.

[103] 王江涛，何人可. 基于用户行为的智能家居产品设计方法研究与应用[J]. 包装工程，2021，42（12）：142-148.

[104] 许娜. 人工智能辅助汽车造型设计方法综述[J]. 包装工程，2021，42（18）：35-41.

[105] 许盛. 可穿戴上肢外骨骼式设备及其结构设计[J]. 合成纤维，2021，50（11）：53-56.

[106] 袁春妹. 以"智"为媒推进行业创新设计"中丽杯"纺织智能装备设计大赛特别报道[J]. 纺织机械，2021（04）：42-45.

[107] 张思源. 基于用户行为的智能家居设计探析[J]. 数码世界，2020，08：102-103.

[108] 张志蕤. 头戴式 VR 设备中的人机界面设计研究[D]. 沈阳建筑大学硕士学位论文，2020.

[109] 周岩，刘晓胜. 智能装备视角下工业设计一流专业建设策略——以哈尔滨工业大学为例[J]. 设计，2021，19：98-100.

[110] 苟锐. 设计中的人机工程学[M]. 北京：机械工业出版社，2019.

[111] 颜声远. 人机工程学[M]. 北京：科学出版社，2019.